"十四五"时期水利类专业重点建设教材
河南省"十四五"普通高等教育规划教材

水文学原理

主　编　马建琴
副主编　刘　蕾　郝秀平

中国水利水电出版社
www.waterpub.com.cn
·北京·

内 容 提 要

本教材是集传统文字与数字化资源于一体的新形态教材，其中纸质部分共 13 章，阐述了水文现象的基本规律和计算方法的基本原理，主要包括绪论、水文循环与水量平衡、降水、土壤水、下渗、蒸发与散发、径流、河流和流域、流域产流、洪水波运动及洪水演算、流域汇流、沼泽与冰雪水文、湖泊与水库等内容；数字化内容主要包括与每一章纸质内容相对应的教学之窗、学习园地、水文论坛等。

本教材是水文与水资源工程本科层次的专业核心课程教材，也可作为水资源学科研究生的教材或参考书，可供水利工程、土木工程、农业水土工程、地理科学、地球科学、环境科学等相关专业或学科师生、科学工作者和工程技术人员参考。

图书在版编目（CIP）数据

水文学原理 / 马建琴主编. -- 北京 : 中国水利水
电出版社, 2022.8
　"十四五"时期水利类专业重点建设教材　河南省"十
四五"普通高等教育规划教材
　ISBN 978-7-5226-0953-9

　Ⅰ．①水… Ⅱ．①马… Ⅲ．①水文学－高等学校－教
材 Ⅳ．①P33

中国版本图书馆CIP数据核字(2022)第157060号

书　　名	"十四五"时期水利类专业重点建设教材 河南省"十四五"普通高等教育规划教材 **水文学原理** SHUIWENXUE YUANLI
作　　者	主　编　马建琴　副主编　刘　蕾　郝秀平
出版发行	中国水利水电出版社 （北京市海淀区玉渊潭南路 1 号 D 座　100038） 网址：www. waterpub. com. cn E - mail：sales@mwr. gov. cn 电话：(010) 68545888（营销中心）
经　　售	北京科水图书销售有限公司 电话：(010) 68545874、63202643 全国各地新华书店和相关出版物销售网点
排　　版	中国水利水电出版社微机排版中心
印　　刷	清淞永业（天津）印刷有限公司
规　　格	184mm×260mm　16 开本　13.25 印张　322 千字
版　　次	2022 年 8 月第 1 版　2022 年 8 月第 1 次印刷
印　　数	0001—2000 册
定　　价	**42.00** 元

前　言

本教材是水文与水资源工程本科层次的专业核心课程教材，是集传统文字与数字化资源于一体的新形态教材，是河南省"十四五"普通高等教育规划教材。

本教材纸质部分共 13 章，主要内容包括绪论、水文循环与水量平衡、降水、土壤水、下渗、蒸发与散发、径流、河流和流域、流域产流、洪水波运动及洪水演算、流域汇流、沼泽与冰雪水文、湖泊与水库等。数字化部分通过每章的二维码以及由超星打造的华水学堂建立了与纸质内容相对应的教学之窗、学习园地、水文论坛等，形成了内容丰富、体系完整、能够及时更新水文学最新发展成果的电子教材。本教材在编写过程中广泛引用和参考了已有教材，同时还参阅和引用了相关院校和科研单位的成果、论著与科技文献，并在书末列出了主要的参考文献。

本教材以新形态教材建设为主体，采用纸质载体和线上电子载体相结合的"文字＋电子"展现形式，以纸质教材为基础，辅以数字化教材，适用于采用课堂教学和课下自学相结合、线上互动和线下讲授相结合、实地试验和虚拟仿真实验相结合、理论学习与实践动手相结合等多种教学模式，能够实现传统教育和创新教育的有机融合，最终实现水文与水资源工程专业高素质应用型人才和创新型人才的培养目标。

本教材由华北水利水电大学马建琴教授担任主编，刘蕾副教授、郝秀平博士担任副主编。其中，第 1～4 章以及第 13 章由马建琴编写，第 5～8 章由郝秀平编写，第 9～12 章由刘蕾编写。全书由马建琴负责统稿。

在本教材编写过程中，编者参阅和引用了大量的相关文献和研究成果，在此谨向有关作者和专家表示衷心的感谢。本教材的出版得到了河南省"十四五"普通高等教育规划教材立项建设、华北水利水电大学校级规划教材立项建设的支持和资助，在此表示感谢。在本教材正式出版之际，特向有关领导、专家以及为本书付出劳动的各位同仁表示衷心的感谢！

限于编者水平，书中错误及不当之处在所难免，恳请读者批评指正。

编者

2022 年 2 月

目 录

前言

第 1 章 绪论 ·· 1

1.1 水文学的分类 ··· 1

1.2 水文学的发展 ··· 2

1.3 水文学与水文现象 ··· 5

1.4 水文现象的基本特点及研究方法 ······································ 5

小结与思考 ·· 7

线上内容导引 ··· 7

第 2 章 水文循环与水量平衡 ·· 8

2.1 地球系统中的水 ·· 8

2.2 水文循环 ··· 8

2.3 水量平衡 ·· 13

2.4 人类活动对水文循环和水量平衡的影响 ··························· 16

小结与思考 ··· 17

线上内容导引 ·· 17

第 3 章 降水 ··· 18

3.1 降水类型及其影响因素 ··· 18

3.2 降水及其时空特征表示方法 ··· 21

3.3 流域平均降水量的计算 ··· 23

3.4 降水资料的分析与插补 ··· 27

3.5 我国降水的时空分布特征 ·· 29

小结与思考 ··· 31

线上内容导引 ·· 31

第 4 章 土壤水 ·· 32

4.1 土壤的质地及结构 ··· 32

4.2 土壤水的存在形态 ··· 35

4.3 土壤水的能量状态 ··· 40

4.4　土壤水运动的基本方程 ･･ 44

小结与思考 ･･ 47

线上内容导引 ･･ 47

第 5 章　下渗 ･･ 48

5.1　基本概念 ･･ 48

5.2　下渗过程 ･･ 49

5.3　非饱和下渗理论 ･･ 51

5.4　饱和下渗理论 ･･ 57

5.5　经验下渗曲线公式 ･･ 59

5.6　天然条件下的下渗 ･･ 60

小结与思考 ･･ 63

线上内容导引 ･･ 63

第 6 章　蒸发与散发 ･･ 64

6.1　基本概念 ･･ 64

6.2　水面蒸发 ･･ 65

6.3　土壤蒸发 ･･ 72

6.4　植物散发 ･･ 75

6.5　流域蒸散发 ･･ 79

小结与思考 ･･ 82

线上内容导引 ･･ 82

第 7 章　径流 ･･ 83

7.1　径流的形成过程 ･･ 83

7.2　径流的表示方法 ･･ 86

7.3　径流的影响因素 ･･ 87

小结与思考 ･･ 88

线上内容导引 ･･ 88

第 8 章　河流和流域 ･･ 90

8.1　河流及其特征 ･･ 90

8.2　流域与水系特征 ･･ 93

8.3　河流的水情要素 ･･ 97

8.4　河流的补给 ･･ 100

8.5　河流的径流情势 ･･ 101

小结与思考 ･･ 105

线上内容导引 ･･ 105

第 9 章　流域产流 ･･ 106

9.1　包气带的水文特性 ･･ 106

9.2 产流机制 ⋯⋯⋯⋯⋯⋯⋯⋯⋯⋯⋯⋯⋯⋯⋯⋯⋯⋯⋯⋯⋯⋯ 110

9.3 流域产流的基本模式 ⋯⋯⋯⋯⋯⋯⋯⋯⋯⋯⋯⋯⋯⋯⋯⋯⋯ 117

9.4 流域产流面积的变化 ⋯⋯⋯⋯⋯⋯⋯⋯⋯⋯⋯⋯⋯⋯⋯⋯⋯ 123

9.5 流域产流量的计算 ⋯⋯⋯⋯⋯⋯⋯⋯⋯⋯⋯⋯⋯⋯⋯⋯⋯⋯ 127

小结与思考 ⋯⋯⋯⋯⋯⋯⋯⋯⋯⋯⋯⋯⋯⋯⋯⋯⋯⋯⋯⋯⋯⋯⋯ 132

线上内容导引 ⋯⋯⋯⋯⋯⋯⋯⋯⋯⋯⋯⋯⋯⋯⋯⋯⋯⋯⋯⋯⋯⋯ 132

第 10 章　洪水波运动及洪水演算 ⋯⋯⋯⋯⋯⋯⋯⋯⋯⋯⋯⋯⋯ 133

10.1 洪水波基本概念 ⋯⋯⋯⋯⋯⋯⋯⋯⋯⋯⋯⋯⋯⋯⋯⋯⋯⋯ 133

10.2 洪水波的分类和运动特征 ⋯⋯⋯⋯⋯⋯⋯⋯⋯⋯⋯⋯⋯⋯ 136

10.3 槽蓄原理和槽蓄方程 ⋯⋯⋯⋯⋯⋯⋯⋯⋯⋯⋯⋯⋯⋯⋯ 143

10.4 特征河长演算法 ⋯⋯⋯⋯⋯⋯⋯⋯⋯⋯⋯⋯⋯⋯⋯⋯⋯⋯ 147

小结与思考 ⋯⋯⋯⋯⋯⋯⋯⋯⋯⋯⋯⋯⋯⋯⋯⋯⋯⋯⋯⋯⋯⋯⋯ 153

线上内容导引 ⋯⋯⋯⋯⋯⋯⋯⋯⋯⋯⋯⋯⋯⋯⋯⋯⋯⋯⋯⋯⋯⋯ 154

第 11 章　流域汇流 ⋯⋯⋯⋯⋯⋯⋯⋯⋯⋯⋯⋯⋯⋯⋯⋯⋯⋯⋯⋯ 155

11.1 概述 ⋯⋯⋯⋯⋯⋯⋯⋯⋯⋯⋯⋯⋯⋯⋯⋯⋯⋯⋯⋯⋯⋯⋯ 155

11.2 流域汇流系统分析 ⋯⋯⋯⋯⋯⋯⋯⋯⋯⋯⋯⋯⋯⋯⋯⋯⋯ 161

11.3 流域汇流计算方法 ⋯⋯⋯⋯⋯⋯⋯⋯⋯⋯⋯⋯⋯⋯⋯⋯⋯ 162

小结与思考 ⋯⋯⋯⋯⋯⋯⋯⋯⋯⋯⋯⋯⋯⋯⋯⋯⋯⋯⋯⋯⋯⋯⋯ 168

线上内容导引 ⋯⋯⋯⋯⋯⋯⋯⋯⋯⋯⋯⋯⋯⋯⋯⋯⋯⋯⋯⋯⋯⋯ 168

第 12 章　沼泽与冰雪水文 ⋯⋯⋯⋯⋯⋯⋯⋯⋯⋯⋯⋯⋯⋯⋯⋯ 169

12.1 沼泽 ⋯⋯⋯⋯⋯⋯⋯⋯⋯⋯⋯⋯⋯⋯⋯⋯⋯⋯⋯⋯⋯⋯⋯ 169

12.2 融雪径流 ⋯⋯⋯⋯⋯⋯⋯⋯⋯⋯⋯⋯⋯⋯⋯⋯⋯⋯⋯⋯⋯ 174

12.3 冰川 ⋯⋯⋯⋯⋯⋯⋯⋯⋯⋯⋯⋯⋯⋯⋯⋯⋯⋯⋯⋯⋯⋯⋯ 177

小结与思考 ⋯⋯⋯⋯⋯⋯⋯⋯⋯⋯⋯⋯⋯⋯⋯⋯⋯⋯⋯⋯⋯⋯⋯ 180

线上内容导引 ⋯⋯⋯⋯⋯⋯⋯⋯⋯⋯⋯⋯⋯⋯⋯⋯⋯⋯⋯⋯⋯⋯ 180

第 13 章　湖泊与水库 ⋯⋯⋯⋯⋯⋯⋯⋯⋯⋯⋯⋯⋯⋯⋯⋯⋯⋯ 181

13.1 湖泊 ⋯⋯⋯⋯⋯⋯⋯⋯⋯⋯⋯⋯⋯⋯⋯⋯⋯⋯⋯⋯⋯⋯⋯ 181

13.2 水库 ⋯⋯⋯⋯⋯⋯⋯⋯⋯⋯⋯⋯⋯⋯⋯⋯⋯⋯⋯⋯⋯⋯⋯ 188

13.3 湿地水文 ⋯⋯⋯⋯⋯⋯⋯⋯⋯⋯⋯⋯⋯⋯⋯⋯⋯⋯⋯⋯⋯ 194

小结与思考 ⋯⋯⋯⋯⋯⋯⋯⋯⋯⋯⋯⋯⋯⋯⋯⋯⋯⋯⋯⋯⋯⋯⋯ 197

线上内容导引 ⋯⋯⋯⋯⋯⋯⋯⋯⋯⋯⋯⋯⋯⋯⋯⋯⋯⋯⋯⋯⋯⋯ 197

附录 ⋯⋯⋯⋯⋯⋯⋯⋯⋯⋯⋯⋯⋯⋯⋯⋯⋯⋯⋯⋯⋯⋯⋯⋯⋯⋯⋯ 198

参考文献 ⋯⋯⋯⋯⋯⋯⋯⋯⋯⋯⋯⋯⋯⋯⋯⋯⋯⋯⋯⋯⋯⋯⋯⋯ 201

第1章 绪 论

1.1 水 文 学 的 分 类

水是生命之源，是人类生活和生产活动不可缺少与不可替代的重要资源。为了开发利用地球上的水资源，减少水灾害，人类需要从各方面对水进行系统观测、实验、分析和归纳总结，这就逐步形成了水文科学。一般而言，水文学是研究地球上水的循环、运动与转化及其与地球大气、生物、土壤和岩石等圈层相互作用和联系的一门科学。在对水的认识不断深化的过程中，水文科学也在不断发展。

现在比较公认的水文学定义可表述为：水文学是一门研究地球系统中水的来源、运动、循环，水的时间变化和空间分布，水与生态环境的相互作用，以及水的社会属性，为水旱灾害防治、水资源合理开发利用、水环境保护和水生态系统修复提供科学依据的学科。这个定义包含了三层意思：一是水文学要研究自然界水的来源、水的运动、水的循环、水的时间变化和空间分布，以及水与生态环境的相互作用，即水的自然属性；二是水文学要研究水与人类社会的相互关系，即水与社会发展的关系，也就是水的社会属性；三是水文学还要为治理洪涝灾害、开发利用水资源、保护水环境、修复水生态系统等方面提供科学依据，即技术科学属性。可见水文学是一门比较复杂的学科，它不仅具有自然科学和技术科学的特点，而且具有社会科学的元素。

因此，水文学的研究内容十分丰富，随着水文学的发展，逐渐形成了研究重点和研究对象各有侧重的水文学分支。

1. 按学科属性分类

按学科的属性，水文学可以分成四个板块。一是水文学属于自然科学的部分，称理论水文学或者水文学原理，其任务是把自然界的水文现象作为科学对象来进行研究，注重探索各种水文现象的规律。二是水文学属于社会科学的部分。因为水是人类赖以生存和不可替代的资源，没有水就没有生命，因此在通过技术手段利用好水资源的同时，还必须通过法律手段、经济手段来用好、管理好水资源，从而产生水法和水经济等一些社会科学的分支学科。三是水文学属于技术科学的部分。人们修建大坝，首先要确定大坝规模，如果大坝为防御洪水灾害，就需要解决防御多大量级洪水的问题；如果大坝为水力发电，需要解决装机容量是多少的问题……这些问题的解决都基于对水文规律的了解和运用，于是应用水文学、技术水文学等学科应运而生。四是水文学属于管理科学的部分。管理学涉及方方面面，水文是一种事业，水与人的关系由水引发的人与人的关系等，需要借助经济学、管理学理论和方法进行管理。水管理学就是管理学和水文学交叉的一门学科。

2. 按水体分类

水体是地球上能够储存水的空间。河流、湖泊、水库、地下含水层、冰川、湿地、河口海岸带、大气层等都是水体。根据不同水体，水文学又分为不同学科。

河流水文学主要研究河流水文现象规律。湖泊水文学主要研究湖泊水库水文现象规律。研究湿地、地下含水层、冰川、大气层里水文现象规律的分别称为湿地水文学、地下水水文学、冰川水文学、水文气象学。地球上还有一些综合性的蓄水体，譬如整个地球可以看作一个水体，研究全球水文现象规律形成的学科定义为全球水文学或者大尺度水文学。流域也可看作综合性的水体，研究流域水文现象规律的学科定义为流域水文学。研究河口海岸带水文现象规律的称为河口海岸水文学。

3. 按应用分类

在水利工程和涉水的土木工程规划、设计、施工等过程中，需要了解和运用有关的水文基本规律，逐渐形成了具有工程应用价值的水文学分支，即工程水文学。此外，水文基本规律和原理在水资源利用、生态系统研究、环境保护、城市建设、森林工程、农业工程中广泛应用，逐渐形成了水资源水文学、生态水文学、环境水文学、城市水文学、森林水文学、农业水文学等众多学科。

4. 按学科交叉或研究方法分类

水文学理论体系庞杂、研究问题复杂，多学科交叉融合性较强。其他许多学科的研究方法和研究思路与水文学的基本理论结合，形成了很多交叉学科。动力水文学是用动力学的思想方法和定律揭示水文现象规律的水文学分支学科。引入系统分析理论和方法解决水文科学问题，产生了系统水文学。利用非线性理论和科学方法处理水文科学问题，产生了非线性水文学。计算机技术和经典的水文学相结合产生了计算水文学。引入概率论和随机过程的思维方式揭示水文现象的规律产生了随机水文学。利用数理统计方法分析水文现象和规律就产生了水文统计学。将地理学思维研究方式用以解决水文科学问题，产生了地理水文学，也称为水文地理学。自然界的水文过程是大气过程和下垫面过程相互作用的产物，揭示地貌过程与水文过程之间的关系，产生了地貌水文学。水文规律的探索和研究需要累积大量实测资料，水文学与测量技术的结合产生了水文测验学。通过野外或室内实验方法揭示水文规律信息的学科称为实验水文学。随着技术的不断发展，环境同位素方法和放射性同位素技术被应用于水文学的研究，如追踪和监测径流成分、调查历史洪痕，于是形成了水文学又一分支学科——同位素水文学。

1.2 水 文 学 的 发 展

水文学与其他自然科学一样，是在人类生活需要和生产实践的推动下发展起来的，经历了由萌芽到成熟，由定性到定量，由经验到理论的发展过程。

1. 萌芽时期

古代的人们为了利用河流灌溉，需要掌握河水消退规律，由此开始了原始的水位、雨量和水流特性的观察。公元前 3500—前 300 年，古埃及人因灌溉引水对尼罗河水位进行了观测，至今在崖壁上还保存有公元前 2200 年所刻的水尺。公元前 2000 多年，我国人民为了防止黄河洪水灾害，就开始注意对水位和天气状况的观察；2000 多年前，我国人民就善于因势利导、兴利除害，引岷江之水灌溉天府之国，分水内江、外江消除蜀国水患，建成的都江堰至今仍发挥着巨大的效益。

2. 奠基时期

水文学逐渐形成一门学科是在 14—16 世纪，随着各种水文仪器的出现，以及水力学、气象学的发展，才逐渐奠定了水文学的稳固基础，从而使水文学成为一门系统的科学，毕托管、瓦尔德曼流速仪的出现，水力学中的伯努利定律、谢才公式、达西定律、曼宁公式的提出等，都为研究水流运动提供了观测数据和计算基础。1674 年，法国水文学家佩罗（Pierre Perrault）第一次根据塞纳河观测的降雨和径流资料，计算出塞纳河在伯格地以上流域的年径流量是年降水量的 1/6，这是人们第一次建立的年降雨量和年径流量之间的定量关系，这一结论的公布，被认为是现代水文学的开始。

3. 发展时期

这一时期是指 1900—1950 年，其特点是水文学逐渐形成一门系统的学科。随着人们对水文规律的深入研究，水文学在生产实践中逐渐得到广泛的应用，并推动水文学向现代化方向发展。水利、水电、交通事业的快速发展提出了许多水文问题，从而大大推动了工程水文学的发展；防洪和工程管理运行的需要，促进了水文预报和水文计算工作的发展；为了满足水文计算和水文预报对水文资料的需求，水文站网也得到了发展。这一时期，水文学除了应用传统的水文相关公式和经验公式之外，还相继出现了结合成因分析的水文预报和水文计算方法，如用于洪水计算的推理公式和相关因数预报方法等；同时对水文过程的物理机制进行观测、实验研究及深入分析，提出了如谢尔曼单位线、霍顿下渗理论、海森和耿贝尔水文统计理论等。白纳德关于水文气象学的研究成果、爱因斯坦提出的混沙推移理论等都属这一阶段的重要理论成果。

4. 现代化时期

这一时期是指 20 世纪 50 年代至今。一方面，由于水文科学理论的深入发展和其他学科的渗透，如概率论与统计学、计算数学、系统工程学、现代气象学等与水文学的结合，水文计算和水文预报领域出现了许多新的方法和理论。另一方面，由于计算机的应用和现代通信、遥感、推测等新技术的应用，水文学进入了现代化时期，如各类水文模型的提出、最大降水的估算、水文资料的计算机存储和检索系统的出现等，标志着现代水文学的形成。同时，这一时期也形成了一些新的水文学分支学科，如随机水文学、城市水文学、农业水文学、环境水文学等。20 世纪后期水文科学的发展出现了新的形势：首先，由于新技术特别是计算机的应用，水文信息（实时资料）的获取、传递和处理更加方便迅速，节省了大量人力和时间，自记雨量仪、自记水位计、多普勒超声波自动测流仪以及水情测报系统的大量应用开辟了水文测验和洪水预报的新局面。其次，由于工农业和城市建设的需要，应用水文学得以迅速发展。再者，由于生产和生活用水的增长，环境污染日趋严重，出现了水资源紧张局面，迫使水文学特别侧重于水资源研究，不仅注重水量还要注重水质；不仅注重洪水，还要注重枯水；不仅研究一条河流、一个流域的水文特性，还要研究跨流域、跨地区的水资源联合调度问题；不仅要研究短期、近期的水文预报，还要研究长期的水文趋势预估。从此，水文科学进入一个现代化的新时代。

美国于 1971 年建立了水文资料库，能够在各州计算机终端上获得全美任一地点的资料。20 世纪 80 年代前期先后发射了 4 颗陆地卫星，取得了许多水文研究成果，并为国际提供数据服务。这一时期，中国水文站网发展迅速，全国基本站达 21600 处，可以基本掌握全国各主要河流的水文情势；在长江、黄河等流域开始应用卫星图片和遥感技术研究水文和水资源问题。

20 世纪 50 年代，随着电子计算技术的发展，出现了许多水文数学模型，为水文科学的进一步发展开辟了新途径。1966 年美国林斯雷（Linsley）和克劳福法（Crawford）提出的斯坦福流域模型和美籍华人周文德在 20 世纪 60—70 年代提出的流域水文模型以及一系列的水文随机模型、系统模型、分布式水文模型等，推动了水文预报和水资源系统分析的发展。中国水文预报自 20 世纪 50 年代初开始，也提出了具有中国特色的洪水预报方法。

这一时期，除广泛调查历史洪水外，20 世纪 90 年代还发展了古洪水研究，利用放射性同位素碳 14 获得约距今 10000 年以来的古洪水资料，在长江三峡、黄河小浪底等水利枢纽工程洪水计算中的应用取得了巨大成果。20 世纪 70 年代以来，我国还相继编辑出版了《全国可能最大降水等值线图》和《全国暴雨参数等值线图》等，为中国的暴雨洪水研究和计算做出了贡献。

20 世纪 70 年代中期开展的国际水文合作，兴起了全球性的水文科学研究活动和国际水文十年（IHD）、世界气象组织（WMO）业务水文计划（OHP）、联合国教科文组织国际水文计划（IHP）等国际水文活动。广泛的国际合作促进了全球水文、水资源知识交流，推动了水文科学的发展。

随着现代空间对地观测技术及计算机技术的飞跃发展，遥感技术（RS）、全球卫星定位系统（GPS）和地理信息系统（GIS）与水文学的结合，数字流域模型和数字水文模型（分布式水文模型）的建立和应用得以实现。遥感技术、全球卫星定位系统为数字流域模型和数字水文模型提供了考虑空间变异性的分布式数据，地理信息系统则为数字流域模型和数字水文模型的建立和应用提供了技术平台。分布式水文模型由于考虑了气象参数、流域下垫面地表土壤、岩石结构特性和植被组成等要素的时空变异性，因此，与集总式水文模型相比有更强的物理意义，成为当前水文学研究的热点。

早在 20 世纪 90 年代至 21 世纪初，我国长江、黄河等流域已经有了较低版本的数字流域，包括采用水位自记仪、流速仪或走航式 ADCP 测流等监测手段，基于卫星 GPRS 等信息传输技术形成了覆盖较为全面的信息感知网，采用自主研发的新安江、马斯京根演算等水文模型，结合各种商业模型，如丹麦水力研究所 DHI 的 MIKE11、英国 Walling-ford 的 Infoworks 和荷兰三角洲研究院的 Delft - FEWS 等，耦合气象定量降雨预报、水质模拟等模型，构建了具备实时展现及一定预见期内预测模拟、重点服务防汛抗旱的数字流域。

在网络信息技术飞速发展的背景下，2008 年 IBM 公司率先提出了"智慧地球"的概念，掀起了全球范围内"智慧化"建设的浪潮，此后智慧型流域建设一直是我国水利行业重要发展方向，一些具有一定智慧化功能的业务系统，如国家防汛抗旱指挥系统、长江流域预报调度系统等建成并投入使用。随着数字化转型与产业升级的加速，新时期水利建设目标也愈加明确，水利部明确提出要充分运用数字映射、数字孪生、仿真模拟等信息技术推进水利高质量发展。此外，"数字孪生长江""数字孪生黄河"等流域数字孪生建设目标也多次被水利部与各大流域管理机构提及，数字孪生流域已成为当下行业热门的研究课题。

1.3 水文学与水文现象

水文学是研究地球上各种水体的一门科学。地球上水的总量大体不变，以气态、液态或固态形式存在于地球表面、地球土壤岩层中，以及地球的大气层中，形成了各种水体。例如，江河、湖泊、沼泽、海洋，以及大气中的水汽和地下水等。

地球上的水在太阳辐射和地心引力作用下周而复始地循环运动，其表现形式可概括为四大类型，即降水、蒸发、渗流和径流，统称为水文现象。

降水包括雨、雪、雾、霰、雹等多种形式，凡空气中的水汽以任何方式冷凝并降落在地表都属降水。

蒸发是水分从地表向空中散发的过程，使液体或固体水上升转化为水汽的途径包括植物截留蒸发、植物叶面散发、土壤蒸发、陆地水面蒸发和海洋蒸发等。

渗流是水从地表渗到地下以及在地下土壤和岩石孔隙中流动的水流。

径流是指大气降水到达陆地地表上，除掉蒸发而余存在地表或地下的流动水流，径流最终可以汇入河槽、湖泊和水库。径流因降水形式和补给来源的不同，可分为降雨径流和融雪径流，我国大部分河流以降雨径流为主。渗流和径流的概念内涵有交叉，以渗流形式在土壤中流动的水流，最终能够到达河槽、湖泊和水库的水流也是径流。

1.4 水文现象的基本特点及研究方法

1.4.1 水文现象的基本特点

水文现象受气候和自然地理因素的综合影响，处于不断的运动变化之中，而这些因素的组合和变化决定了水文规律变化的基本特点。这些基本特点可归纳为以下两个方面。

1. 水文现象时程变化的周期性与随机性的对立统一

所谓周期性，是指水文现象的过程大致以某一时段为循环周期。如河流的水量变化，在一年之中有丰水期、枯水期，尽管各年的总水量有大有小，但各年水量变化的丰枯交替过程是相似的，一般河流均有以年为时段的周期。例如，河流每年最大和最小流量的出现虽无固定的时日，但最大流量每年都发生在多雨的汛期，而最小流量多出现在雨雪稀少的枯水期，这是由于四季的交替变化是影响河川径流的主要气候因素。又如，靠冰川或融雪补给的河流，因为气温具有年变化的周期，所以随气温变化而变化的河川径流也具有年周期性，其年最大冰川融水径流一般出现在气温最高的夏季（7月、8月）。有水文学者在研究某些长期观测的资料时发现，水文现象还具有多年变化的周期性。

所谓随机性，是指水文现象在时间上和数量上的变化过程存在不重复的随机特点。例如，河流每一年的流量变化过程并不会完全重复，每年的最大与最小流量的具体数值也各不相同，这些水文现象的发生在数值上都表现出随机性，也就是带有偶然性。这是因为影响河川径流的因素极为复杂，各因素本身也在不断地发生变化，在不同年份的不同时期，各种因素间的组合也不完全相同，所以，受其制约的水文现象的变化过程，在时间上和数量上不可能再重复出现，即水文现象具有随机性。

2. 水文现象地区分布的相似性与特殊性的对立统一

水文现象受到地理位置的制约，如果不同流域所处的地理位置相近，气候因素与地理条件也相似，由其综合影响而产生的水文现象在一定范围内具有相似性，表现在地区的分布上具有一定规律性。例如，在湿润地区的河流，其水量丰富，年内分配也比较均匀；而干旱地区的大多数河流，水量不足，年内分配也不均匀。又如，同一地区的不同河流，其汛期与枯水期十分相近，径流变化过程也较为相似。这些现象统称为地区相似性。

另外，即使同一地区相邻流域所处地理位置与气候因素相似，但由于地形地质、植被、土壤等下垫面条件的差异，水文规律也不尽相同。例如在同一地区，山区河流与平原河流，其洪水运动规律并不相同；地下水丰富的河流与地下水贫乏的河流，其枯水期水文动态有较大差异。这就是与相似性对立的水文现象的特殊性。

由于水文现象具有时程上的随机性和地区上的特殊性，故需要对各个不同流域的各种水文现象进行年复一年的长期观测，积累资料，进行统计并分析其变化规律。又由于水文现象具有地区上的相似性，故只需有目的地选择有代表性的河流设立水文站进行观测，将其成果移用于相似地区即可。为了弥补观测年限的不足，还应对历史上和近期发生过的大暴雨、大洪水及特枯水等进行调查研究，以便全面了解和分析水文现象周期性、随机性的变化规律。

1.4.2 水文现象的研究方法

由上述水文现象的基本特征可知，对水文现象的分析研究，都要以实际观测资料为依据。按不同目的要求，水文学常用的研究方法可总结为成因分析法、数理统计法和地理综合法三类。

（1）成因分析法。根据水文站网和室外、室内试验的观测资料，从物理成因出发，研究水文现象的形成过程，以阐明水文现象的本质及其内在联系，揭示水文现象的成因规律，建立水文现象各要素间的定性或定量关系。成因分析法建立在水文过程的物理基础之上，较之单纯用经验方法或统计方法更具科学性。但由于影响水文现象的因素极其复杂，其形成机理还不完全清楚，因而在定量方面仍然存在很大困难，目前尚不能完全满足人类生产活动的需要。

（2）数理统计法。基于水文现象的随机特性，利用概率论和数理统计方法统计分析长期实测水文资料，获得水文现象特征值的统计规律，进而为工程规划、设计提供所需的设计水文数据。数理统计法是根据过去与现在的实测资料统计预测水文现象未来变化趋势，而并未阐明水文现象物理机制和因果关系。

（3）地理综合法。由于气候因素和地形地质等因素分布具有地区特征，水文现象变化在地区分布上也呈现出一定的规律性。因此，可建立水文现象的地区经验公式，也可绘制水文特征的等值线图等，以分析水文现象的地区特性，揭示水文现象的地区分布规律。自然地理相似的流域，其水文现象和水文特征也相似，可以将一个地区的水文特征值直接移用于另一个地区，这种方法通常称为水文比拟法，也属地理综合法。地理综合法特别适用于无资料或资料不全地区的各种水文分析计算及水资源评价任务。另外，在水文站网布设时，如果充分考虑水文现象具有地带性规律的特点，则可以用最少的测站观测到的资料，去解决各种自然地理特点相同流域的水文分析和计算问题。

在解决实际问题时，以上三类方法常常同时使用，相辅相成、互为补充。经过多年实践，我国已初步形成一种具有自己特点的研究方法，概括为"多种方法、综合分析、合理选定"的原则。在使用时，应根据工程所在地的地区特点，以及可能收集到的资料情况，对采用的方法有所侧重，以便为工程规划设计提供可靠的水文依据。

小 结 与 思 考

1. 水文学主要研究哪些内容？
2. 水文学如何分类？
3. 什么是水文现象？水文现象有哪几种基本运动形式？
4. 水文现象有哪些基本规律和特征？主要研究方法有哪些？
5. 简述水文学的发展状况。

线 上 内 容 导 引

★　课外知识拓展 1：水文科学的基本问题
★　课外知识拓展 2：水文科学的前沿问题
★　水文学的发展（PPT）
★　线上互动
★　知识问答

第2章　水文循环与水量平衡

2.1　地球系统中的水

地球上的地理圈由大气圈、水圈、岩石圈和生物圈构成，存在于地球各圈层中的水包括地表水、地下水、大气水和生物水四大部分。地表水指储存于海洋、湖泊、河流、冰川、沼泽等水体的水；地下水通常指地面以下地壳表层中储存于土壤和岩层裂隙中的水；大气水是指地球大气层中的水汽；生物水是指地球上一切生物有机体内的水分。

1978年联合国提供的有关资料表明，地球上水的总储量为 13.86 亿 km^3，其中分布于海洋中的水量为 13.38 亿 km^3，占地球系统总水量的 96.54%；而分布于陆地、大气以及生物体内的水只有 4800 万 km^3，仅占地球总水量的 3.46%。其中地球上的地表水为 2425 万 km^3，仅占地球总水量的 1.75%；地下水为 2370 万 km^3，占地球总水量的 1.71%；生物水为 0.112 万 km^3，占地球总水量的 0.0001%；大气水为 1.29 万 km^3，占地球总水量的 0.001%，大气水所占比例虽小，但循环、更新快，是地球上可更新淡水资源的主要来源。

地球系统中的水分为咸水和淡水，咸水总量达 13.51 亿 km^3，占地球系统总水量的 97.47%。海洋水均为咸水，占地球系统咸水总量的 99.04%，其余不足 1% 的咸水分布于陆地上的湖泊和地下水中。地球系统中的淡水总量为 3500 万 km^3，仅占地球系统总水量的 2.53%，其中，2406 万 km^3 的淡水储存于两极和高山冰川中，占全部淡水的 68.74%，但不可随便利用；有 1073 万 km^3 的淡水存在于地下水中，占全部淡水的 30.66%，其中相当一部分可开发利用，是人类生产生活所需淡水资源的重要来源之一；其余 20.4 万 km^3 的淡水储存于河流、湖泊、水库、湿地、土壤、大气和生物体中，这些地方储存的淡水总量仅占地球全部淡水总量的 0.6%，占地球总水量的 0.014%，这部分水量虽少，与人类生存和发展的关系却最为密切。其中大气水所占比例虽小，却是各种水体中最活跃的一个因素，其循环、更新快，是地球上可更新淡水资源的主要来源。

2.2　水　文　循　环

2.2.1　水文循环现象

自然界的水在太阳能和大气运动的驱动下，不断地从水面（江、河、湖、海等）、陆面（土壤、岩石等）和植物的茎叶面，通过蒸发或散发以水汽的形式进入大气圈，在适当的条件下，大气圈中的水汽可以凝结成水滴，小水滴相互碰撞合并成为大水滴，当凝结的水滴大到能克服空气阻力时，就在地球引力的作用下，以降水形式降落到地球表面。到达地球表面的降水，一部分在分子力、毛管力和重力的作用下通过地面渗入地下；一部分则形成地面径流，主要在重力作用下流入江、河、湖泊，再汇入海洋；还有一部分通过蒸发和散发重新逸散到大气圈。渗入地下的那部分水，或者成为土壤水，再经由蒸发和散发逸散到大气圈，或者以地下水形式排入江、河、湖泊，再汇入海洋。自然界中水分的这种不断蒸发、输送和凝结，形成降水、径流的循环往复过程，称为水文循环，又称水分循环或简称水循环。水文循环过程如图 2.1 所示。由此可见，水文循环主要包括四个过程：一是蒸发过程，包括散发过程；二是大气输送过程；三是降水过程；四是径流过程。水文循环的范围贯穿整个水圈，向上延伸到 10km 左右，下至地表以下平均 1km 深处。

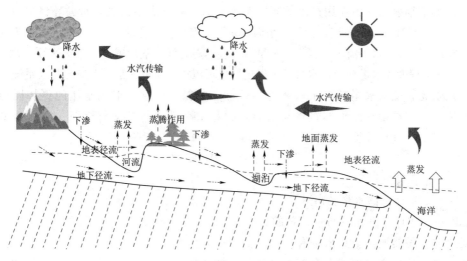

图 2.1　自然界的水文循环示意图

　　地球系统中发生水文循环现象的主要原因有两个，一是水在常温下就能实现液态、气态和固态的"三态"相互转化而不发生化学变化，这是水文循环发生的内因；二是太阳辐射和地心引力为水文循环的发生提供了强大的动力条件，这是水文循环发生的外因。内因是根据，外因是条件，内因通过外因起作用。水文循环的发生，以上两个原因缺一不可。

　　根据水文循环过程的整体性和局部性，可分为大循环与小循环。从海洋蒸发的水汽，被气流输送到大陆上空，凝结形成降水降落到地面后，一部分以地面和地下径流的形式通过河流汇入海洋，另一部分则重新蒸发返回大气。这种水分由海洋输送到大陆，又回归海洋的循环，称为大循环或外循环。从海洋蒸发的水汽在海洋上空凝结后，以降水的形式又直接降落在海洋上，或者陆地上的降水在没有流归海洋之前，又蒸发到陆地上空，在陆地上空凝结后以降水的形式回到陆地上，这种水分由海洋输送到海洋又回到海洋，或者由陆地输送到陆地又回到陆地的循环称为小循环或内循环。前者称为海洋小循环，后者称为陆地小循环。

　　在大循环运动中，水分一方面在地面和大气间通过降水和蒸发进行纵向交换，另一方面通过河流在海洋和陆地之间进行横向交换。海洋从空中向陆地输送大量水汽，陆地则通过河流把水输送到海洋。陆地也向海洋输送水汽，但与海洋向陆地输送的水汽相比，其量很小，约占海洋蒸发量的 8%。所以，海洋是陆地降水的主要水汽来源。但内陆地区远离海洋，从海洋直接输送至内陆的水汽量有限，通过内陆局部地区的水文循环即陆地小循环，使水汽逐步向内陆输送，是内陆地区主要的水汽来源。由于水汽在向内陆输送的过程中，沿途会逐渐损耗，故而内陆距离海洋越远，输送的水汽越少，降水量越小。因此，陆地小循环对内陆地区的降水有着重要作用。

2.2.2　水循环机理与特点

水循环遵循如下机理：

（1）整个水循环过程既无开始也无结尾，是连续的、永无止境的，但是全球的总水量是不变的，服从质量守恒定律，这是建立水量平衡方程的理论基础。

（2）太阳辐射与重力作用是水循环的基本动力。此动力不消失，水循环将永恒存在。

（3）全球循环是闭合系统，但局部水循环是开放系统。对全球而言，水循环是相对封闭在巨系统中的，既没有水量流出，也没有水量流入。但对海洋、陆地或某一地区来说，因为它与外界发生不同程度的水量交换，水量既可以出、也可以进，所以又是一个局部开放系统。

（4）永无止境的水循环赋予水体可再生性。其循环强度一般用水体的更替周期来度量。水体的更替周期是指水体在参与水循环过程中全部水量被交替更新一次所需的时间，通常用下式进行计算：

$$T = W/\Delta W \qquad\qquad (2.1)$$

式中　T——更替周期，a；

　　　W——水体总储水量，m^3；

　　　ΔW——水体年平均参与水循环的量，m^3/a。

据研究，虽然地球上总水量有 13.86 亿 km^3，但平均每年只有 57.7 万 km^3 的水参与水文循环，按此速度，地球上全部水量都参与循环一次，或者说全部水量更新一次，大约需要 2400 年。地球上不同水体的储水量的更新速度是不同的。表 2.1 列出了不同水体的储水量的更新周期。由表可见，除生物水外，地球上更新最快的水体是大气水，更新周期只有 8 天，其次为河流水，更新周期为 16 天。河流水这种较快的更新速度对人类获取淡水资源具有特殊重要的意义，也是水资源成为地球上能自行恢复或再生的一种资源的原因。相反，深层地下水的更新周期长达 1400 年，大量开采、超采深层地下水而得不到及时补充恢复，就会导致各种负面影响，如海水入侵地下水、地面沉降、土壤盐碱化、地下水质恶化等。

表 2.1　　　　　　　　　　　各种水体储水量的更新周期

水　体	更新周期	水　体	更新周期
极地冰川、常年积雪	约 10000 年	土壤水	1 年
世界大洋	2500 年	河流水	16 天
高山冰川	1600 年	大气水	8 天
深层地下水	1400 年	生物水	几小时
湖泊水	17 年	全球	2400 年
沼泽水	5 年		

水体的更替周期是反映水循环强度的重要指标，也是反映水体水资源可利用率的基本指标。因为，从水资源可持续利用的角度分析，水体的总储水量并不都是可利用的，只有

能够不断更新的那部分水量才能算作可利用量。如果不能及时更新，就不能保证水资源的持续利用。

2.2.3 水文循环的尺度

按照研究尺度的不同，水文循环可分为全球水文循环、流域或区域水文循环和水-土（壤）-植（物）系统水文循环三种不同的尺度。其中全球水文循环是空间尺度最大的水文循环，也是最完整的水文循环，它涉及大气、海洋和陆地之间的相互作用，与全球气候变化关系密切。全球水文循环是全球水文学或大尺度水文学研究的核心。

流域或区域水文循环实际上就是流域降雨径流形成过程。降落到流域上的雨水，首先满足截留、填洼和下渗要求，剩余部分成为地面径流，汇入河网，再流达流域出口断面。截留最终耗于蒸发，填洼的一部分将继续下渗，而另一部分也耗于蒸发。下渗到土壤中的水分，在满足土壤持水量需要后将形成壤中流径流或地下径流，从地面以下汇集到流域出口断面。被土壤保持的那部分水分最终消耗于蒸发和散发。流域或区域水文循环的空间尺度一般在 $1\sim10000\text{km}^2$，相对于全球水文循环而言，它是一种开放式的循环系统，也是流域水文学或径流形成学研究的核心。

水-土（壤）-植（物）系统是一个由水分、土壤和植物构成的相互作用的系统，是流域或区域水文循环的一部分，是自然界空间尺度最小的水文循环，其特殊意义在于将水文循环与植物系统联系了起来。降雨过程中，被植物茎、叶所截留的雨水最终会耗于蒸发，而渗入土壤中的雨水扣除土壤蒸发后，一部分会被植物根系所吸收，在植物生理作用下通过茎、叶等输送以维持植物的生命过程，并通过叶面散发回到大气中，而在满足截留、填洼和下渗要求后，剩余部分雨水则会形成地面、地下径流，汇入河网。水-土（壤）-植（物）系统水文循环也是一个开放式的循环系统。它不但是流域水文学的重要基础，而且是生态水文学研究的重要课题之一。

2.2.4 影响水文循环的因素

根据发生水文循环现象的原因，可以将影响水文循环的因素归纳为以下四类：

（1）气象因素，包括温度、风速、风向、湿度等。在水文循环的四个环节中，蒸发、水汽输送、降水三个环节取决于气象条件，而径流的形成及其时空变化在很大程度上也取决于气象条件。因此，气象因素是影响水文循环各因素中起主导作用的因素。

（2）自然地理条件，包括地形、地貌、地质构造、土壤和植被情况等下垫面因素。自然地理条件主要是通过蒸发和径流来影响水文循环，有利于蒸发的地区，一般水文循环活跃，而有利于径流的地区，则一般不利于水文循环。

（3）人类活动，包括各种水利工程、城市建设和农业生产等。人类活动可以通过改变流域下垫面条件间接影响水文循环的各环节，如在城市建设过程中通过填湖造地，将原来的透水区域变成不透水区域，农业生产过程中水田改旱田等。另外，人类还可通过兴建大坝、水库等径流调节工程，以及引水、调水工程直接影响水文循环，如在河流上建造大坝，改变了河川径流的时间分配过程，增大蒸发量；跨流域调水工程将一条江河中的一部分水量调入另一些江河，从而改变了这些江河原来的径流状况等。

（4）地理位置。一般而言，距离海洋越近，水文循环强度越大；反之，则越弱。如低纬度湿润地区，降雨较多，雨季降水集中，气温较高，蒸发量大，水文循环过程强烈；高纬度地区，气温低，冰雪覆盖期长，水文循环过程较弱；干旱地区降水稀少，蒸发能力大，但实际蒸发量小，水文循环微弱。

2.2.5　水文循环的意义

自然界水文循环的存在，不仅是水资源和水能资源可再生的根本原因，而且是地球上生命生生不息，能千秋万代延续下去的重要原因之一。太阳能在地球上分布不均匀，时间上也有变化，因此，主要由太阳能驱动的水文循环导致了地球上降水量和蒸发量的时空分布不均匀，这不仅使地球上划分出湿润地区和干旱地区，而且在时间上也区分出多水季节和少水季节、丰水年和枯水年，甚至是地球上发生洪、涝、旱灾害的根本原因，同时也是地球上具有千姿百态自然景观的重要条件之一。水文循环是自然界众多物质循环中最重要的物质循环。水是良好的溶剂，水流具有挟带物质的能力，因此，自然界有许多物质，如泥沙、有机质和无机质均会以水作为载体，参与各种物质（如碳、氮、磷等）的循环。研究水文循环的目的，在于认识它的基本规律，揭示其内在联系，这对于合理开发利用水资源、抗御洪旱灾害、改造自然、利用自然都具有十分重要的意义。

2.2.6　我国水文循环的路径

我国的地理位置、与各大洋的相对位置以及受到的大气环流和季风的影响情况，决定了我国的水汽来源为太平洋、印度洋、大西洋、北冰洋和鄂霍次克海，相应地形成了我国五大水文循环系统。

（1）太平洋水文循环。我国有相当长的海岸线濒临太平洋，由于太平洋中的海洋暖流流经我国东南沿海，暖流洋面温度高，蒸发旺盛，洋面上空的暖湿空气受东南季风和台风的影响，大量向内陆输送。进入大陆后，又与西伯利亚冷空气团交锋，成为华东、华北地区的主要降水。降水分布从东南沿海向西北内陆递减，我国的主要河流如长江、黄河、淮河、珠江和浙、闽、台的河流，其水源主要来自这一循环的降雨，这些河流均注入太平洋。

（2）印度洋水文循环。印度洋是我国南方主要水汽来源之一。冬季有明显湿舌从孟加拉湾伸向我国的西南部，形成这一地区的冬季降水；夏季由于印度洋低压的发展，盛行西南季风，把大量的水汽输送到我国西南、中南、华东以至河套以北地区，成为我国夏季的主要降水源泉。所形成的降水，一部分由西南地区的一些河流，如雅鲁藏布江、怒江等汇入印度洋；另一部分降水还参与太平洋的水文循环。

（3）大西洋水文循环。我国西北新疆内陆地区的水文循环，主要是内陆水文循环系统，其西去太平洋甚远，但由于高空西风疾行，地势平坦，仍有少量大西洋水分于春季随气旋东来，参与内陆水文循环。

（4）北冰洋水文循环。北冰洋水汽借强盛的北风随西伯利亚气团进入我国西北，当西伯利亚气团强盛时，也可深入我国腹地，但其水汽含量很少，引起的降水量并不多。流入北冰洋的河流有额尔齐斯河。

（5）鄂霍次克海水文循环。鄂霍次克海和日本海的湿冷气团，在春夏之间随东北季风遁入我国东北北部地区，形成降水后转换成的径流，经黑龙江注入鄂霍次克海。

此外，华南地区受热带辐合带的影响，可把南海的水汽输送到华南地区，形成降水后经珠江流入南海。

2.3 水 量 平 衡

水量平衡是物质守恒定律在水文学中的具体表现，它是研究水文现象的基本工具。自然界的水文循环，从长期来看，大体上是不变的。

2.3.1 水量平衡方程

根据物质守恒定律可知，在任一时段内，对于任一水体，输入水量与输出水量之差等于其蓄水量的变化量，这就是水量平衡原理。根据该原理可得到某一水体任一时段内的水量平衡方程。

1. 通用水量平衡方程

以地面的某一区域作为研究对象，区域内具有湖泊、沼泽等水体，并纵横交错着许多进出水道，沿该区域地面边界想象地做出一个垂直的柱体，柱体底部为地面以下某一深度的水平面，假设该水平面上下的水量不进行交换。

任一时段 Δt 内，该研究对象水量平衡的收入部分包括时段内降水量 P、时段内所有从地表流入的径流量 $\sum R_{sI}$、时段内所有从地下流入的径流量 $\sum R_{gI}$；支出部分包括时段内陆地（土壤、植物）蒸散发及水面（包括冰面、雪面）蒸发 E、时段内所有从地表流出的径流量 $\sum R_{sO}$、时段内所有从地下流出的径流量 $\sum R_{gO}$、时段内用水量 Y。上述各要素都以水深单位 mm 表示。

由此根据水量平衡原理，可以得出该研究对象在任一时段 Δt 内的通用水量平衡方程式，即

$$(P + \sum R_{sI} + \sum R_{gI}) - (E + \sum R_{sO} + \sum R_{gO} + Y) = \Delta W \tag{2.2}$$

式中　ΔW——时段 Δt 内研究对象蓄水量变化量，mm；

　　　Y——时段 Δt 内用水量，包括灌溉用水量、工业用水量，外流域引水量及其他用水量等，这部分水量除外流域引水量外，均有部分水量回归区域河槽，此处指净耗水量。

2. 流域水量平衡方程

根据通用水量平衡方程式（2.2），对于任一个流域，研究时段 Δt 内的水量平衡方程式可写为

$$P + R_{gI} - (E + R_{sO} + R_{gO} + Y) = \Delta W \tag{2.3}$$

式中　P——时段 Δt 内流域上的降水量，mm；

　　R_{gI}——时段 Δt 内从地下流入流域的径流量，mm；

　　　E——时段 Δt 内流域上的蒸散发量，mm；

　　R_{sO}——时段 Δt 内从地面流出流域的水量，mm；

　　R_{gO}——时段 Δt 内从地下流出流域的水量，mm；

　　　Y——时段 Δt 内用水量，mm；

　　ΔW——时段 Δt 内流域蓄水量变化量，mm。

式（2.3）是流域水量平衡方程式的一般形式。若流域为闭合流域，即 $R_{gI} = 0$，再假设用水量很小，即 $Y \approx 0$，则闭合流域给定时段 Δt 内的水量平衡方程可写为

$$P = E + R_{sO} + R_{gO} + \Delta W \tag{2.4}$$

令 R 表示时段 Δt 内从地面和地下流出流域的径流量之和，则有 $R = R_{sO} + R_{gO}$，式（2.4）可写为

$$P = E + R + \Delta W \tag{2.5}$$

若研究时段为 n（$n > 1$）年，则由于在多年期间，有些年份 ΔW 为正，有些年份 ΔW 为负，因此有

$$\frac{1}{n} \sum_{1}^{n} (\Delta W) \approx 0 \tag{2.6}$$

则多年平均情况下，闭合流域水量平衡方程可写为

$$\overline{P} = \overline{E} + \overline{R} \tag{2.7}$$

式中　$\overline{P}$——流域多年平均年降水量，mm；

　　　$\overline{E}$——流域多年平均年蒸散发量，mm；

　　　$\overline{R}$——流域多年平均年径流量，mm。

3. 全球水量平衡方程

地球由海洋和陆地两大部分组成，任一时段 Δt 内，陆地的水量平衡方程式可写为

$$P_l - R_l - E_l = \Delta W_l \tag{2.8}$$

海洋的水量平衡方程式可写为

$$P_s + R_l - E_s = \Delta W_s \tag{2.9}$$

式中　P_l——时段 Δt 内陆地上的降水量，mm；

　　　R_l——时段 Δt 内从陆地汇入海洋的径流量，mm；

　　　E_l——时段 Δt 内陆地上的蒸散发量，mm；

　　　ΔW_l——时段 Δt 内陆地蓄水量变化量，mm；

　　　P_s——时段 Δt 内海洋上的降水量，mm；

　　　E_s——时段 Δt 内海洋上的蒸散发量，mm；

　　　ΔW_s——时段 Δt 内海洋蓄水量变化量，mm。

对于多年平均而言，式（2.8）和式（2.9）将分别变为

$$\overline{P_l} - \overline{R_l} - \overline{E_l} = \Delta \overline{W_l} \tag{2.10}$$

和

$$\overline{P_s} + \overline{R_s} - \overline{E_s} = \Delta \overline{W_s} \tag{2.11}$$

式中　$\overline{P_l}$——陆地多年平均年降水量，mm；

　　　$\overline{R_l}$——从陆地汇入海洋的多年平均年径流量，mm；

　　　$\overline{E_l}$——陆地多年平均年蒸散发量，mm；

　　　$\Delta \overline{W_l}$——陆地多年平均年蓄水量变化量，mm；

　　　$\overline{P_s}$——海洋多年平均年降水量，mm；

　　　$\overline{E_s}$——海洋多年平均年蒸散发量，mm；

　　　$\Delta \overline{W_s}$——海洋多年平均年蓄水量变化量，mm。

在多年期间，ΔW_l、ΔW_s 有些年份为正值，有些年份为负值，因此对多年平均而言，ΔW_l、ΔW_s 的多年平均值 $\Delta \overline{W_l}$、$\Delta \overline{W_s}$ 均趋于零，式（2.10）和式（2.11）将分别变为

$$\overline{P_l} = \overline{R_l} + \overline{E_l} \tag{2.12}$$

和
$$\overline{P_s} = \overline{R_s} + \overline{E_s} \tag{2.13}$$

即多年平均情况下，陆地多年平均年降水量 $\overline{P_l}$ 等于陆地多年平均年蒸散发量 $\overline{E_l}$ 与从陆地汇入海洋的多年平均年径流量 $\overline{R_l}$ 之和；海洋多年平均蒸散发量 $\overline{E_s}$ 等于海洋多年平均年降水量 $\overline{P_s}$ 与从陆地汇入海洋的多年平均年径流量 $\overline{R_l}$ 之和。

将式（2.12）与式（2.13）等式两边分别相加可得

$$\overline{P_l} + \overline{P_s} = \overline{E_l} + \overline{E_s} \tag{2.14}$$

令 $\overline{P}$ 表示全球多年平均年降水量，$\overline{E}$ 表示全球多年平均年蒸散发量，则有 $\overline{P} = \overline{P_l} + \overline{P_s}$，$\overline{E} = \overline{E_l} + \overline{E_s}$，式（2.14）则可变为

$$\overline{P} = \overline{E} \tag{2.15}$$

式（2.15）即为全球多年平均水量平衡方程式。此式表明，全球多年平均年降水量与多年平均年蒸散发量相等。

全球水量平衡结果见表 2.2。由表可知，全球多年平均蒸散发量为 57.7 万 km^3，其中海洋的蒸散发量为 50.5 万 km^3，陆地的蒸散发量为 7.2 万 km^3。全球多年平均降水量为 57.7 万 km^3，其中海洋的降水量为 45.8 万 km^3，陆地的降水量为 11.9 万 km^3。全球多年平均蒸散发量为 57.7 万 km^3，而全球的总储水量为 13.86 亿 km^3，这就意味着全球总水量中平均每年只有 1/2400 的水参与一年的水文循环，即维系现在的自然界和人类社会所需的水只占地球系统总储水量的一小部分。

表 2.2   地球上的水量平衡

区 域	多年平均蒸散发量		多年平均降水量		多年平均径流量	
	水量/km^3	深度/mm	水量/km^3	深度/mm	水量/km^3	深度/mm
海洋	505000	1400	458000	1270	−47000	130
陆地	72000	435	119000	800	47000	315
外流区	63000	529	110000	924	47000	395
内流区	9000	300	9000	300		
全球	577000	1130	577000	1130		

实际上，地球并不是一个封闭的系统，地球与宇宙空间存在水量交换，比如陨石降落带来的水量，地球大气中的水汽分解后消失在宇宙空间等，但两者之间的水量交换基本保持平衡，对全球水量平衡产生的影响可不予考虑。

2.3.2 研究水量平衡的意义

水量平衡研究是水文、水资源学科的重大基础研究课题，同时又是研究和解决一系列实际问题的手段和方法。因而具有十分重要的理论意义和实际应用价值。

首先，研究水量平衡，可以定量地揭示水文循环过程与全球地理环境、自然生态系统之间的相互联系、相互制约的关系；揭示水文循环过程对人类社会的深刻影响，以及人类对水文循环过程的消极影响和积极控制的效果。

其次，水量平衡研究是了解水文循环系统内在结构和运行机制，分析系统内蒸发、降

水以及径流等各个环节之间的内在联系，揭示自然界水文过程基本规律的主要方法；是人们认识和掌握河流、湖泊、海洋、地下水等各种水体的基本特征、空间分布、时间变化，以及今后发展趋势的重要手段。通过水量平衡分析，还可以对水文测验站网的布局，观测资料的代表性、精度及其系统误差等做出判断，并加以改进。

第三，水量平衡分析是水资源现状评价与供需预测研究工作的核心和基础。在基本水文资料的代表性分析、径流还原计算、大气水-地表水-土壤水-地下水等四水转化关系研究以及区域水资源总量评价中，均需以水量平衡原理为基本理论开展。此外，水资源开发利用现状评价以及未来的供需平衡分析计算，更是围绕着用水、需水与供水之间能否平衡的研究展开的，所以水量平衡分析是水资源研究的基础。

第四，在流域规划、水资源工程系统规划与设计中，同样离不开水量平衡研究工作。它不仅为工程规划提供基本参数，而且可以评价工程建设后可能产生的实际效益。

此外，在水利工程正式投入运行后，水量平衡方法又往往是恰当地协调各部门用水要求，进行合理调度，科学管理，充分发挥用水效益的重要手段。

2.4　人类活动对水文循环和水量平衡的影响

人类活动使得自然地理条件发生变化，从而导致水文循环要素、过程、强度、水文情势等发生变化，进而使水量平衡也发生变化。人类活动对水文循环的路径以及水量平衡各项量值的影响有直接影响，也有间接影响。水文循环中有两个重要环节：一是水汽输送，二是径流。人类活动对于前者的影响是间接的，而对后者的影响是直接的。

2.4.1　人类生产及生活用水对水文循环的影响

人类为了满足生活和工农业生产的需要，会直接从河流或地下含水层中取水。其中有一部分水会重新回到河流或地下含水层中，另一部分则通过蒸发成为大气水，只有一小部分水会返回当地的水文循环系统，从而使该区域水循环各要素的时空分布直接发生变化，这种影响在旱区尤为突出。例如我国新疆地区气候干旱，农田灌溉的大量引水会导致许多河流出现季节性断流。在黄河流域，因内蒙古河套地区大量引水灌溉，出现了河套地区流量比上游兰州段的流量小的反常现象。由于大量引水灌溉，河水大量引入农田，增大了陆面蒸发，减小了河川径流，造成黄河年径流量有逐年下降的趋势。同时，随着人口增长、城市与工业的发展，生活与工业用水量也日益加大。这些因素使用水量急剧增大，以致20世纪末黄河发生了连续数年的断流现象。

人类活动明显地改变了下垫面状况。农业方面，耕作面积的增加改变了原有的植被状况，从而改变了蒸发条件，进而改变了水汽输送量值。城市化的发展使大量透水陆面变为不透水地面，使得相同降雨量所产生的径流量及径流过程不同。而近年来黄土高原地区的人类活动，包括修筑堤田和淤地坝等工程措施以及退耕还林还草等改变土地利用状况的措施，则在一定程度上减缓了人类对水文循环的影响。

2.4.2　水利工程的影响

为了满足人类用水、用电的需要，我国在河流上兴建了大量水库、水电站等水利工程。这些工程改变了河川径流时间分配的过程，水库蓄水也增大了水面面积。由于水面蒸发远大于陆面蒸发，因而总体上蒸发量增大。蒸发的水量改变了内陆水文循环中的水汽量值，在一定程度上增强了内陆水文循环。

跨流域调水工程改变了水文循环的路径，同时也改变了水文循环各要素之间的平衡关系，而对水文循环具有很大影响。其不仅对调出区有影响，对调入区也有不可忽视的影响。例如我国南水北调工程使长江流域水量减少，使黄河、淮河、海河流域水量增加；长江流域水量减少量值相对有限，而黄淮海流域水量增加比例较大。因此，南水北调工程对长江的影响，如是否会产生入海口区淡水退缩及咸水入侵、河口侵蚀量增加等负面影响都需要研究；对黄淮海调入区而言，调入水量满足了人民生产生活需要，在一定程度上补充了长期超采的地下水是有利的方面，但是否会改变调入区水文循环状况还有待进一步研究。

不同的人类活动，其水文效应的影响规模、变化过程和变化性质，以及可否逆转等均不同。例如跨流域引水、大型水库等水利工程，这些人类活动时间短暂，但可以骤然改变水循环要素，而且一旦改变就将持久发生进而不可逆转地存在下去。植树造林、城市化等历时较长的人类活动，对水文要素的影响则是逐渐变化的。水文效应的影响与原水体水量大小有关，影响改变的量与总量都是相对而言的。

总而言之，人类活动对水文循环的影响越来越大，而水文循环的改变又会引起自然环境的变化。这种变化可以是朝着有利于人类的方向发展，也可能朝着不利于人类的方向发展，弄清其机理，在理论和实践上都有重大的意义。

小 结 与 思 考

1. 简述我国水资源概况。
2. 什么是水文循环？水文循环发生的原因是什么？
3. 什么是大循环？什么是小循环？
4. 水文循环的影响因素有哪些？
5. 什么是水量平衡？试写出通用的水量平衡方程式。

线 上 内 容 导 引

★　课外知识拓展 1：人类用水活动对陆地水循环的影响

★　课外知识拓展 2：人类活动和气候变化对径流的影响分析方法

★　水量平衡计算

★　线上互动

★　知识问答

第3章 降 水

降水是水文循环中最活跃的因子，是地球上陆地内各种水体的直接或间接的补给源。降水的主要形式是降雨和降雪，其他形式还有雹、霰、露、霜等。降水资料是分析河流洪枯水情、流域旱情的基础，也是水资源开发与管理运用的基础，是一项非常重要的输入资料。

3.1 降水类型及其影响因素

3.1.1 降水的形成

如果地面有湿热的未饱和空气团在某种外力作用下上升，上升高度越高，气压越低，在上升过程中这团空气的体积就要膨胀。在与外界没有发生热量交换，即在绝热条件下，气团体积膨胀的结果必然导致气团温度下降，这种现象称为动力冷却。当气团上升到一定高度，温度降到其露点温度时，这团空气就达到了饱和状态，再上升就会过饱和而发生凝结形成云滴。云滴在上升过程中不断凝聚，相互碰撞，合并增大。一旦云滴不能被上升气流所顶托时，在重力的作用下就会落到地面成为降水。

由上述可知，水汽、上升运动和冷却凝结是形成降水的三个因素。在水汽条件具备的情况下，只有发生空气冷却，水汽才能凝结形成降水，而促使水汽冷却凝结的主要条件是空气的垂直上升运动。当湿空气在某种外力作用下被抬升后就会促使空气冷却从而导致降水。

3.1.2 降水的类型

在我国，降水的主要形式是降雨。由气象学关于降水形成的物理机制可知，气流上升产生动力冷却而凝结，是形成降雨的先决条件，而水汽含量的大小及动力冷却程度则决定着降雨量和降雨强度的大小。根据气流上升冷却的原因不同，可把降雨划分为以下四种类型。

1. 对流雨

因地表局部受热，气温向上递减率过大、大气稳定性降低，下层空气膨胀上升与上层空气形成对流运动。上升的空气形成动力冷却而导致的降雨称为对流雨。对流雨一般发生在夏季酷热的午后，降雨强度大，历时短，雨区比较小。

2. 地形雨

暖湿空气在移动过程中，遇山脉的阻挡，被迫沿山脉的迎风坡上升，即在地形抬升作用下冷却而成云致雨，称为地形雨。地形雨多发生在山脉的迎风坡，而在背风坡，由于大量的水汽已在迎风坡释放，雨量稀少。

3. 锋面雨

两个温湿特性不同的气团相遇时，在其接触区由于性质不同来不及混合而形成一个不连续面，称为锋面。所谓不连续面实际上是一个过渡带，所以又称为锋区。锋面与地面的交线称为锋线，习惯上把锋线简称为锋。锋面的长度从几百千米到几千千米不等，伸展高度低的离地 1～2km，高的达 10km 以上。由于冷暖空气密度不同，暖空气总是位于冷空气上方。在地转偏向力的作用下，锋面向冷空气一侧倾斜，冷气团总是楔入暖气团下部，暖空气沿锋面上升。由于锋面两侧温度、湿度、气压等气象要素有明显的差别，因此，锋面附近常伴有云、雨、大风等天气现象。锋面活动产生的降水统称锋面雨。锋面雨多发生在温带气旋的天气系统内，故又称为气旋雨。

当冷暖气团运动方向相反［图 3.1 (a)］，冷气团起主导作用，推动锋面向暖气团一侧移动，迫使暖湿气流沿锋面爬升发生动力冷却，从而形成降雨，称为冷锋雨。冷锋雨降雨强度大，历时较短，雨区窄。

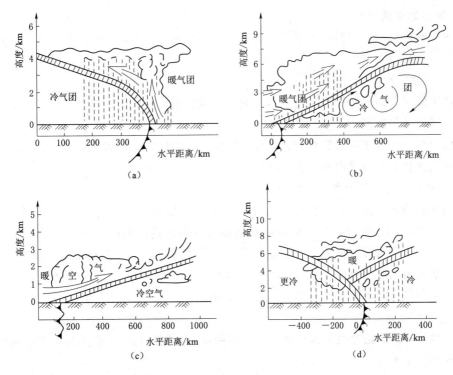

图 3.1　锋面类型示意图
(a) 冷锋；(b) 暖锋；(c) 静止锋；(d) 锢囚锋

当冷暖气团运动方向相同时［图 3.1 (b)］，由于冷气团运动速度慢，暖气团运动速度快，此时暖气团起主导作用，推动锋面向冷气团一侧移动，冷暖气团相遇时将形成暖锋面，暖湿气流沿暖锋面爬升到冷气团之上而发生动力冷却，形成降雨，称为暖锋雨。暖锋雨降雨强度不大，但历时较长，雨区范围较大。

当冷暖气团势均力敌，在某一地区停滞少动或来回摆动的锋称为准静止锋，简称静止锋［图 3.1 (c)］。静止锋坡度小，沿锋面上滑的暖空气可以一直伸展到距地面锋线很远的地方。所以云、雨区范围很广，降雨强度小，但持续时间长。

当三种热力性质不同的气团相遇，如冷锋追上暖锋或两条冷锋相遇，暖空气被抬离地面，锢囚在高空，形成锢囚锋［图 3.1 (d)］。锢囚后暖空气被抬升到锢囚点以上，上升运动进一步发展，使云层变厚，降水量增加，雨区扩大。

4. 台风雨

台风雨是热带海洋上的风暴带到大陆的雨，由异常强大的海洋湿热气团组成。台风雨来势凶猛，降雨范围、降雨强度和降雨量都很大，往往一天的降雨量可达一百至数百毫米，极易酿成洪涝灾害。1975 年 8 月第 3 号台风在我国沿海登陆，深入到河南省境内的淮河上游地区，造成该地区历史上罕见的特大暴雨，河南省林庄雨量站最大一日暴雨量达 1060.3mm，最大 3 日暴雨量达 1605mm。

我国南方的浙江、福建、广东、海南和台湾等省是台风雨多发地区，台风雨占这些省全年降水量的 30%～60%。

3.1.3 降水的影响因素

研究影响降雨的因素对掌握降雨特性、判断资料的合理性、分析不同地区河流径流情势及洪水特点均有重要意义。

1. 地理位置的影响

地球上降水总的分布趋势是由赤道向两极递减。沿海地区雨量充沛，愈向内地雨量愈少。如我国青岛年降水量为 646mm，济南为 621mm，西安为 566mm，兰州为 325mm。华北地区因距热带海洋气团源地较远，降水量较华南地区少。一般来说，低纬度地区由于空气中水汽含量大，故降雨多，高纬度地区则相反。

2. 气旋、台风途径的影响

我国江淮地区，由于气旋在春夏之间向东移动，从而形成该地区的持续阴雨——梅雨天气。7、8 月间锋面北移，华北地区雨量增加。台风对我国东南沿海各省的降雨影响颇大，影响我国的台风多数在广东、福建、浙江、台湾等省登陆。登陆后，有的绕向北上，在江苏北部或山东沿海再进入东海，有的可深入到华中内陆地区，减弱后变为低气压。台风经常登陆和经过的地方，容易形成暴雨或大雨。

3. 地形的影响

山地地形有强迫抬升气流的作用，从而使降雨量有随高程增加的趋势，降雨量增加的程度，则取决于水汽的含量。

台湾、湖南、广东、福建、浙江若干山地高雨区，就是因山地抬升作用所造成的。西北内陆地区，由于水汽含量已少，即使有山地抬升，降水随高程的增加也不显著，如柴达木盆地西北部的阿尔金山，高出地面 2000～3000m，但年降雨增加并不多。

山地抬升作用与坡度有关，坡度愈陡，降雨增率愈大，但当高程达到某一高度后，雨量即达到最大值，不再随高程增加。气流到达山顶时又变通畅，山地的阻拦作用减弱，降雨量有减小的趋势。山脉的缺口和海峡是气流的通道，由于在这些地方气流有加速作用，水汽难以停留，降雨机会少。如台湾海峡、琼州海峡两侧，雨量减少很多。阴山山脉和贺兰山脉之间的缺口，使鄂尔多斯和陕北高原的雨量减少。

4. 森林对降水的影响

森林对降水的影响极为复杂，主要有三种不同的观点：一是森林可减小气流运动速度，使潮湿空气积聚，有利于降雨；二是森林对降水的影响不大；三是森林有减少降水的作用。这三种观点均有一定的根据，也各有局限性。总的来说，森林对降水的影响肯定存在，至于影响的程度是增加还是减少，往往要受到地区的典型性、观测条件、观测精度等的影响，并且与森林面积、林冠厚度、密度、树种、树龄以及地区气象因子、降水强度、历时等特性有关。

5. 水体对降水的影响

陆地上的江河、湖泊、水库等水体对降水的影响，主要是由于水面上方的热力学、动力学条件与陆面上存在差异而引起的。海面和湖面上空，由于气流阻力小而加速前进，减小了降雨的机会。温暖季节，水面上空有逆混现象，使气团不易上升，也不易形成降雨。海洋暖流所经之处，由于地面上空气团不稳定则易形成降雨。

一般来说，水体对降水的影响是减少降水量，减少的程度随季节不同而有差异。但在迎风的库岸地带，当气流自水面吹向陆地时，因地面阻力大，风速减小，加之热力条件不同，容易造成上升运动，促使降水增加。

6. 人类活动对降水的影响

人类活动对降水的影响一般是通过改变下垫面条件而间接影响降水，例如，植树造林或大规模砍伐森林、修建水库、灌溉农田、疏干沼泽等，其影响的后果可能会减少降水，也可能会增加降水。

3.2 降水及其时空特征表示方法

3.2.1 降水的基本要素及时空分布特征

1. 降水要素

降水要素是刻画降水的特征数值。下面以降雨为例来介绍描述降水这一现象的基本物理量即降水基本要素。

（1）降雨量。降雨量是在一定时段内降落在某一面积上的总雨量，如日降雨量是在一日之内降落在某一面积上的总雨量，此外，还常用年降雨量、月降雨量以及多少小时降雨量等表示。次降雨量是指某次降雨开始至结束时连续一次降雨的总量。降雨量通常以深度单位 mm 表示，即在一定时段内降落在单位水平面积上的雨深。

（2）降雨历时。降雨历时是指一次连续降雨过程所持续的时间。

（3）降雨时间。降雨时间是指对应于某一降雨量而言的时段长，在降雨时间内，降雨不一定连续，例如，年最大 3 日降雨量指一年中，连续 3 日内总降雨量最大，这个雨量可能是由两场降雨的雨量组成的。

（4）降雨强度。指单位时间内的降雨量，以 mm/min 或 mm/h 计。

（5）降雨面积。指某次降雨所笼罩的水平面积，以 km^2 计。

2. 降雨的分级

水文部门将 24h 降水量大于 50mm 或 1h 降水量大于 16mm 的降雨称为暴雨；24h 降

水量大于 100mm 称为大暴雨；24h 降水量大于 200mm 称为特大暴雨。

3.2.2 降雨的时空分布特征表示方法

1. 降雨量过程线

降雨量过程线是以时段降雨量为纵坐标、以时间为横坐标绘制而成的柱状图，它表示时段降雨量的变化过程。如以日降雨量为纵坐标，可绘制日降雨量过程线。为了表示一次降雨的变化过程，常用更短时段的（如小时、分钟等）降雨量来绘制暴雨过程线，如图 3.2 所示。

2. 降雨量累积曲线

降雨量累积曲线是以时间为横坐标、以降雨开始到该时刻的累积降雨量为纵坐标绘成的曲线，如图 3.3 所示。自记雨量计的记录曲线，就是降雨量累积曲线，该曲线某段的坡度，即为该时段的平均降雨强度，即

$$\bar{i} = \frac{\Delta P}{\Delta t} \tag{3.1}$$

式中　ΔP——Δt 时段内的降雨量，mm；

　　　Δt——降雨时段长，以 h 或 min 计。

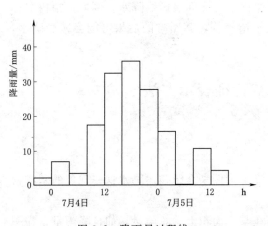

图 3.2　降雨量过程线

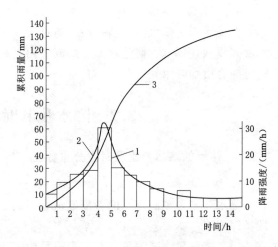

图 3.3　降雨量累积曲线
1—时段平均雨强过程线；2—瞬时雨强过程线；
3—降雨量累积曲线

降雨量累积曲线上任一点的斜率即为该点相应时刻的瞬时降雨强度。将同一流域各雨量站的同一次降雨的累积曲线绘在一起，可用来分析降雨在流域上的分布及各站降雨在时程上的变化，并可用来校验观测资料的合理性。

3. 等雨量线

对于面积较大的区域或流域，为了表示次、日、月、年降雨量的平面分布状况，可绘制等雨量线图，如图 3.4 所示。该图的作法与地形等高线图相似。首先将流域内各站雨量标注在相应位置上，然后根据其数值分布情况勾绘等值线，称其为等雨量线。等雨量线能清晰地反映一次降雨的空间分布。按各时段顺序雨量绘制的等雨量线图，还能反映暴雨中

心的移动路线。等雨量线是研究降雨分布、暴雨中心移动及计算流域平均雨量的有力工具。但绘制等雨量线图时，要求有足够且控制性较好的雨量站点，这样才能真实地反映降雨的空间分布，如测站稀少或控制不好，不能反映暴雨的极大值、暴雨的低值点，则所绘等雨量线的代表性很差，从而失去意义。地形和降水关系密切，在绘制等雨量线图时应考虑其影响，考虑降水量随高程增加的规律，考虑由于暴雨走向造成的迎风坡和背风坡的降水量的差异。

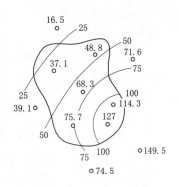

图 3.4　等雨量线图（单位：mm）

4. 降雨特性综合曲线

在进行降雨径流分析时，常挑选降雨量大、历时短、强度大的暴雨着重进行综合分析，一般是绘制以下三种曲线来进行综合分析。

（1）雨强-历时曲线。对于一场暴雨过程，选定不同的历时，分别统计各选定历时内的最大平均雨强，然后在方格纸上点绘强度-历时曲线。在降雨过程线上找出最大平均雨强，一般要采用滑动取值的方法。强度与历时的一般规律为：随着降雨历时的增加，平均降雨强度逐渐减小，一般呈负指数关系，公式如下：

$$\bar{i} = St^{-n} \tag{3.2}$$

式中　$\bar{i}$——平均降雨强度，mm/min；

　　　t——暴雨历时，min；

　　　S——经验参数，又称雨力，mm；

　　　n——暴雨衰减指数，随地区而变。

（2）平均深度与面积关系曲线。对于一场降雨，以降雨中心（指一场降雨的最大值位置）起，分别量取不同等雨量线所包围的面积，并计算此面积内的平均雨深，点绘平均雨深与相应面积的关系即可得到所需曲线，如图 3.5 所示。该曲线的规律是：随着面积的增大，平均雨深逐渐减小。

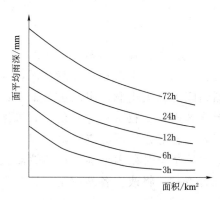

图 3.5　深度-面积-历时曲线

（3）平均深度与面积和历时关系曲线。一场降雨，不同历时的深度-面积曲线不同，为了便于比较，常把不同历时的深度-面积曲线绘在一起，称其为深度-面积-历时曲线，如图 3.5 所示。由图可知，较长历时的深度-面积曲线在上部，短历时的深度-面积曲线在下部，且不应相交。

3.3　流域平均降水量的计算

由雨量站观测的降水量，只能表示流域中某点或小范围的降水情况，在水文计算时，需要计算全流域或全区域的平均降水量。推求流域平均降水量的常用方法有算术平均法、泰森多边形法、等雨量线法、距离平方倒数法、雷达测雨法等。

1. 算术平均法

当流域内雨量站网密度较大且雨量站分布均匀，地形起伏变化不大时，可取流域内各雨量同时期降水量的算术平均值作为流域平均降水量，计算公式为

$$\overline{P} = \frac{1}{n}(P_1 + P_2 + \cdots + P_n) \tag{3.3}$$

式中　　　　$\overline{P}$——流域平均降水量，mm；

n——雨量站数；

P_1，P_2，$\cdots$，P_n——各雨量站同期降水量，mm。

2. 泰森（Thiessen）多边形法

当流域内雨量站分布不均，采用泰森多边形法较算术平均法更为合理和优越。其具体做法是：先将流域内及其附近对本流域雨量起一定控制作用的雨量站在地形图上标出来，然后用直线将相邻的雨量站连接起来，形成若干个不嵌套的三角形，并尽可能使构成的三角形为锐角三角形。再对每个三角形的各边作垂直平分线，连接垂线的交点，这些垂直平分线与垂线交点将流域划分成若干个多边形，称为泰森多边形，如图 3.6 所示。各个多边形内各有一个雨量站，假设每个多边形内的降水量分布是均匀的，就可用其中雨量站的实测雨量值来代表该多边形面积上的降水量，然后按面积加权法推求流域平均降水量，即

$$\overline{P} = \frac{P_1 f_1 + P_2 f_2 + \cdots + P_n f_n}{F} = \sum_{i=1}^{n} \alpha_i P_i \tag{3.4}$$

式中　　f_i——流域内第 i 个雨量站所在多边形的面积，km^2；

F——流域总面积，km^2；

α_i——第 i 个雨量站所在多边形的面积权重，$\alpha_i = \dfrac{f_i}{F}$；

P_i——流域内第 i 个雨量站的降水量，mm。

泰森多边形适用于雨量站分布不均匀的地区，该法假定雨量在站与站之间呈线性变化，当流域地形有较大起伏时不太符合实际情况，因此，若流域内或测站间有高大山脉，用此法会带来误差。而泰森多边形将各雨量站权重视为定值，如果站网稳定不变，采用此法较好；但不适应降雨空间分布复杂多变的情况，如果某个时期因个别雨量站缺测或缺报以及雨量站位置变动，将改变各站权重，这时会给计算带来麻烦。

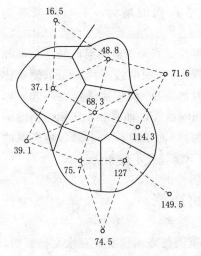

图 3.6　泰森多边形作图法

3. 等雨量线法

对于地形变化大、又有足够多雨量站的区域，首先根据各雨量站同期观测的雨量资料，结合地形变化测量，绘制出等雨量线图，接着用求积仪或其他方法量算各相邻等雨量线间的流域内面积，然后根据面积加权法按下式计算流域平均降水量

$$\overline{P} = \frac{(P_1 + P_2)f_1/2 + (P_2 + P_3)f_2/2 + \cdots + (P_{n-1} + P_n)f_n/2}{F} = \sum_{i=1}^{n} \frac{P_i + P_{i+1}}{2} \alpha_i$$

$$(3.5)$$

式中　　f_i——相邻两条等雨量线间的流域内面积，km^2；

　　　　P_i——相邻两条等雨量线间的平均雨量值，mm。

等雨量线法理论上较完善，适用于面积较大、地形变化显著且有足够数量雨量站的地区。该方法考虑了降水在空间上的分布情况，理论较充分，计算精度较高，有利于分析流域产流、汇流过程。但对于每一个降雨量值都必须绘制等雨量线图，并量算面积和计算权重，工作量相当大，常用于大面积的暴雨洪水分析计算。

4. 距离平方倒数法

距离平方倒数法为美国气象局系统首先采用，是将区域或流域划分为若干个网格，如图 3.7 所示，得到很多格点（交点），各格点的雨量用其相邻各雨量站的雨量值确定，然后求各格点雨量的算术平均值即可得流域的平均雨量。

各格点雨量的计算，是以格点周围各雨量站到该点距离平方的倒数为权重，用各站权重系数乘以各站同期降雨量，取总和即可得到。如对于某格点 j，其附近第 i 个雨量站到该格点的横坐标差为 x_i，纵坐标差为 y_i，该格点到第 i 个雨量站的距离为 $d_{ji} = \sqrt{x_{ji}^2 + y_{ji}^2}$，则第 i 个雨量站到格点 j 的距离平方的倒数为 $W_{ji} = 1/d_{ji}^2$，格点 j 的雨量 P_j 计算公式为

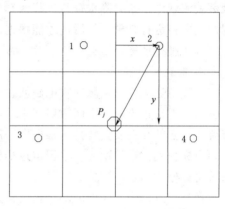

图 3.7　距离平方倒数法格点权重计算示意图

$$P_j = \frac{\sum\limits_{i=1}^{n_j} p_i W_{ji}}{\sum\limits_{i=1}^{n_j} W_{ji}} = \sum_{i=1}^{n_j} p_i \omega_{ji}$$

$$(3.6)$$

式中　　P_j——第 j 个格点的雨量，mm；

　　　　n_j——参加格点 j 雨量计算的雨量站数（图 3.7 中 $n_j = 4$）；

　　　　p_i——参加格点 j 雨量计算的第 i 个雨量站的雨量，mm；

　　　　ω_{ji}——第 i 个雨量站对于第 j 格点的权重，$\omega_{ji} = W_{ji} / \sum\limits_{j=1}^{n_j} W_{ji}$。

由于格点的数目足够多，且分布均匀，因此，在使用式（3.6）求得每个格点的雨量后，取各格点雨量的平均值即可求得流域平均雨量

$$\overline{P} = \frac{1}{N} \sum_{j=1}^{N} P_j$$

$$(3.7)$$

式中　　N——流域内格点的数目；

　　　　其余符号意义同前。

距离平方倒数法改进了站与站之间的雨量呈线性变化的假设，整个计算过程虽较其他方法复杂，但十分便于用计算机处理。更值得指出的，该法可以根据实际雨量站网的降雨量插补出每个网格格点上雨量，这就为分布式流域水文模型要求分布式降雨输入提供了可能性。此外，如果发现雨量不与距离平方成反比关系，也容易改成其他幂次。

此法适于计算机处理，但存在的问题是，计算机如何确定参与某个格点计算的雨量站数目。有的研究者采用以格点为中心作一定半径的圆，落在圆内的雨量站被选中参与计算，这种方法难以确定最终的合理半径；也有学者建议以格点为中心作 4 条射线，等分平面为 8 个区域，每个区域内如有雨量站，选最近的一个雨量站参与计算。

以上介绍的几种流域平均降雨量计算方法，都是基于雨量站实际观测数据的基础上，将点雨量转换为流域平均降水量。但由于种种原因，基于雨量站实际的降水观测资料可能会存在误差，因此在进行流域平均降水量计算之前，要先根据本章 3.4 节内容对流域内以及邻近流域雨量站的降水资料进行认真分析，检查各雨量站降水量的代表性和可靠性，并对缺测资料进行合理插补后，才能根据流域平均降雨量计算方法的适用条件，选择相应的计算方法进行计算。

5. 雷达测雨法

天气雷达天线发射脉冲式电磁波，当电磁波遇到降水或某些云目标，一部分电磁波会被散射。雷达接收从云雨区散射回来的回波信号，通过对回波信号强度的分析处理，可确定降水或云的存在及其特性。根据电磁波传播的速度和发射与接收脉冲信号的时间差可计算出目标物到雷达的距离；根据雷达扫描转动的方位角和仰角以及目标物至雷达的距离，可确定目标物的空间位置。

通过对返回信号强度的测量，由雷达气象方程可计算出目标物对电磁波的散射能力。雷达气象方程是描述雷达回波强度与雷达参数、目标物性质、雷达行程距离和其间介质状况之间关系的方程式。根据所建立的雷达气象方程，就可利用雷达测定的回波强度来推算降水情况。

雷达气象方程的基本形式为

$$P_r = \frac{CLZ}{r^2} \tag{3.8}$$

式中　P_r——雷达回波强度；

　　L——衰减引起的信号部分丢失；

　　Z——雷达反射率因子；

　　r——雷达至目标物的距离；

　　C——常数，取决于雷达设计参数的特性。

测雨时，P_r 由雷达测定，C、L 和 r 可通过测定或率定方法确定，故根据式（3.8）就可解出雷达的反射率因子 Z，即

$$Z = \frac{P_r r^2}{CL} \tag{3.9}$$

且知，Z 与降雨强度存在一定的理论关系，其基本形式通常为

$$Z = AI^b \tag{3.10}$$

式中 I——降雨强度；

A、b——常数，可以通过雷达反射率转换降雨强度的试验得出。

式（3.9）和式（3.10）表达了雷达测雨的基本原理。

雷达测雨技术作为一种可以探测较大范围瞬时降雨分布的主动遥感手段，是高时空分辨率降雨数据的重要来源。与目前最常使用的雨量站降雨数据相比，雷达估测降雨数据提供的高时空分辨率数据，能够有效掌握区域降雨空间分布和时间演变特征。

为更好地发挥天气雷达对降雨过程及其他极端天气事件的全面动态监测作用，目前在全球各主要地区均布设有多部雷达组成的天气雷达观测网，通常参与组网的各雷达的观测覆盖区域会存在部分交叠，一方面便于实现雷达观测之间的互相校正，另一方面可以强化区域覆盖探测能力。美国新一代天气雷达观测网（NEXRAD）始建于 20 世纪 80 年代，是全球范围内最早布设的区域雷达观测网，主要以 S 波段（波长约 10cm）雷达为主，目前已经完全实现业务化运行并能够提供高精度实时全美定量降雨产品。我国自 20 世纪 90 年代也开始建设我国新一代天气雷达观测网（CINRAD），目前已建成 224 部由 S 波段和 C 波段新一代天气雷达构成的、基本覆盖全国的天气雷达监测网，用于提高灾害性天气的监测预测能力。

但由于技术本身的复杂性，利用雷达估测降雨会受到雷达本身精度、雷达探测高度、降水类型和水平风等因素的影响，使得雷达估测值与地面雨量计的测量值有较大的差异，需要利用雨量计的测量结果进行校准和调整，从而提高天气雷达定量估测降雨的精度。尽管如此，雷达测雨仍然是测雨技术必然的发展方向之一。

3.4 降水资料的分析与插补

由于降水资料较其他水文要素更易直接观测，故其在水文分析计算、水资源计算、水文预报中成为最直接的依据和输入项。但由于种种原因，降水观测资料可能会存在误差，其质量好坏会直接影响计算成果精度的高低。

3.4.1 降水资料的合理性分析

在分析时，应着重分析各次降雨的成因、影响降雨的因素，深入了解降雨地区的地理特征，掌握该地区降雨在时程上、地区上分布的一般特性。分析途径有下列几种：

（1）利用本地区绘制的等雨量线图来审查个别站的降雨资料是否合理。

（2）从降雨类型、性质、地形等方面分析雨量资料是否合理。

（3）利用相邻站同时期的雨量、降雨强度及降雨历时做对比检查。

（4）利用双累积曲线分析技术，对测站记录的不一致性进行判别和校正。

一般来说，雨量站的降雨资料有可能由于某种原因，如雨量站位置的挪动、型号的变更，周围环境的改变，观测方法的改变，甚至观测人员的更换等，导致降水观测资料的相应变化，使得变动前后的雨量资料可能存在系统偏差，破坏历年资料的一致性。单凭直觉不易发现这种不一致性，但用双累积曲线则可以容易地对此进行识别。

双累积曲线是指被检验雨量站的累积降雨量与其周围若干雨量站降雨量平均值的累积值的相关曲线。在绘制双累积曲线时，首先选定检验时段，可以是月、季、年等；其次选

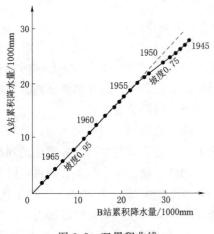

图 3.8　双累积曲线

定被检验站邻近的雨量站，可以是一个或多个；统计整理被检验站以及邻近测站的降水资料系列，并计算出累积降水量；绘制曲线，即将检验测站所对应检验时段的降雨量累积值与邻近的一个或多个可靠测站的相应检验时段的降雨量平均值的累积值分别作纵横坐标对应点绘于图上，绘制双累积曲线；最后根据双累积曲线判断被检验站的降水资料系列是否具有一致性。如绘制出的双累积曲线连续完整，没有明显的转折点，就证明被检验的测站全部资料的一致性较好；反之，则不满足一致性。图 3.8 是某流域 A 站年降水量记录与周围相对稳定的 12 个站年平均雨量（用 B 站雨量表示）绘制的曲线。从图中可以看出，A 站与周围 12 站观测资料的关系在 1955 年有一个转折，说明 A 站观测条件在 1955 年有变化。

为使降雨资料满足一致性要求，还需对不满足一致性要求的降雨资料系列进行修正。双累积曲线不仅可以用于识别雨量资料的一致性，也可用于修正雨量资料的不一致性。根据双累积曲线可将前一时间段的资料修正，以便与后一时间段的资料统一，也可对后一时间段的资料进行修正，以便与前一时间段的资料进行统一。如图 3.8 所示 A 站雨量观测条件在 1955 年发生了变化，可将 1955 年以前的降雨资料乘以按下式求得的修正系数 α，就可将其修正到与 1955 年以后相一致的降雨资料

$$\alpha = \frac{K_2}{K_1} \tag{3.11}$$

式中　K_1——情况变更之前的双累积曲线的坡度；

　　　K_2——情况变更之后的双累积曲线的坡度。

为了避免偶然因素的干扰，只有在双累积曲线的坡度变化显著，且坡度转折后有连续 5 年以上观测资料时，方可使用双累积曲线进行降雨量资料一致性的识别与修正。

3.4.2　降水资料的插补

由于缺测或仪器故障使资料短缺时，为了分析计算的需要，要对缺测资料进行插补，常用的方法如下：

（1）算术平均法。如周围相邻站各站的多年平均降雨量与缺测站的多年平均降雨量相差在 10％以内，则可用相邻站的降雨量的平均值作为缺测站的估算值。

（2）比例法。如相邻站各站多年平均降雨量与缺测站多年平均降雨量相差在 10％以上，根据缺测站与相邻站多年平均降雨量的比例关系，可用下式估算缺测站的降雨量：

$$P_x = \frac{1}{n}\left(\frac{\overline{P_x}}{\overline{P_1}}P_1 + \frac{\overline{P_x}}{\overline{P_2}}P_2 + \cdots + \frac{\overline{P_x}}{\overline{P_n}}P_n\right) \tag{3.12}$$

式中　　　P_x——缺测站需插补的某年降雨量，mm；

　　　　　$\overline{P_x}$——缺测站的多年平均降雨量，mm；

P_1、P_2、$\cdots$、P_n——与 P_x 同期的相邻站各站的年平均降雨量，mm；

$\overline{P}_1$、$\overline{P}_2$、$\cdots$、$\overline{P}_n$——相邻站各站的多年平均降雨量，mm。

（3）等雨量线法。前述两法主要用于插补年、月降雨量；对于暴雨量，可用等雨量线法插补。根据周围各站雨量绘制的等雨量线图，由缺测站的地理位置，用比例内插法求得缺测站的雨量值。

（4）图解相关法。选择与缺测站降雨类型相似、处于同一气候区及自然地理条件一致、资料完整的邻近雨量站作为参证站，建立两个站降雨量的相关关系，据以进行插补。

3.5　我国降水的时空分布特征

3.5.1　年降水量地理分布

我国大部分地区受东南和西南季风的影响，形成东南多雨、西北干旱的特点。全国多年平均降水量 648mm，低于全球陆面平均降水量 800mm，也小于亚洲陆面平均降水量 740mm。按年降水量的多少，全国大致可分为 5 个带：

（1）十分湿润带。年降水量超过 1600mm，主要包括广东、海南、福建、台湾、浙江大部、广西东部、云南西南部、西藏东南部、江西和湖南山区、四川西部山区。

（2）湿润带。年降水量 800～1600mm，包括秦岭—淮河以南的长江中下游地区、云南、贵州、四川和广西大部分地区。

（3）半湿润带。年降水量 400～800mm，包括华北平原、东北、山西、陕西大部、甘肃、青海东西部、新疆北部、四川西北和西藏东部。

（4）半干旱带。年降水量 200～400mm，包括内蒙古、宁夏、甘肃大部、新疆西部。

（5）干旱带。年降水量小于 200mm，包括内蒙古、宁夏、甘肃沙漠区、青海柴达木盆地、新疆塔里木盆地和准噶尔盆地、藏北羌塘地区。

3.5.2　降水量的时间变化

3.5.2.1　降水量的年际变化

1. 不同地区年降水量极值比

统计学中将系列的最大、最小值的比值称为极值比。降水量年际变化的大小，也可以用实测年降水量的极值比 K_m 来反映。K_m 越大，说明降水量的年际变化就越大；K_m 越小，说明降水量年际之间均匀，变化很小。

就全国而言，年降水量变化最大的是华北和西北地区，丰水年和枯水年降水量之比一般可达 3～5，个别干旱地区高达 10 以上。这是因为越是干旱地区，其降水量绝对值越小，相对误差大的因素起了一定作用。我国南方湿润地区降水量的年际变化相对北方要小，一般丰水年降水量为枯水年的 1.5～2.0 倍。

2. 不同地区年降水量变差系数 C_v

水文学中将均方差与均值的比值称为 C_v，用于衡量系列的相对离散程度。年降水量系列变差系数 C_v 值变化越大，表示年降水量的年际变化越大；反之则越小。

我国年降水量 C_v 在地区上的分布情况如下：西北地区，除天山、阿尔泰山、祁连山等地年降水量 C_v 较小以外，大部分地区的 C_v 值在 0.40 上，个别干旱盆地的年降水量 C_v 值可高达 0.7 以上。

广大西北地区的年降水变差系数是全国范围内的高值区；次高值区是华北和黄河中游的大部地区，为 0.25～0.35。黄河中游的个别地区也在 0.4 以上。东北大部地区年降水量 C_v 值一般为 0.22 左右，东北的西部地区，可高达 0.3 左右。南方十分湿润带和湿润带地区是全国降水量 C_v 值变化最小的地区，一般在 0.20 以下，但东南沿海某些经常遭受台风袭击的地区，受台风暴雨的影响，年降水量 C_v 值一般在 0.25 以上。

3.5.2.2　降水量的年内分配

我国大部地区的降水受东南季风和西南季风的影响，雨季随东南季风和西南季风的进退变化而变化。除个别地区外，我国大部分地区降水量的年内分配很不均匀。冬季，我国大陆受西伯利亚干冷气团的控制，气候寒冷，雨雪较少。春暖以后，南方地区开始进入雨季，随后雨带不断北移。进入夏季后，全国大部地区都处在雨季，雨量集中，是全国的防汛期。因此，我国的气候具有雨热同期的显著特点。秋季，随着夏季风的迅速南撤，天很快变凉，雨季也告结束。

从年内降水时间上看，我国长江以南广大地区夏季风来得早、去得晚，雨季较长，多雨季节一般为 3—8 月或 4—9 月，汛期连续最大 4 个月的雨量约占全年雨量的 50%～60%。

华北和东北地区的雨季为 6—9 月，这里是全国降水量年内分配最不均匀和集中程度最高的地区。汛期连续最大 4 个月的降水量可占全年降水量的 70%～80%，有时甚至 1 年的降水量绝大部分集中在一两场暴雨中。例如 1963 年 8 月海河流域的一场特大暴雨，暴雨中心獐貘，最大 7 日降水量占年降水量的 80%。北方不少地区汛期 1 个月的降水量可占年降水量的一半以上。

3.5.2.3　暴雨分布

根据全国暴雨普查资料，按出现日期、天气背景、季节、类型进行分析，可以看出我国大暴雨随季风进退，在地区分布上有一定的规律性。

4—6 月，东亚季风初登东亚大陆，大暴雨主要出现在长江以南地区，是华南前汛期和江南梅雨期暴雨出现的季节。在此期间出现的大暴雨，其量级有明显从南向北递减的趋势。华南沿海出现的特大暴雨，大多是锋面和低空急流作用的产物。华南沿海山地和南岭山脉对大暴雨的分布有十分明显的影响。江淮梅雨期暴雨多为静止锋，涡切变型暴雨，降雨持续时间长，但强度相对较小。两湖盆地四周山地的迎风坡，是梅雨期暴雨相对高值区，而南岭以北和武夷山以东的背风坡则为相对低值区。江南丘陵地区大暴雨的量级，明显较华南地区小。

7—8 月，西南和东南季风最为强盛，随西太平洋副高北抬西伸，江南梅雨结束，大暴雨移到川西、华北一带。同时，受台风影响，东南沿海多台风暴雨。在此期间，大暴雨分布范围很广，苏北、华南、黄河流域的太行山前、伏牛山东麓，都出现过特大暴雨。个别年份台风深入内陆，或在转向北上过程中，受高压阻挡停滞少动或打转，若再遇中纬度冷锋、低槽等天气系统的影响以及地形强迫抬升作用，常造成特大暴雨。例如，1975 年 8 月 5—7 日，7503 号台风在福建登陆后深入河南，由于在台风北面有一条高压坝，台风停滞、徘徊达 20h 之久。林庄站 24h 降雨量达 1060.3mm，其中 6h 降雨量 830.1mm，是我国大陆强度次强的降雨记录。最强的暴雨记录是 2021 年郑州发生的特大暴雨。川西、川东北、华中、华北一带在此期间常受西南涡的影响，也已发生过多次特大暴雨。例如

1963年8月2—8日，华北海河流域连受3次低涡的影响，在大行山东侧山丘区，连降7天7夜大暴雨，獐獏站降雨总量达2051mm，其中最大24h降雨量950mm。在此期间，北方黄土高原及干旱地区，夏季受东移低涡、低槽等天气系统的影响也曾多次出现历时短、强度特大但范围较小的强雷暴雨。例如1977年8月1日，内蒙古、陕西交界的乌审召发生强雷暴雨，据调查，有4处在8～10h内降雨量超过1000mm，最大处超过1400mm，强度之大世界罕有。

9—11月，北方冷空气增多，雨区南移，但东南沿海、海南、台湾一带受台风和南下冷空气的影响而出现大暴雨。例如台湾火烧寮1967年10月17—19日曾出现24h降雨量达1672mm、3日降雨量达2749mm的特大暴雨，是我国历史上最大的暴雨记录。

小 结 与 思 考

1. 降雨的成因条件有哪些？降雨分哪几种类型？
2. 流域平均降雨量计算有哪几种常用的方法？各有什么适用条件及优缺点？
3. 降水的影响因素有哪些？
4. 降雨量累积过程线与降雨强度过程线之间存在什么关系？
5. 简述双累积曲线分析技术。
6. 降雨资料插补的方法有哪些？各有什么适用条件？
7. 描述降雨综合特性的曲线有哪些？各有什么含义？

线 上 内 容 导 引

★ 课外知识拓展1：不同类型的降水（PPT）

★ 课外知识拓展2：降雨量的观测（PPT）

★ 区域降水量计算

★ 线上互动

★ 知识问答

第4章 土 壤 水

许多水文现象的发生与发展都与土壤有关，因此，土壤水及其运动也是水文学的重要内容之一。

4.1 土壤的质地及结构

4.1.1 土壤的质地及命名

1. 土壤质地

土壤中含有大小不同的固体颗粒，一般用粒径即颗粒的直径来描述固体颗粒的大小。土壤质地就是指组成土壤固体颗粒的主要粒径或粒径的范围，与土壤中所含固体颗粒大小具有对应关系。质地粗糙的土壤，其组成的固体颗粒粒径就比较大；而质地细腻的土壤，其组成的固体颗粒粒径就比较小。目前世界上通用的描述粒径大小的标准主要有两个：一是美国农业部公布的土壤固体颗粒分类标准；二是国际土壤学会公布的土壤固体颗粒分类标准。这两种颗粒分类方案均将土壤固体颗粒分为黏粒、粉粒和砂粒。美国农业部的标准与国际土壤学会均规定粒径大于 2.0mm 的固体颗粒为砾石，粒径小于等于 0.002mm 的固体颗粒为黏粒，黏粒比表面积（单位质量土粒的表面积）很大，透水透气性弱。对于粉粒，美国农业部规定的粉粒粒径在 0.002～0.05mm 之间，而国际土壤学会规定的粉粒粒径在 0.002～0.02mm 之间，粉粒比表面积大，粒间孔隙小，透水透气性不强；对于砂粒，美国农业部的标准与国际土壤学会规定的粒径分别在 0.05～2.0mm 之间和 0.02～2.0mm 之间，砂粒比表面积小，粒间孔隙大，透水透气性强。

2. 土壤的质地名称

土壤是根据其中所含黏粒、粉粒和砂粒的质量百分比来命名的。不同名称的土壤，这三种颗粒所占的比例是不同的。例如黏粒占 20%、粉粒占 40% 和砂粒占 40% 的土壤与黏粒占 30%、粉粒占 20% 和砂粒占 50% 的土壤，名称就不一样。为了给土壤命名，科学家制作了一个称为土壤质地三角形的图（图 4.1）。

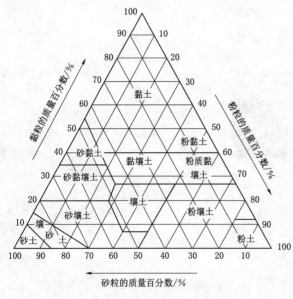

图 4.1 土壤质地三角形

根据土壤中砂粒、粉粒以及黏粒的质量百分比，就可以查土壤质地三角形图来确定土壤名称。例如通过查土壤质地三角形图，可知黏粒占 20%、粉粒和砂粒均占 40% 的土壤为壤土，而黏粒占 30%、粉粒占 20%、砂粒占 50% 的土壤则为砂黏壤土。

4.1.2 土壤的结构

土壤的透水透气性除了与土壤的颗粒组成有关外，还与土壤的结构有关。土壤结构是指土壤中固体颗粒的排列方式、排列方向、土壤的团聚状态、土壤孔隙大小及几何形状等。

土壤固体颗粒彼此间存在着孔隙，因而地表土层为多孔介质，它能吸水、蓄水和向任何方向输送水分。假设土壤固体颗粒为均匀球体时，固体颗粒的排列方式不同，其所形成的孔隙大小以及孔隙的形状都有很大的区别（图 4.2）。

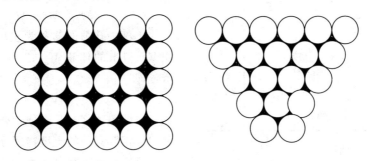

图 4.2　土壤固体颗粒的排列方式

土壤固体颗粒的大小、形状及排列方式对土壤孔隙的大小和形状均有重要影响，而土壤孔隙的大小和形状正是研究土壤水必须涉及的一个基本内容。土壤水之所以存在并能够运动，就是因为土壤中存在孔隙。孔隙的大小及形状对土壤水的存在和运动的影响显然是重要的。从水分运移的观点来看，可将土壤孔隙分为三种类型：

（1）无效孔隙。孔径小于 0.001mm，只要十几个水分子就可将孔隙堵塞，孔隙中的水分受到很大的吸力而保持在孔隙中，一般不参与水分运行。

（2）毛管孔隙。孔径为 0.001～8mm，大量存在于土壤中，它们对水分有毛管力作用，既可持水又可输水。

（3）非毛管孔隙。孔径大于 8mm 的孔隙，不能持水，但却是水分的良好通道。

土壤中的固体颗粒紧密结合在一起形成团粒结构，称为团聚体，团聚体内存在许多毛管孔隙，团聚体彼此间又存在较大的非毛管孔隙，非毛管孔隙是土壤水流的良好通道。土壤团聚体的排列类型很多，构成了土壤孔隙的不同分布状况，从而引起土壤的透水、输水、持水性的差异。

4.1.3 土壤的"三相"关系

土壤是由固体颗粒、水和空气所组成的一个"三相"共存的体系。"相"是指物质的存在形态。其中物质的液态称液相，固态称固相，气态称气相。则土壤中的固相为固体颗粒，液相为水分，气相为空气。其中固体颗粒是土壤中相对不变的部分，约占土壤容积的50%，土壤中 45%～49% 是矿物质，1%～5% 是有机物和微生物。水和空气是可变部分，降雨时大量水分进入土壤，排挤出空气；干旱时水分蒸发逸出，空气又进入土壤占据容积。

图 4.3 是土壤"三相"关系概念图，将土壤的总体积 V_t 分为三部分，其中固体颗粒的体积为 V_s，水的体积为 V_w，空气的体积为 V_a，则有

$$V_t = V_s + V_w + V_a \tag{4.1}$$

同样，土壤的总质量 M_t 也可分成三部分，其中固体颗粒的质量为 M_s，水的质量为 M_w，空气的质量为 M_a，则有

$$M_t = M_s + M_w + M_a \tag{4.2}$$

由于空气的质量比固体颗粒和水小很多，故一般 M_a 可忽略不计，式（4.2）可简化为

$$M_t = M_s + M_w \tag{4.3}$$

土壤中孔隙的体积为土壤中空气的体积 V_a 和水的体积 V_w 之和，可用 V_f 表示，即

$$V_f = V_a + V_w \tag{4.4}$$

根据图 4.3，下面分别介绍一些与土壤"三相"有关的土壤物理量。

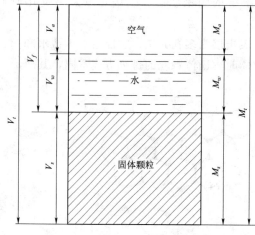

图 4.3 土壤"三相"关系概念图

（1）土壤比重。土壤中固体颗粒的质量 M_s 与同体积水的质量 M_w 的比称为土壤比重，用 γ_s 表示：

$$\gamma_s = \frac{M_s}{M_w} \tag{4.5}$$

（2）土壤固体密度。土壤中固体颗粒的质量 M_s 与其体积 V_s 的比值称为土壤固体密度，用 ρ_s 表示：

$$\rho_s = \frac{M_s}{V_s} \tag{4.6}$$

（3）土壤干容重。自然条件下，单位体积土块中固体颗粒的质量称为土壤干容重，用 ρ_b 表示：

$$\rho_b = \frac{M_s}{V_t} \tag{4.7}$$

结合式（4.1）和式（4.4），式（4.7）也可写成

$$\rho_b = \frac{M_s}{V_t} = \frac{M_s}{V_s + V_w + V_a} = \frac{M_s}{V_s + V_f} \tag{4.8}$$

由式（4.6）、式（4.8）可知，土壤固体密度 ρ_s 总是大于土壤干容重 ρ_b。

（4）孔隙度。土壤中孔隙体积 V_f 与土壤总体积 V_t 的比值称为孔隙度，又称孔隙率，用 η 表示：

$$\eta = \frac{V_f}{V_t} \tag{4.9}$$

（5）孔隙比。孔隙比是指土壤中孔隙体积 V_f 与固体颗粒体积的比值 V_s，用 e 表示：

$$e = \frac{V_f}{V_s} \tag{4.10}$$

由于 $V_s = V_t - V_f$，所以孔隙比又可表达成：

$$e = \frac{V_f}{V_t - V_f} \tag{4.11}$$

根据式（4.9）、式（4.11）容易推导出孔隙度或孔隙率与孔隙比之间的关系为

$$e = \frac{\eta}{1 - \eta} \tag{4.12}$$

孔隙度 η 与固体密度 ρ_s 以及干容重 ρ_b 之间的关系可用下式表示：

$$\eta = 1 - \frac{\rho_b}{\rho_s} \tag{4.13}$$

4.2 土壤水的存在形态

4.2.1 土壤水的作用力

土壤水分在各种力的作用下吸附在土壤颗粒周围和保持在土壤孔隙中。土壤水分所受到的作用力主要有三类：一是分子引力，简称分子力；二是毛管作用力，简称毛管力；三是地球引力，即重力。

1. 分子力

分子力是指土壤颗粒表面分子对水分子的吸引力。分子力的大小与土壤颗粒的表面积成正比。土壤固体颗粒愈小，单位体积的土壤颗粒的总表面积一般愈大，单位体积的土壤颗粒对水分子的分子力也愈大。紧靠土粒表面的分子力甚大，可达 $1.01 \times 10^9 \mathrm{Pa}$，当吸附水分子以后，分子力迅速衰减，以致消失。当达到几十个水分子厚度时，分子力就不再起作用了。水分向土壤颗粒表面结合的现象称为吸附，分子力有时也称为吸附力。

2. 毛管力

当水与毛管接触时，由于管壁对水分子的吸附力大于水分子之间的内聚力，在毛管中可以形成凹形的弯月面，使液体表面变大；因表面张力收缩的作用，又迫使液面趋向水平，管内液体就随着上升以减少面积。这样，直到表面张力向上的拉引力与毛管内升高的液柱重量达到平衡时，管内的液体停止上升，这就是毛管现象（图 4.4）。

引起水在毛管中上升的力称为毛管力。分布在土壤中的许多细小的孔隙会构成纵横交错的毛细管，通过毛管现象，这些毛管内就会保持些水分。毛管力是土壤水存在的一种重要力量。由物理学可知，毛管水上升高度可按下式计算：

$$H = \frac{2\sigma}{\rho_w g r} \cos\theta \tag{4.14}$$

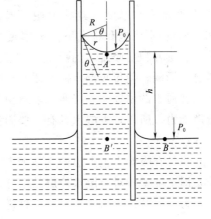

图 4.4 毛管现象

式中　H——毛管水上升高度；

　　　σ——水的表面张力系数；

　　ρ_w——水的密度；

　　　r——毛管半径；

　　　θ——浸润角；

　　　g——重力加速度。

水的表面张力系数 σ 变化不大，密度 ρ_w 在常温下变化也不大。一般地，常温下水的表面张力系数 $\sigma=7.4\times10^{-2}\mathrm{N/m}$，$\rho_w=1000\mathrm{kg/m^3}$，$g$ 取 $9.81\mathrm{m/s^2}$，所以当管壁完全浸润即 $\theta=0$ 时，式（4.14）可近似地写为

$$H\approx\frac{0.015}{r} \qquad\qquad (4.15)$$

因此，由式（4.15）可知，毛管水上升高度 H 与其毛管半径 r 成反比。毛管的半径越大，液体上升的高度就越小；反之，上升的高度就越大。但管子太粗或太细均没有毛管现象，因此，上述结论仅对毛管孔隙成立，对非毛管孔隙是不成立的。所以，毛管力大小一般可用毛管上升高度 H 来衡量。

3. 重力

土壤中水分所收到的地心引力称为重力。因此，将水的密度乘以重力加速度就是土壤水受到的单位体积重力。重力总是指向地心的，近似地可认为垂直向下。

除了上述三种力外，土壤水还可能受到渗透压力；在水分运动时，还受到液体表面张力、黏滞力和空气压力等各种阻力的作用。

4.2.2　土壤水分的存在形式

土壤水分在上述各种力的作用下可发生运动，根据土壤水分受力情况，可以把土壤水分成吸湿水、薄膜水、毛管水、重力水等四类。土壤水分受力不一样，土壤水分的存在形式和运动特性也不一样。

1. 吸湿水

被土壤颗粒分子吸附的空气中的气态水分子称为吸湿水。由此可见，吸湿水的存在靠的是土壤固体颗粒分子对水分子的吸引力。土壤颗粒分子力所吸附的水分子厚度为几个到 20 个水分子的厚度。紧贴土壤颗粒表面的水分子所受到的分子引力可以达到 $1.01\times10^9\mathrm{Pa}$，在水汽饱和状态下，土壤吸湿水达到最大吸湿量，分子吸力将到 $3.14\times10^6\mathrm{Pa}$。由于土壤颗粒对吸湿水的吸引力非常大，所以土壤颗粒能死死地、紧紧地把水分子吸附在自己的周围，使得吸湿水的性质与正常状态下液态水的性质有很大区别，例如吸湿水的密度比普通水的密度大；普通水能自由流动，吸湿水却几乎没有流动的能力；吸湿水也没有溶解能力。所以，吸湿水具有一些固态水的特性，它是不能参与径流形成的。

2. 薄膜水

当具有吸湿水包围层的土壤颗粒与液态水接触时，土壤颗粒仍可以吸附一定的水分子，即土壤颗粒对吸湿水外层的水分子仍具有一定吸引力，但要比对吸湿水的吸引力小得多，为 $(6.33\sim31.4)\times10^5\mathrm{Pa}$。这样，在土壤颗粒周围除了吸湿水外还会形成薄层水膜，称为薄膜水，又称膜状水。由于薄膜水受到土壤颗粒的吸引力比吸湿水小得多，所以薄膜

水的密度比吸湿水的密度小，但一般大于 $1g/cm^3$。薄膜水有一定的流动性，但流动速度很慢，只有 $0.2\sim0.4mm/d$。如图 4.5 所示，如果相邻的两个土壤颗粒中，一个土壤颗粒的水膜比较厚，另一个土壤颗粒的水膜比较薄，那么薄膜水就会从水膜厚的土壤颗粒向水膜薄的土壤颗粒运动。薄膜水几乎也没有溶解其他物质的能力。

吸湿水和薄膜水具有一些共同性质，它们都是被土壤颗粒分子引力吸附而存在于土壤颗粒周围的水分，这些水分几乎不流动或流动速度非常缓慢，密度也要比标准大气压下的液态水的密度大，都不能溶解其他物质。所以，可将这两种土壤水合称为束缚水，即被土壤颗粒紧紧地吸附而受到束缚的水分。

3. 毛管水

在毛管力的作用下而保持在土壤毛管中的水分称为毛管水。毛管水同标准大气压下的液态水几乎没有什么区别，其密度、溶解物质的能力都同一般液态水一样，可以依靠毛管力进行上、下、左、右移动。毛管水总是从毛管力小的地方向毛管力大的地方运动。

根据地下水与土壤毛管是否相连，可将毛管水分为毛管上升水和毛管悬着水（图4.6）。地下水面与地面之间的土壤是非饱和土壤，在毛管力的作用下，地下水沿着土壤中的毛管孔隙上升进入非饱和土壤中，这种毛管水称为毛管上升水。降雨或灌溉后，依靠毛管作用而保持在靠近地面的土壤细小孔隙中的水分，称为毛管悬着水。毛管悬着水呈"悬挂"状态存在于土层中，与地下水无毛管上的联系。

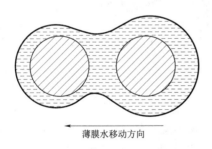

图 4.5 两土粒间薄膜水的移动

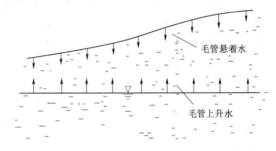

图 4.6 不同部位的毛管水

虽然毛管上升水从下面接触自由水（地下水），而毛管悬着水（由降雨或灌溉引起）从上面接触自由水，但它们都是由毛管作用引起的。因此，它们均表现为从毛管力小或湿度大的地方向毛管力大或湿度小的地方运动，且移动速度与土壤的质地和结构有关。

4. 重力水

重力水就是在重力作用下土壤中能够自由运动的水。土壤中的重力水又分为自由重力水和支持重力水。自由重力水指在重力作用下沿着土壤中大的非毛管孔隙向下渗透的水分，而支持重力水则是指由地下水所支持而存在于毛管孔隙中的连续水体或由土层中相对不透水层阻止向下渗透的水继续向下而形成的水体。

重力水和毛管水都是自由水，密度和溶解能力没有区别。但毛管水受毛管力驱动，是被土壤保持的自由水，而重力水受重力驱动，是可以从高处向低处自由流动的自由水。

根据以上关于土壤水存在形态的讨论，可将土壤水的分类归纳为图 4.7 所示。土壤水有束缚水和自由水之分，束缚水包括吸湿水和薄膜水，自由水包括毛管水和重力水。毛管水有毛管上升水和毛管悬着水两种形式存在，重力水有自由重力水和支持重力水两种形式存在。

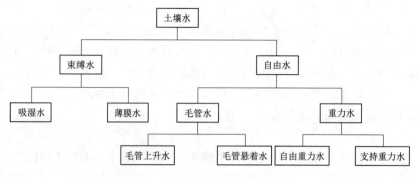

图 4.7 土壤水分类

4.2.3 土壤含水量（率）

土壤含水量（率）又称土壤湿度，表示一定量的土壤中所含水分的数量。土壤含水量不仅与土壤特性密切相关，同时也会受到降雨、蒸发、下渗等水循环过程的影响。为了便于同降雨、径流及蒸发量进行比较及计算，一般以一定深度土层中所含的水层深度来表示土壤含水量，以 mm 计。土壤含水量可用一定体积的土壤中三相物质含量的相对比例关系来说明，可以用不同的方法来表示，以下介绍几种常见的表示方法。

1. 土壤重量含水率 ω

同一土样中，水的质量 M_w 与固体颗粒的质量 M_s 的比值称为重量含水率，用 ω 表示：

$$\omega = \frac{M_w}{M_s} \times 100\% \tag{4.16}$$

重量含水率与土壤的容重有关，对于不同土壤来说即使重量含水率相同，但由于容重不同，其含水率也不会相同。如两种土壤的重量含水率均为 20%，其容重分别为 1500kg/m³ 和 1000kg/m³，则前者的含水率为后者含水率的 1.5 倍。因此，重量含水率是一个相对指标，不能表示含水量的绝对值，采用重量含水率时，很难在不同的土壤之间以及同一土壤不同层次间进行含水率的对比。

2. 土壤体积含水率 θ

土壤中水的体积 V_w 与土壤总体积 V_t 的比值称为体积含水率，用 θ 表示：

$$\theta = \frac{V_w}{V_t} \times 100\% \tag{4.17}$$

结合式（4.1）、式（4.4），式（4.17）也可写成

$$\theta = \frac{V_w}{V_s + V_f} \times 100\% \tag{4.18}$$

土壤体积含水量 θ 能表示土壤所含水分绝对值的大小，在土壤学及水文学中被广泛采用。如果要表示土壤中某个土层的含水总量 h（深度），可以用下式来计算：

$$h = Z\theta \tag{4.19}$$

式中 Z——土层厚度。

重量含水率和体积含水率之间的关系可以表示为

$$\theta = \frac{\omega \rho_b}{\rho_w} \tag{4.20}$$

式中 ρ_w——水的密度。

3. 饱和度 θ_s

土壤中水的体积与孔隙体积的比值称为饱和度，用 θ_s 表示：

$$\theta_s = \frac{V_w}{V_f} \tag{4.21}$$

结合式（4.4），式（4.21）也可写成

$$\theta_s = \frac{V_w}{V_a + V_w} \tag{4.22}$$

孔隙度、体积含水率和饱和度之间的关系可表示为

$$\theta_s = \frac{\theta}{\eta} \tag{4.23}$$

4.2.4 土壤水分常数

土壤含水量可以反映土壤水分的存在形态和运动特性。标志土壤水分形态和运动特性发生明显变化的一些土壤含水量特征值就称为土壤水分常数。常见的土壤水分常数有最大吸湿量、最大分子持水量、凋萎含水量、田间持水量、毛管断裂含水量、饱和含水量等。

1. 最大吸湿量

最大吸湿量就是干燥土壤在饱和空气中所能吸收水汽分子的最大量，它表示土壤颗粒吸附气态水的能力。

2. 最大分子持水量

最大分子持水量是指由土壤颗粒分子力所能吸附水分的最大值，此时薄膜水厚度达到最大。显然，最大分子持水量大于最大吸湿量。按照束缚水的概念，最大分子持水量就是土壤中束缚水的最大值，即最大分子持水量为吸湿水和薄膜水的总和。

3. 凋萎含水量

当植物根系吸收水分的作用力小于水分与土壤颗粒之间的作用力时，植物就无法从土壤中吸收水分，导致植物因缺水而开始凋萎枯死时的土壤含水量称为凋萎含水量，也可称为凋萎系数。植物根系的吸力为 1.519×10^6 Pa，约为 15 个大气压，因此当土壤对水分的吸力等于 1.519×10^6 Pa 时的土壤含水量就是凋萎含水量。只有大于凋萎含水量的水分才是参加土壤水分交替运动的有效水量。通常，凋萎含水量介于最大吸湿量与最大分子持水量之间。

4. 田间持水量

田间持水量是指土壤中毛管悬着水达到最大时的土壤含水量。从田间持水量的定义可以看出，它是指能够被土壤吸附保持的水分的最大值。它大于最大分子持水量。土壤含水量达到田间持水量时，毛管作用力消失，非毛管孔隙中的土壤颗粒仍有剩余吸附力，土壤颗粒对水分子的吸引力为 1/10～1/3 个大气压。若土壤含水量超过田间持水量，则超过部

分不能被土壤所保持而以自由重力水形式向下渗透。因此，田间持水量是划分土壤持水量与向下渗透水量的重要依据，对水文学有重要意义。

5. 毛管断裂含水量

毛管断裂含水量指毛管悬着水的连续状态开始断裂时的含水量。当土壤含水量低于此值时，连续供水状态全部破坏，水分运动将以薄膜水和气态水的形式进行。它小于田间持水量，约为田间持水量的 65%，但一般大于最大分子持水量。

6. 饱和含水量

饱和含水量是指土壤中的大孔隙、小孔隙即所有孔隙都被水充满时的土壤含水量。饱和含水量是土壤含水量的最大值。饱和含水量比田间持水量还要大，介于两者之间的水分主要在重力作用下运动，土壤颗粒吸附力剩余量很小。当土壤达到饱和含水量后，土壤颗粒剩余吸附力全部消失，土壤水分只在重力作用下运动。

土壤水分常数反映了土壤的基本水文特性。不同类型的土壤，其最大吸湿量、最大分子持水量、田间持水量和饱和含水量也不相同，需要时可查阅相关文献。

4.3 土壤水的能量状态

4.3.1 引言

水文学既关心土壤水的存在形态，也关心土壤水的运动。由物理学可知，物体做机械运动所产生的能量称为机械能，机械能包括势能和动能。由于土壤水运动缓慢，所以土壤水的动能很小，常常可以忽略。这样一来，驱使土壤水运动的能量主要是势能。土壤水所具有的势能称为土水势（土壤水的总势）。国际土壤学会土壤物理术语委员会定义土水势为：在标准大气压下，从水池中把单位质量的纯水从基准面上等温地和可逆地移动到土壤某一吸水点，使之成为土壤水时必须做的功。因此，土水势就是土壤水相对于某一给定的基准面（零势面）的位置势能。

由物理学可知，势能是指力把单位质量的物体从一点移动到另一点所需要做的功，它等于作用于物体上的力与物体在力的方向上移动的距离的乘积，即

$$\Phi = Fx \tag{4.24}$$

式中　Φ——势能；

　　　F——作用力；

　　　x——物体在作用力方向上移动的距离。

由式（4.24）还可以看出，任意两点之间的势能差与它们之间的距离之比值，即两点之间的势梯度反映了作用力的大小：

$$-\frac{\Delta\Phi}{\Delta x} = F \tag{4.25}$$

式中　$\Delta\Phi$——两点之间的势能差；

　　　Δx——两点之间的距离。

负号表示作用力的方向总是指向势能减少的方向。

以上分析表明，通过对势进行分析也能够讨论土壤水运动。势是标量，只有大小而无

方向，总势即为各分势的代数和。因此，利用势来讨论物体运动要比用力来讨论物体运动更方便。

4.3.2 土水势

土壤水受到若干力的作用，这些力都不同程度地影响或改变着土壤水的势能，土壤水受到的合力产生的势能称为总土水势，总土水势是各种力产生的分土水势之和。因此，根据土壤水分作用力的分类，可将土水势分为基质势、压力势、重力势和溶质势等。

1. 基质势

基质势是指由分子力和毛管力引起的土水势的总称。在非饱和土壤中，土壤水分在土壤固体颗粒分子力和土壤孔隙毛管力的作用下被吸附在土壤固体颗粒周围和被持留在土壤毛管孔隙中，如果要将其移到自由水面，外力必须克服吸附力和毛管力做功，亦即水分的势能升高了。标准大气压下，纯自由水面的势能一般为 0，因此，基质势总是低于大气压下纯自由水面的势能，也就是说，基质势总是一个负值，其最大值为 0。

下面以毛管力为例来说明基质势的定量表达。由式（4.15）可知，毛管力可用毛管水上升高度 h_c 来表达，毛管水上升高度越大，毛管力就越大。因此有

$$p_m = -h_c \rho_w g \tag{4.26}$$

式中 p_m——毛管力；

h_c——毛管水上升高度；

ρ_w——水的密度；

g——重力加速度。

因此，基质势为

$$E_m = -h_c \rho_w g \Delta V \tag{4.27}$$

式中 ΔV——由负压力所引起的水体积的改变量。

而单位体积改变产生的基质势为

$$\varphi_m = \frac{E_m}{\Delta V} = -\rho_w g h_c \tag{4.28}$$

若用水柱高度来表示基质势，则有

$$\varphi_m = -h_c \tag{4.29}$$

式（4.28）表明，基质势与毛管水上升高度 h_c 的负值成正比。使用负压计可以将分子力和毛管力共同作用产生的势量测出来，但不能将它们分别出来，因此，将负压计测得的土水势合称为基质势，一般不再分开研究。

基质势与土壤含水量有关，随着土壤含水量的增加，基质势逐渐增加，当土壤含水量达到饱和时，基质势为 0。

2. 压力势

当土壤饱和或地面出现水层后，饱和水面以下的土壤水处于静水压力的作用下具有的势能称为压力势。在静水压力的作用下，土壤水的体积发生了变化。根据物理学知识，压力势等于压力乘以体积的改变量，即

$$E_p = p \Delta V \tag{4.30}$$

式中 p——水压力；

ΔV——水体积的改变量。

因此，位于地下水面以下 h 深度处的某点所受到的静水压力势 E_p 可写为

$$E_p = p\Delta V = g\rho_w h_p \Delta V \tag{4.31}$$

则单位体积改变所引起的静水压力势为

$$\varphi_p = \frac{E_p}{\Delta V} = \rho_w g h_p \tag{4.32}$$

若用水柱高度来表示静水压力势，则有

$$\varphi_p = h_p \tag{4.33}$$

由式（4.32）可知，单位水体积的改变所产生的静水压力势与水深 h_p 成正比。一般情况下，只有地下水面以下的土壤水才存在压力势，其大小由分析点至地下水面的距离决定。非饱和土壤内部有未充水的空隙，因而内部与大气相通，水分的总压力与大气压力相等，不存在压力势；反之，饱和土壤中，由于土壤分子吸附力和毛管力的消失，不存在基质势。非饱和土壤水处于负压作用下，也可以把基质势看作负的压力势。

3. 重力势

重力势是指将一定质量的土壤水举起至一定高度克服重力所做的功。将质量为 m 的土壤水举到离基准面的高度 z 产生的重力势为

$$E_g = mgz \tag{4.34}$$

或

$$E_g = \rho_w V g z \tag{4.35}$$

式中 V——土壤水体积；

ρ_w——水的密度；

g——重力加速度。

水的密度 ρ_w 一般视为常数，g 也视为常数，因此，单位体积土壤水的重力势与位置高度 z 成正比，即

$$\varphi_g = \frac{E_g}{V} = \rho_w g z \tag{4.36}$$

若用水的高度来表示重力势，则有

$$\varphi_g = z \tag{4.37}$$

由式（4.37）可知，重力势的大小与某一点土壤水相对于基准面的位置高度有关。位置高度越高，重力势就越大；位置高度越低，重力势就越小。

4. 溶质势

土壤水一般为溶液，溶液中存在溶质，由于土壤水溶液中的溶质离子对水分子具有吸附作用，使水的活性下降。将单位数量的水分由土壤中某一点移动到标准状态下的自由水面上时，由于水溶液中溶质的作用而对土壤水所做的功称为溶质势，可用 φ_s 表示。溶质势一般为负值。

土水势的总势就是上述各分势之代数和，即

$$\Phi = \varphi_m + \varphi_p + \varphi_g + \varphi_s \tag{4.38}$$

不论任何形态的土壤水，都必然受到重力的作用。而对于溶质势，因土壤中不存在半透膜，故两点土壤之间即使有溶质势差，也不会起驱动水分的作用。因此，在分析土壤水

分运动的总势时，常常只考虑重力势、压力势、基质势三项。

由于压力势和基质势均与土壤含水量有关，所以总土水势的组成与土壤含水量有关。

对于饱和土壤，由于基质势等于零，因此总土水势等于压力势与重力势之和，即

$$\Phi = \varphi_p + \varphi_g \tag{4.39}$$

对于非饱和土壤，压力势不存在，因此总土水势只由基质势和重力势组成，即

$$\Phi = \varphi_m + \varphi_g \tag{4.40}$$

用"势"来解释物体运动，就是物体总是从总势大的地方向总势小的地方运动。因此，土壤水总是从总土水势高的地方向低的方向运动。土水势梯度的方向规定为指向土水势增加的方向，所以土壤水运动的方向与土水势梯度的方向相反。当土壤水总势梯度不等于 0 时，土壤水就处于运动状态；当土壤水总势梯度等于 0 时，土壤水就处于静止状态。

4.3.3 土壤水分特性曲线

由上述讨论可知，基质势为负值，实际使用时，为了方便，通常将基质势的负值定义为吸力，可用 Ψ 表示，即

$$\Psi = -\varphi_m \text{ 或 } \Psi = |\varphi_m| \tag{4.41}$$

由于基质势为负值，所以吸力总是为正值。前已述及，基质势的大小与土壤含水量有关。因此，吸力也是土壤含水量的函数。干燥土壤的吸力最大，随着土壤含水量的增加，吸力逐渐减小，当土壤含水量达到饱和含水量时，吸力为零。吸力与土壤含水量的关系曲线是一条吸力随土壤含水量增加而减小的曲线，这条曲线称为土壤水分特性曲线。

可以用两种方法得到土壤水分特性曲线（图 4.8）：一是从干燥土壤开始，然后不断加水，增加土壤含水量直至饱和含水量，测定不同土壤含水量时的吸力，这样就可以得出一条吸水过程的土壤水分特性曲线；二是从饱和含水量开始，然后让土壤含水量不断蒸发，直至干燥，测定不同土壤含水量时的吸力，这样就可以得出一条脱水过程的土壤水分特性曲线。由图 4.8 可见，在脱水过程中测定的土壤水分特性曲线位于上方，在吸水过程中测定的土壤水分特性曲线位于下方，两条曲线首尾大体重叠，但中间差别明显，犹如一个绳套。当初始土壤含水量介于干燥与饱和之间时，所作出的土壤水分特性曲线位于该绳套之中，并呈现出一个个小绳套。这种绳套现象称为滞后作用，它表明，同样的吸力，在脱水和吸水两个过程中，土壤吸持的水分数量是不同的，脱水过程吸持的水分要大于吸水过程吸持的水分，或者说，当土壤含水量一定时，脱水过程中相应的土壤吸力要大于吸水过程中相应的土壤吸力。即吸水过程的含水率随基质势的变化落后于脱水过程，这种现象称为土壤水力特性滞后现象。

吸力和含水量的关系随着土壤干湿变化的过程是十分复杂的，产生土壤水力滞后现象的物理机制目前还不十分清楚，只知道这个绳套与土壤的质地和结构有关，一些学者试图给出解释并提出数学表达式，但未能完

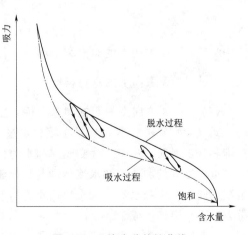

图 4.8 土壤水分特性曲线

全成功解决此问题。

4.4 土壤水运动的基本方程

土壤水运动主要指土壤水中液态水的流动。根据土壤含水率的不同，土壤可分为饱和与非饱和两种状态。土壤孔隙全部被水充满时，称为饱和土壤；反之，称为非饱和土壤。前者为土粒和水组成的二相物质系统，后者为土粒、水、空气组成的三相物质系统，两种系统的水力特性不同，水流运动的基本规律也不同。饱和状态下，土壤水在重力势和压力势作用下产生饱和水流运动，属于自由重力水渗流；在非饱和状态下，土壤水在基质势和重力势作用下，产生非饱和水流运动。

4.4.1 饱和水流运动方程

1856 年法国水利工程师达西（Darcy）通过大量的一维（单向）渗透实验研究，得出了渗流的基本规律，即达西定律，其表达式如下为

$$V_s = -K_s \frac{\mathrm{d}\Phi}{\mathrm{d}s} \tag{4.42}$$

式中　V_s——饱和土壤中沿 s 方向的渗流流速；

　　　K_s——渗透系数；

　　　Φ——饱和土壤的总土水势；

　　　s——渗流方向上的距离。

达西定律说明，饱和土壤中沿某一方向 s 的渗流速度 V_s 与该方向上的总势梯度 $\frac{\mathrm{d}\Phi}{\mathrm{d}s}$ 成正比，并与土壤透水特性有关。实际上，K_s 是土壤含水量达到饱和时的水力传导度，又称饱和水力传导度，在水文学中则称稳定下渗率。

4.4.2 非饱和水流运动方程

尽管达西定律是在饱和土壤条件下提出的，但理查兹（Richards）于 1931 年在实验室做了非饱和水流运动的实验，发现非饱和水流也符合达西定律，即非饱和水流的渗流速度总土水势梯度成正比，且与土壤中孔隙通道的几何性质有关，其表达式可写为

$$V_s = -K(\theta) \frac{\partial \Phi}{\partial s} \tag{4.43}$$

式中　V_s——s 方向上的非饱和土壤的渗流速度；

　　　$\dfrac{\partial \Phi}{\partial s}$——$s$ 方向上的总势梯度；

　　　$K(\theta)$——s 方向上的非饱和水力传导度。

式（4.43）中的 $K(\theta)$ 是土壤含水量 θ 的函数，随着 θ 的增大，$K(\theta)$ 也增大，当 θ 为饱和含水量时，$K(\theta)$ 就变成饱和水力传导度 K_s。

可以发现控制非饱和水流运动与控制饱和水流运动的因素有所不同。一是两者总势的组成不同。在饱和水流中，总势由重力势和压力势组成；而在非饱和水流中，总势则是由重力势和基模势组成。二是两者的水力传导度不同。对于饱和水流，水力传导度为常数；而对于非饱和水流，水力传导度则是土壤含水量的函数。干燥土壤的水力传导度最小，随

着土壤含水量的增加，水力传导度也增加。当土壤含水量达到饱和时，水力传导度也达到最大，为饱和水力传导度。

式 (4.43) 是一维非饱和水流的达西公式。任何一块土体都是三维空间中的物体。将一维非饱和水流达西公式推广到三维，可写为下列三式

$$V_x = -K_x(\theta)\frac{\partial\Phi}{\partial x} \tag{4.44}$$

$$V_y = -K_y(\theta)\frac{\partial\Phi}{\partial y} \tag{4.45}$$

$$V_z = -K_z(\theta)\frac{\partial\Phi}{\partial z} \tag{4.46}$$

式中　　　V_x、V_y、V_z——x、y、z 方向的非饱和土壤的渗流速度；

$\dfrac{\partial\Phi}{\partial x}$、$\dfrac{\partial\Phi}{\partial y}$、$\dfrac{\partial\Phi}{\partial z}$——$x$、$y$、$z$ 方向的总势梯度；

$K_x(\theta)$、$K_y(\theta)$、$K_z(\theta)$——x、y、z 方向的水力传导度。

式 (4.44)～式 (4.46) 也可以表示为以下向量形式：

$$\vec{V} = -\left[K_x(\theta)\frac{\partial\Phi}{\partial x}\vec{i} + K_y(\theta)\frac{\partial\Phi}{\partial y}\vec{j} + K_z(\theta)\frac{\partial\Phi}{\partial z}\vec{k}\right] \tag{4.47}$$

在土壤学中，土壤物理特性在空间各个方向上都相同时，称为均质土壤，否则，称为非均质土壤。所以当 $K_x(\theta) = K_y(\theta) = K_z(\theta) = K(\theta)$，即为均质土壤时，式 (4.47) 可写为

$$\vec{V} = -K(\theta)\left[\frac{\partial\Phi}{\partial x}\vec{i} + \frac{\partial\Phi}{\partial y}\vec{j} + \frac{\partial\Phi}{\partial z}\vec{k}\right] \tag{4.48}$$

4.4.3　非饱和水流连续性方程

假设从非饱和土壤中取出一边长分别为 $\mathrm{d}x$、$\mathrm{d}y$ 和 $\mathrm{d}z$ 的微小立方体（图 4.9），沿 x、y、z 方向进入该微小立方体的断面平均渗流速度分别为 V_x、V_y 和 V_z，并假定在每个方向上渗流速度均按直线变化。令 ρ_w 为水的密度，则在 $\mathrm{d}t$ 时段内，沿 x 方向进入该微小立方体的水量为

$$V_x\rho_w\mathrm{d}y\mathrm{d}z\mathrm{d}t$$

沿 x 方向流出该微小立方体的水量为

$$\left[V_x\rho_w + \frac{\partial}{\partial x}(V_x\rho_w)\mathrm{d}x\right]\mathrm{d}y\mathrm{d}z\mathrm{d}t$$

因此，在 $\mathrm{d}t$ 时段内从 x 方向净进入这个微小立方体的水量 $\mathrm{d}W_x$ 应为

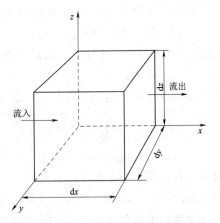

图 4.9　土壤水水量平衡示意图

$$\mathrm{d}W_x = V_x\rho_w\mathrm{d}y\mathrm{d}z\mathrm{d}t - \left[V_x\rho_w + \frac{\partial}{\partial x}(V_x\rho_w)\mathrm{d}x\right]\mathrm{d}y\mathrm{d}z\mathrm{d}t = -\frac{\partial}{\partial x}(V_x\rho_w)\mathrm{d}x\mathrm{d}y\mathrm{d}z\mathrm{d}t$$

$$\tag{4.49}$$

同理，可求得 $\mathrm{d}t$ 时段内从 y 方向和 z 方向净进入微小立方体的水量分别为

$$dW_y = -\frac{\partial}{\partial y}(V_y \rho_w)dx\,dy\,dz\,dt \tag{4.50}$$

和

$$dW_z = -\frac{\partial}{\partial z}(V_z \rho_w)dx\,dy\,dz\,dt \tag{4.51}$$

根据式（4.49）～式（4.51）则可求得在 dt 时段内净进入该微小立方体的总水量 dW 为

$$dW = dW_x + dW_y + dW_z = -\left[\frac{\partial(\rho_w V_x)}{\partial x} + \frac{\partial(\rho_w V_y)}{\partial y} + \frac{\partial(\rho_w V_z)}{\partial z}\right]dx\,dy\,dz\,dt \tag{4.52}$$

根据质量守恒定律，式（4.52）表示在 dt 时段内净进入该微小立方体的水量必将会引起微小立方体水量在 dt 时段内发生变化。令 θ 为土壤的体积含水率，则 dt 时段内该微小立方体的水量变化可写为

$$dW = \frac{\partial}{\partial t}(\rho_w \theta dx\,dy\,dz)dt \tag{4.53}$$

则有

$$-\left[\frac{\partial(\rho_w V_x)}{\partial x} + \frac{\partial(\rho_w V_y)}{\partial y} + \frac{\partial(\rho_w V_z)}{\partial z}\right]dx\,dy\,dz\,dt = \frac{\partial}{\partial t}(\rho_w \theta dx\,dy\,dz)dt \tag{4.54}$$

简化后为

$$\frac{\partial(\rho_w \theta)}{\partial t} = -\left[\frac{\partial(\rho_w V_x)}{\partial x} + \frac{\partial(\rho_w V_y)}{\partial y} + \frac{\partial(\rho_w V_z)}{\partial z}\right] \tag{4.55}$$

如果 ρ_w 不变，式（4.55）变为

$$\frac{\partial\theta}{\partial t} = -\left(\frac{\partial V_x}{\partial x} + \frac{\partial V_y}{\partial y} + \frac{\partial V_z}{\partial z}\right) \tag{4.56}$$

以上结果是根据质量守恒定律得到的，又因为它适用于非饱和水流，所以，就将式（4.56）称为非饱和水流连续性方程。

4.4.4 均质土壤非饱和水流的基本微分方程

非饱和水流的达西定律式（4.48）和非饱和水流连续性方程式（4.56）联立，就构成了控制均质土壤非饱和水流运动的基本微分方程，即

$$\frac{\partial\theta}{\partial t} = \frac{\partial}{\partial x}\left[K(\theta)\frac{\partial\Phi}{\partial x}\right] + \frac{\partial}{\partial y}\left[K(\theta)\frac{\partial\Phi}{\partial y}\right] + \frac{\partial}{\partial z}\left[K(\theta)\frac{\partial\Phi}{\partial z}\right] \tag{4.57}$$

式（4.57）由理查兹首先提出，故称为理查兹方程。该方程是一个很复杂的非线性偏微分方程，在数学上至今没有解析解。很多情况下，此微分方程可给予简化，然后在各种简化条件下进行求解。例如，在某一特殊情况下，水力传导度可以看成常数，即对于均质饱和土壤，土壤含水量不随时间而发生变化，$K(\theta)$ 为常数，这时理查兹方程就变成一个二阶线性偏微分方程，即

$$\frac{\partial^2\Phi}{\partial x^2} + \frac{\partial^2\Phi}{\partial y^2} + \frac{\partial^2\Phi}{\partial z^2} = 0 \tag{4.58}$$

式（4.58）为饱和土壤水流运动的拉普拉斯（Laplace）方程。

水文学中有时只需考虑一维非饱和水流运动，例如，对于下渗和土壤蒸散发，一般可以不考虑 x 方向和 y 方向的水流运动，这时式（4.57）就可简化为

$$\frac{\partial \theta}{\partial t} = \frac{\partial}{\partial z}\left[K(\theta)\frac{\partial \Phi}{\partial z}\right] \qquad (4.59)$$

小 结 与 思 考

1. 土壤水有哪些存在形式？分别受哪些力的作用？
2. 土壤水分常数有哪些？各表征什么物理量？
3. 土壤水的能量状态用什么表征？土水势有哪些分势？
4. 土壤水分特性曲线反映什么关系？如何获得土壤水分特性曲线？
5. 非饱和土壤水运动的基本方程是什么？
6. 简述饱和水流运动与非饱和水流运动的区别。

线 上 内 容 导 引

★　土壤水分的测定（PPT）
★　土壤水计算
★　线上互动
★　知识问答

第5章 下　　渗

下渗是水分从土壤层面渗入土壤中的过程，是自然界十分复杂的一种物理过程。下渗是将地表水与地下水、土壤水联系起来的纽带，是径流形成过程、水循环过程的重要环节。

5.1 基　本　概　念

水分从土壤表面渗入土壤的现象称为下渗。下渗水量的多少直接影响径流量的大小，决定着地表径流量和地下径流量的比例。为了研究下渗现象，需要先了解一些相关概念。

1. 下渗率 f

下渗率又称下渗强度，指单位时间内通过单位面积的土壤层面渗入到土壤中的水量，单位一般为 mm/min、mm/h 或 mm/d。影响下渗率的因素主要有初始土壤含水量、供水强度、土壤质地、结构等。

2. 下渗能力 f_p

充分供水条件下的下渗率称为下渗能力，也称下渗容量。下渗能力与初始土壤含水率和土壤质地、结构有关，而与供水强度无关。

3. 下渗曲线

下渗能力随时间的变化过程线称为下渗能力曲线，简称下渗曲线，通常用 $f_p - t$ 表示。

下渗最初阶段，下渗的水分被土壤颗粒吸收以填充土壤孔隙，下渗能力很大。随着时间的增加，下渗水量越来越多，土壤含水量也逐渐增大，下渗能力逐渐递减，并趋于稳定，最后终将达到稳定下渗率 f_c。这个过程可以用下渗曲线来表示，如图 5.1 所示，图中 f_0 为初始下渗率。

显然，土壤质地和结构相同时，初始土壤含水量不同，下渗曲线也不同。下渗曲线是以初始土壤含水量为参变量的一簇曲线。在这簇曲线中，初始土壤含水量为 0 即干燥土壤的下渗曲线是最基本的一条下渗曲线，为这簇曲线的上包线；其下包线是土壤含水量达到田间持水量时的下渗曲线。由于不同初始土壤含水量时的下渗曲线均可根据上包线获得，所以约定这簇曲线的上包线为下渗曲线。

4. 累积下渗曲线

充分供水时，下渗开始后一定时段内的累积下

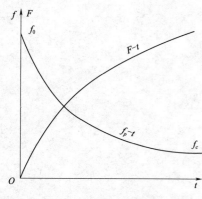

图 5.1　下渗曲线及下渗累积曲线

渗水量随时间的变化曲线称为累积下渗曲线，表示下渗水量随时间的增长过程（图 5.1）。可见，累积下渗曲线就是下渗曲线的积分曲线，即

$$F_p(t) = \int_0^t f_p(t)\mathrm{d}t \tag{5.1}$$

式中 $F_p(t)$——自开始至 t 时刻按下渗能力下渗而渗入土壤的总水量。

累积下渗曲线上任一点切线的斜率，表示该时刻的下渗能力或下渗容量，即下渗曲线可表示为累积下渗曲线的微分曲线

$$f_p(t) = \frac{\mathrm{d}F_p(t)}{\mathrm{d}t} \tag{5.2}$$

5.2 下 渗 过 程

5.2.1 下渗的物理过程

地表水沿着干燥土壤孔隙不断下渗，渗入土壤中的水分在运动过程中会受到分子力、毛管力和重力的控制，其运动过程也就是在各种力综合作用下寻求平衡的过程。分子力、毛管力随着土壤水分的增加而减小，当毛管孔隙充水达到饱和时，水分主要在重力作用下运动。按照下渗水分所受的作用力的组合变化及其运动特征，下渗过程可以划分为以下三个阶段。

1. 渗润阶段

在土壤干燥时，下渗的水分主要在分子力的作用下，被土壤颗粒吸附而成为吸湿水，进而形成薄膜水，通常将此阶段称为渗润阶段；当土壤含水率达到土壤的最大分子持水量时，此阶段基本结束。这一阶段土壤干燥，下渗强度大，随着土壤含水量的增加，吸湿水和薄膜水逐渐趋于饱和，分子力急剧减弱，下渗强度随时间快速递减。

2. 渗漏阶段

当土壤含水量开始大于最大分子持水量时，水分开始在毛管力的作用下充填土壤中细小孔隙。随着下渗的继续，土壤含水率继续增大，重力也开始起作用，此时水分在毛管力和重力作用下沿土壤孔隙做不稳定流动，直至水分达到饱和时，此阶段才基本结束。由于随着土壤含水量的增加，毛管力趋于缓慢减少阶段，此阶段下渗能力的递减速度趋缓。

3. 渗透阶段

在土壤所有孔隙均被水充填时，土壤达到了饱和状态，水分在重力的作用下呈稳定流动，这一阶段的下渗能力小而稳定，这时的下渗能力称为稳定下渗率。此阶段称为渗透阶段，渗透阶段属于饱和水流运动。而渗润与渗漏阶段均属于非饱和水流运动。

上述三个阶段并无明显的分界，尤其当土层较厚时，三个阶段可能同时交错进行。

5.2.2 下渗过程中土壤含水量的垂向分布规律

1943 年包德曼（Bodman）和考尔曼（Colman）曾对表面保持一定水深（5mm）时，下渗水流在均质土壤中沿垂线的运动规律及含水量的分布进行了实验，发现不同土壤在下渗过程中的土壤含水量的分布可以划分为四个具有明显区别的水分带，它们反映了下渗水流垂向运动的特征（图 5.2）。

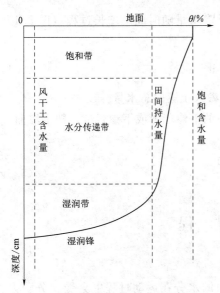

图 5.2 下渗过程中的水分剖面示意图

1. 饱和带

当下渗水流渗到 10cm 土层厚度时，两种实验土壤即砂壤土及粉砂土表面 1cm 内的含水量都接近于饱和含水量，形成一个饱和带。无论湿润深度怎么增大，这个饱和带的厚度都不超过 1.5cm。

2. 水分传递带

在饱和带以下，土壤含水量随深度的增加急剧减小，形成一个水分过渡带，而后土壤含水量基本保持在饱和含水量与田间持水量之间，形成了一个土壤含水量沿深度分布均匀、厚度较大的水分传递带，其厚度随供水时间的增长而逐渐增加，土壤含水量大致为饱和含水量的 $60\% \sim 80\%$，并且这一带的基质势梯度极小。因此，当水分渗入足够深度时，水分的传输运行主要是靠重力作用，在均质土壤中下渗率接近一个常值。

3. 湿润带

水分传递带以下为湿润带，是连接水分传递带和湿润锋的一个含水量随深度迅速减少的水分带。湿润带在下渗过程中不断下移，使其下面的干土含水量增加，变成湿润部分。这个带的平均厚度也大体保持不变。

4. 湿润锋

湿润带与下渗水尚未涉及的土壤的交界面称为湿润锋，是湿土与下层干土之间的一个明显交界面。湿润锋处土壤含水量梯度十分大，在该处将有很大的土壤水分作用力来驱使湿润锋继续下移。

5.2.3 土壤水分的再分配

在降雨或供水终止后，土壤表面下渗现象消失，但沿土壤剖面的水分下渗运动并未结束。水分的继续运行，引起土壤水分沿纵深向的变化，称水分的再分配。一般当土壤没有外来水分补给或损耗（如蒸发）等时，水分的再分配只是水分在土壤内部的运行与再分配，垂线上各点的含水量有所增减，但总量并无变化（图 5.3）。土壤水分的再分配速度与土壤水力特性有关，如细颗粒含量多的土壤与粗颗粒含量多的土壤相比，其水分再分配速度要慢些。主要是因为粗质土的导水率随着土壤水的减少而迅速下降，因此随着再分配的进行，其速度也迅速下降；细质土的导水率降得比较缓慢，因此，其再分配过程就持续得比较长。

对同一类型的均质土壤，供水终止后，土壤剖面中的水分在重力势和基质势梯度的作用下进行再分配，剖面上部的水分不断向下移

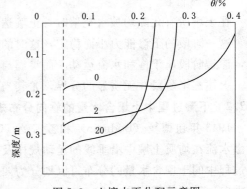

图 5.3 土壤水再分配示意图

动，湿润锋以下比较干燥的土层不断吸收水分，湿润锋不断下移，湿润带厚度不断增加。土壤水分的再分配作用，影响到土壤中水分的总储量以及不同时间、不同深度的土壤所保持的水量，它对后期的供水下渗过程以及供水终止后的土壤蒸发过程有明显的影响。

5.3 非饱和下渗理论

下渗理论就是研究土壤水的下渗规律及其影响因素的理论。下渗曲线不仅是下渗物理过程的定量描述，而且是下渗物理规律的体现。因此，推求下渗曲线的具体表达形式是下渗理论的一个重要课题。目前，确定下渗曲线主要有三种途径，即非饱和下渗理论途径、饱和下渗理论途径和基于下渗经验的经验下渗曲线途径。

非饱和水流的下渗理论是在对非饱和土壤水的运动研究基础之上，根据下渗的各种边界条件和初始条件，求解相应计算式［式（4.59）］，获得非饱和水流运动微分方程解，即下渗公式表达式的一系列方法和假设的总和。

研究下渗时，常常假定水平方向的势梯度为零，即认为沿水平方向的含水量是均匀的；且假定地下水位很低，对下渗无影响，同时假定土层为均质土壤。上述假定用数学语言表达就是：研究均质土壤半无限空间垂向非饱和下渗。由前述可知，对于非饱和土壤，总势 Φ 由基质势 φ_m 和重力势 φ_g 组成，即

$$\Phi = \varphi_m + \varphi_g \tag{5.3}$$

若取地面为标准参照面，坐标原点设在地面，并规定沿深度方向为正，则重力势可具体表达为

$$\varphi_g = z \tag{5.4}$$

将式（5.3）和式（5.4）代入式（4.59），得

$$\frac{\partial \theta}{\partial t} = \frac{\partial}{\partial z}\left[K(\theta)\frac{\partial \varphi_m}{\partial z}\right] + \frac{\partial K(\theta)}{\partial z} \tag{5.5}$$

式（5.5）中包含有 θ、φ_m 和 $K(\theta)$ 三个未知函数。$K(\theta)$ 与 θ 一般呈单值关系。而 φ_m 与 θ 存在一定的函数关系，但由于滞后现象的存在，φ_m 与 θ 的关系一般为非单值的绳套关系。假设 φ_m 与 θ 为单值关系，则式（5.5）可变为

$$\frac{\partial \theta}{\partial t} = \frac{\partial}{\partial z}\left[K(\theta)\frac{\mathrm{d}\varphi_m}{\mathrm{d}\theta}\frac{\partial \theta}{\partial z}\right] + \frac{\mathrm{d}K(\theta)}{\mathrm{d}\theta}\frac{\partial \theta}{\partial z} \tag{5.6}$$

令

$$D(\theta) = K(\theta)\frac{\mathrm{d}\varphi_m}{\mathrm{d}\theta} \tag{5.7}$$

$$k(\theta) = \frac{\mathrm{d}K(\theta)}{\mathrm{d}\theta} \tag{5.8}$$

式（5.7）中 $D(\theta)$ 为非饱和土壤水分的扩散率，是土壤含水率 θ 的函数。则可将式（5.6）写为

$$\frac{\partial \theta}{\partial t} = \frac{\partial}{\partial z}\left[D(\theta)\frac{\partial \theta}{\partial z}\right] + k(\theta)\frac{\partial \theta}{\partial z} \tag{5.9}$$

式（5.9）即为非饱和下渗理论的基本方程，也称为一维理查兹方程。它只含有一个未知

函数，有唯一解。但它是一个非线性偏微分方程，直到今天在数学上还无法求得其解析解。

5.3.1 忽略重力作用的下渗

定界问题构成：对于干燥土壤，在下渗初期，分子力和毛管力很大，基质势梯度大大超过重力势梯度，这时可忽略重力对下渗的作用。于是式（5.9）简化为

$$\frac{\partial \theta}{\partial t} = \frac{\partial}{\partial z}\left[D(\theta)\frac{\partial \theta}{\partial z}\right] \tag{5.10}$$

式（5.10）即为描述忽略重力作用的下渗物理过程的泛定方程。

为了使它能描述一个具体的下渗过程，还必须给出定解条件，假定有下列定解条件：

$$\theta(z,0) = \theta_0 \tag{5.11}$$

$$\theta(0,t) = \theta_s \tag{5.12}$$

$$\theta(\infty,t) = \theta_0 \tag{5.13}$$

式（5.11）称为初始条件，描述供水开始即 $t=0$ 时的土壤水分剖面。由于这里 θ_0 为常数，故初始土壤水分沿深度呈均匀分布。式（5.12）称为上边界条件，它描述下渗过程中土壤层面上的供水情况。由于这里为饱和含水量 θ_s，表明对土壤层面的供水强度充分大但不引起积水。式（5.13）称为下边界条件，它用于考虑土层下部状态对下渗过程的影响，由于 $z \to \infty$，土壤含水量为 θ_0，所以表明土层为半无限厚，以致其下部很深处仍保持为初始含水量状态，即下边界对下渗过程不产生影响。

下面分两种情况对上述定解问题进行求解。

1. 假设 $D(\theta) = D$（常数）

如果扩散率不随土壤含水量而变，则式（5.10）变为

$$\frac{\partial \theta}{\partial t} = D\frac{\partial^2 \theta}{\partial z^2} \tag{5.14}$$

式中 D——常数扩散率。

其余符号意义同前。

则由式（5.14）和定解条件式（5.11）~式（5.13）构成的定解问题可写为

$$\begin{cases} \dfrac{\partial \theta}{\partial t} = D\dfrac{\partial^2 \theta}{\partial z^2} \\ \theta(z,0) = \theta_0 \\ \theta(0,t) = \theta_s \\ \theta(\infty,t) = \theta_0 \end{cases} \tag{5.15}$$

用拉普拉斯变换对定解问题式（5.15）进行求解，最后可得式（5.15）的解为

$$\theta(z,t) = \theta_0 + \frac{2(\theta_s - \theta_0)}{\sqrt{\pi}}\int_\lambda^\infty e^{-\lambda^2}d\lambda \tag{5.16}$$

其中

$$\lambda = \frac{z}{2\sqrt{Dt}}$$

由于不考虑重力时单位土柱的累计下渗水量可写为

$$F(t) = \int_{\theta_0}^{\theta_s} z(\theta, t) \, d\theta \tag{5.17}$$

因此，将式（5.16）代入式（5.17）并对 t 求导后即可得

$$f_p = \frac{D}{2\sqrt{Dt}} \frac{2(\theta_s - \theta_0)}{\sqrt{\pi}} = (\theta_s - \theta_0) \sqrt{\frac{D}{\pi}} t^{-\frac{1}{2}} \tag{5.18}$$

式（5.18）就是忽略重力作用、扩散率为常数时的下渗曲线的表达式。

2. 考虑扩散系数为含水量的函数 $D(\theta)$

如果扩散率随土壤含水量而呈单值变化，这时式（5.10）又可表达为

$$\frac{\partial \theta}{\partial t} = D(\theta) \frac{\partial^2 \theta}{\partial z^2} + \frac{\partial D(\theta)}{\partial z} \frac{\partial \theta}{\partial z} \tag{5.19}$$

则由式（5.19）和定解条件式（5.11）~式（5.13）构成的定解问题可写为

$$\begin{cases} \dfrac{\partial \theta}{\partial t} = D(\theta) \dfrac{\partial^2 \theta}{\partial z^2} + \dfrac{\partial D(\theta)}{\partial z} \dfrac{\partial \theta}{\partial z} \\ \qquad \theta(z, 0) = \theta_0 \\ \qquad \theta(0, t) = \theta_s \\ \qquad \lim\limits_{z \to \infty} \theta(z, t) = \theta_0 \end{cases} \tag{5.20}$$

1955 年，菲利普（Philip）采用波尔兹曼（Boltzman）变换将上述数理方程转化为常微分方程后求解，令

$$\eta = z t^{-\frac{1}{2}} \tag{5.21}$$

则原来作为 z 和 t 函数的 θ，此时可表达为 η 的函数，即

$$\theta = \theta(\eta) \tag{5.22}$$

因此，有

$$\begin{cases} \dfrac{\partial \theta}{\partial t} = \dfrac{d\theta}{d\eta} \dfrac{\partial \eta}{\partial t} = -\dfrac{z}{2t^{3/2}} \dfrac{d\theta}{d\eta} \\[2mm] \dfrac{\partial \theta}{\partial z} = \dfrac{d\theta}{d\eta} \dfrac{\partial \eta}{\partial z} = \dfrac{1}{\sqrt{t}} \dfrac{d\theta}{d\eta} \\[2mm] \dfrac{\partial^2 \theta}{\partial z^2} = \dfrac{\partial}{\partial z}\left(\dfrac{1}{\sqrt{t}} \dfrac{\partial \theta}{\partial \eta}\right) = \dfrac{1}{\sqrt{t}} \dfrac{d^2\theta}{d\eta^2} \dfrac{\partial \eta}{\partial z} = \dfrac{1}{t} \dfrac{d^2\theta}{d\eta^2} \\[2mm] \dfrac{\partial D(\theta)}{\partial z} = \dfrac{dD}{d\eta} \dfrac{\partial \eta}{\partial z} = \dfrac{1}{\sqrt{t}} \dfrac{dD}{d\eta} \end{cases} \tag{5.23}$$

将式（5.23）代入式（5.20）中泛定方程，化简后该泛定方程变为

$$\frac{d^2\theta}{d\eta^2} + \frac{\eta}{2D(\theta)} \frac{d\theta}{d\eta} + \frac{1}{D(\theta)}\left(\frac{dD}{d\eta}\right) \frac{d\theta}{d\eta} = 0 \tag{5.24}$$

考虑到

$$\frac{dD}{d\eta} = \frac{dD}{d\theta} \frac{d\theta}{d\eta}$$

最终可得到引入玻尔兹曼变换后的忽略重力作用下的下渗方程为

$$-\frac{\eta}{2} \frac{d\theta}{d\eta} = \frac{d}{d\eta}\left[D(\theta) \frac{d\theta}{d\eta}\right] \tag{5.25}$$

式 (5.25) 表明，式 (5.20) 中原为非线性偏微分方程的泛定方程经过玻尔兹曼变换后变为一个非线性常微分方程。

对于式 (5.20) 中的定解条件，引入玻尔兹曼变换后，当 $t \to 0$ 或 $z \to \infty$ 均有 $\eta \to \infty$，原问题的初始条件和下边界条件合为一个关于 η 的下边界条件 $\theta(\infty) = \theta_0$；对于任意时间 t 有 $z \to 0$，$\eta \to 0$，关于 η 的上边界条件为 $\theta(0) = \theta_s$。

由此，经过玻尔兹曼变换，式 (5.20) 中的定解条件将变为

$$\begin{cases} \theta(0) = \theta_s \\ \theta(\infty) = \theta_0 \end{cases} \tag{5.26}$$

由式 (5.25) 和式 (5.26) 构成了一个二阶常微分定解问题，只要知道 $D(\theta)$ 的具体函数形式就可求解，得到 η 关于 θ 的函数关系。

由式 (5.21) 可知

$$z(\theta, t) = \eta(\theta) t^{\frac{1}{2}} \tag{5.27}$$

将式 (5.27) 代入求不考虑重力时单位土柱的累计下渗水量公式 (5.17)，并对 t 求导可得

$$f_p = \frac{1}{2} S t^{-\frac{1}{2}} \tag{5.28}$$

其中

$$S = \int_{\theta_0}^{\theta_s} \eta(\theta) \mathrm{d}\theta \tag{5.29}$$

式 (5.28) 就是忽略重力作用、扩散率不为常数时的下渗曲线表达式的基本结构。式 (5.29) 所表示的 S 称为土壤吸水系数，与土壤特性、初始条件和边界条件都有关，即与 $D(\theta)$ 的具体函数形式有关。只要知道 $D(\theta)$ 的具体函数形式，就可以求得式 (5.28) 的具体表达式。

式 (5.18) 与式 (5.28) 虽然具体形式不同，但均可以看出 f_p 为 $t^{-\frac{1}{2}}$ 的函数。这表明，在忽略重力作用的条件下，无论扩散率是常数还是变数，下渗能力均随时间 t 的增加而减小，且当 $t \to \infty$ 时，$f_p \to 0$，即此种情况下是不存在稳定下渗率的。这一结论与忽略重力作用相一致。

5.3.2　考虑重力作用的下渗

考虑重力作用，完全按照理查兹方程求得的解称为非饱和下渗的完全解。这时 $k(\theta)$、$D(\theta)$ 都是 θ 的函数，下渗方程式即为式 (5.9)，若定解条件仍为式 (5.11)～式 (5.13)，则构成的定解问题为

$$\begin{cases} \dfrac{\partial \theta}{\partial t} = \dfrac{\partial}{\partial z}\left[D(\theta) \dfrac{\partial \theta}{\partial z} \right] + k(\theta) \dfrac{\partial \theta}{\partial z} \\ \theta(z, 0) = \theta_0 \\ \theta(0, t) = \theta_s \\ \lim\limits_{z \to \infty} \theta(z, t) = \theta_0 \end{cases} \tag{5.30}$$

1. 扩散率 $D(\theta)$ 为常数且水力传导度 $K(\theta)$ 与土壤含水率 θ 呈直线关系时的解

此时式 (5.30) 中泛定方程的系数 $k(\theta)$ 和 $D(\theta)$ 均为常数，即 $k(\theta) = k$，$D(\theta) =$

D，于是定解问题式（5.30）变为

$$\begin{cases} \dfrac{\partial \theta}{\partial t} = D\,\dfrac{\partial^2 \theta}{\partial z^2} + k\,\dfrac{\partial \theta}{\partial z} \\[2mm] \quad \theta(z,0) = \theta_0 \\[2mm] \quad \theta(0,t) = \theta_s \\[2mm] \lim\limits_{z \to \infty} \theta(z,t) = \theta_0 \end{cases} \tag{5.31}$$

式（5.31）是一个线性定解问题，其泛定方程与数理方程中的对流扩散方程完全相同。应用拉普拉斯变换，可求得式（5.31）的解为

$$\frac{\theta - \theta_0}{\theta_s - \theta_0} = \frac{1}{2}\left[\mathrm{erfc}\left(\frac{z - kt}{2\sqrt{Dt}}\right) + \exp\left(\frac{kz}{D}\right)\mathrm{erfc}\left(\frac{z + kt}{2\sqrt{Dt}}\right) \right] \tag{5.32}$$

将式（5.32）代入下面考虑重力作用的单位土柱的累积下渗水量的表达式

$$F(t) = \int_{\theta_0}^{\theta_s} z(\theta,t)\,\mathrm{d}\theta + K_s t \tag{5.33}$$

对 t 求导可得

$$f_p = \frac{(\theta_s - \theta_0)k}{2}\left[\frac{\exp(-k^2 t/4D)}{\sqrt{k^2 \pi t/4D}} - \mathrm{erfc}\left(\sqrt{\frac{k^2 t}{4D}}\right) \right] - k\theta_s \tag{5.34}$$

式（5.34）就是考虑重力作用、扩散率为常数且水力传导度与土壤含水率呈直线关系时的下渗曲线公式。

2. 扩散率 $D(\theta)$ 非常数和水力传导度 $K(\theta)$ 与土壤含水率 θ 呈非直线关系时的解

此时 $k(\theta)$ 和 $D(\theta)$ 均不为常数，故定解问题即为式（5.30）。为了对式（5.30）求解，先将其中的泛定方程作如下变换：

对 $\theta = \theta(z,\ t)$ 求全微分，得

$$\frac{\mathrm{d}\theta}{\mathrm{d}t} = \frac{\partial \theta}{\partial z}\frac{\partial z}{\partial t} + \frac{\partial \theta}{\partial t} \tag{5.35}$$

设某一定的土壤含水率在以速度 $\dfrac{\partial z}{\partial t}$ 沿深度方向运动时不发生变化，即 $\dfrac{\mathrm{d}\theta}{\mathrm{d}t} = 0$，则式（5.35）变为

$$\frac{\partial \theta}{\partial t} = \left(\frac{\partial z}{\partial t}\right) \Big/ \left(\frac{\partial z}{\partial \theta}\right) \tag{5.36}$$

将上式代入式（5.30）中的泛定方程，得

$$-\frac{\partial z}{\partial t} = \frac{\partial}{\partial \theta}\left[\frac{D(\theta)}{\partial z/\partial \theta}\right] + \frac{\mathrm{d}k(\theta)}{\mathrm{d}\theta} \tag{5.37}$$

通过以上变换，解定解问题式（5.30）的问题就转化为求式（5.37）满足式（5.30）中定解条件的解的问题。菲利普于 1957 年提出了一种级数解法对此进行求解。该法假设解是存在的，而且具有无穷级数的形式，即

$$z(\theta,t) = f_1 t^{\frac{1}{2}} + f_2 t + f_3 t^{\frac{3}{2}} + \cdots \tag{5.38}$$

式中　f_i——级数第 i 项的待定系数，$i = 1,\ 2,\ 3,\ \cdots$

其余符号意义同前。

f_i 是土壤含水率的函数，即 $f_i = f(\theta)$，$i = 1, 2, 3, \cdots$

将式 (5.37) 右边第一项展开，于是式 (5.37) 变为

$$D(\theta)\frac{\partial^2 z}{\partial \theta^2} + \frac{\mathrm{d}k(\theta)}{\mathrm{d}\theta}\left(\frac{\partial z}{\partial \theta}\right)^2 + \frac{\partial z}{\partial t}\left(\frac{\partial z}{\partial \theta}\right)^2 + \frac{\mathrm{d}D(\theta)}{\mathrm{d}\theta}\frac{\partial z}{\partial \theta} = 0 \tag{5.39}$$

将式 (5.38) 代入式 (5.39)，可将其转换为无穷个常微分方程求解，每个常微分方程只含有一个待定系数 f_i。

菲利普导得 f_1 应满足

$$\int_{\theta_0}^{\theta_s} f_1 \mathrm{d}\theta = -2D(\theta)\bigg/\left(\frac{\mathrm{d}f_1}{\mathrm{d}\theta}\right) \tag{5.40}$$

f_2 应满足

$$\int_{\theta_0}^{\theta_s} f_2 \mathrm{d}\theta = D(\theta)\frac{\mathrm{d}f_2}{\mathrm{d}\theta}\bigg/\left(\frac{\mathrm{d}f_1}{\mathrm{d}\theta}\right)^2 + k(\theta) - k(\theta_0) \tag{5.41}$$

由式 (5.40)、式 (5.41) 可见，式 (5.38) 中的待定系数都可以根据土壤特性求得。因此，菲利普得到的近似解就可表达成式 (5.38) 的形式。

经研究发现函数级数式 (5.38) 起作用的主要是前两项，即 $f_1 t^{\frac{1}{2}} + f_2 t$，其余项的影响都很小。因此，在实际应用中式 (5.38) 常被简化为

$$z(\theta, t) = f_1 t^{\frac{1}{2}} + f_2 t \tag{5.42}$$

将式 (5.42) 与式 (5.27) 进行比较，可以看出，式 (5.42) 中右边第一项主要是反映基质势对下渗的作用，第二项才是主要考虑重力势对下渗作用。

将式 (5.42) 代入考虑重力作用的单位土柱的累积下渗水量的表达式

$$F(t) = \int_{\theta_0}^{\theta_s} z(\theta, t)\mathrm{d}\theta + K_s t$$

对 t 求导得

$$f_p = \frac{1}{2}St^{-\frac{1}{2}} + [A + k(\theta_0)] \tag{5.43}$$

其中

$$S = \int_{\theta_0}^{\theta_s} f_1(\theta)\mathrm{d}\theta \tag{5.44}$$

$$A = \int_{\theta_0}^{\theta_s} f_2(\theta)\mathrm{d}\theta \tag{5.45}$$

式 (5.43) 就是考虑重力作用、扩散率非常数且水力传导度与土壤含水率呈非线性关系时的下渗曲线公式。

式 (5.34) 和式 (5.43) 虽然具体形式不同，但就 f_p 与 t 的关系而言，均为一递减曲线，且当 $t \to \infty$ 时，f_p 趋于一常数值 $k\theta_s$ 或 $A + k(\theta_0)$。这就表明，考虑重力作用的下渗过程总是存在一个稳定下渗阶段的，其稳定下渗率对于式 (5.34) 为 $k\theta_s$，即为饱和水力传导度 K_s；而对于式 (5.43) 为 $A + k(\theta_0)$，它只是近似于 K_s，因为式 (5.43) 是忽略了中高阶项后的近似解。

5.4 饱 和 下 渗 理 论

饱和下渗是根据饱和水流运动的原理研究下渗水流运动的。这一理论在 1911 年首先由格林（Green）和安普特（Ampt）指出，导出的公式曾被广泛采用。1948 年阿列克塞夫（A.Alekclef）给出了一个特定情况下的下渗公式。

5.4.1 基本假定

饱和下渗理论是根据下列基本假定建立起来的：其一，以湿润锋为界，认为其上部土壤含水量达到饱和，其下部仍为初始土壤含水量；其二，湿润锋向下移动的条件是下渗锋面以上土壤含水量达到饱和含水量。在这两个假设下，下渗过程中土壤水分剖面随时间的变化将形如一个气缸中的活塞不断地沿深度方向推进（图 5.4）。

5.4.2 饱和下渗的基本方程

根据上述假定，当土壤表层保持一定水层时，单位体积的土柱中水分将受到如下各种力的作用，如图 5.5 所示：

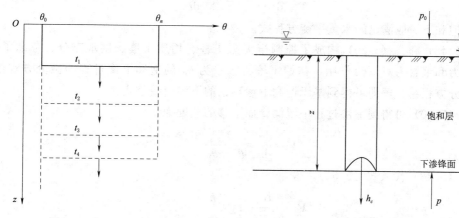

图 5.4 概化的湿润锋移动　　　　图 5.5 湿润锋面上的作用力

（1）土壤表面水层的静水压力 h_p。由于土柱表层有积水，这将对下渗水分产生静水压力，其大小为积水深 h_p，方向为沿深度方向向下。

（2）下渗土柱中水的重力 z。这是作用于该下渗土柱的重力。因其与下渗土柱的长度有关，故可以用下渗土柱的长度 z 表示重力作用的大小，方向指向地心。

（3）下渗锋面处的毛管吸力 h_c。由于湿润锋面是饱和土壤与非饱和土壤的交界面，故存在分子力和毛管力作用，一般可用毛管上升高度 h_c 来表示其大小，这种力的作用方向也是沿深度方向向下。

（4）下渗锋面以下的空气剩余压力，即下层空气压力 p 与大气压力差 p_0 之差 $p - p_0$。积水层表面要承受大气压力 p_0，下渗土柱底部还要受到由于下渗过程中水分进入而压缩孔隙中空气所产生的压力 p，这两个压力之差称为空气剩余压力，它也对下渗水柱产生作用，其方向沿深度向上。

因此，下渗水流所受到的总作用力（以水头表示）为

$$H = h_p + z + h_c - (p - p_0) \tag{5.46}$$

假设下渗土柱为半无限长，则可近似认为 $p - p_0 = 0$。若土柱表面积水也很薄，则 h_p 也可以忽略。由此，式（5.46）可简化为

$$H = z + h_c \tag{5.47}$$

因此，根据达西定律，有

$$f_p = K_s \frac{z + h_c}{z} = K_s \left(1 + \frac{h_c}{z}\right) \tag{5.48}$$

式中 f_p——下渗能力；

K_s——饱和水力传导度。

若下渗土柱的初始土壤含水量为 θ_0，饱和含水量为 θ_s，自下渗供水开始至 t 时刻，下渗水柱的长度达到 z，则在 $0 \sim t$ 时间内累积下渗水量 F 为

$$F = (\theta_s - \theta_0) z \tag{5.49}$$

将上式对时间 t 求导，则

$$f_p = \frac{dF}{dt} = (\theta_s - \theta_0) \frac{dz}{dt} \tag{5.50}$$

上式即为饱和下渗应满足的水量平衡方程式。

式（5.48）和式（5.50）构成了控制半无限土柱、均质土壤、供水充分、考虑了重力、分子力和毛管力对下渗作用、初始土壤含水量为 θ_0 的饱和下渗过程的微分方程组，对这个微分方程组求解即可得到基于饱和下渗理论的下渗曲线公式。

由式（5.50）可得到下渗过程中湿润锋面下移的速度为

$$V = \frac{dz}{dt} = \frac{f_p}{\theta_s - \theta_0} \tag{5.51}$$

将式（5.48）代入式（5.51），得

$$V = \frac{K_s}{\theta_s - \theta_0} \left(1 + \frac{h_c}{z}\right) \tag{5.52}$$

当下渗深度达到 z 时，下渗过程经历的时间应为

$$t = \int_0^z \frac{dz}{V} = \int_0^z \frac{dz}{\dfrac{K_s}{\theta_s - \theta_0} \left(1 + \dfrac{h_c}{z}\right)} = \frac{(\theta_s - \theta_0) h_c}{K_s} \left[\frac{z}{h_c} - \ln\left(1 + \frac{z}{h_c}\right)\right] \tag{5.53}$$

对 $\ln\left(1 + \dfrac{z}{h_c}\right)$ 做泰勒（Taylor）级数展开

$$\ln\left(1 + \frac{z}{h_c}\right) = \frac{z}{h_c} - \frac{1}{2}\left(\frac{z}{h_c}\right)^2 + \frac{1}{3}\left(\frac{z}{h_c}\right)^3 - \frac{1}{4}\left(\frac{z}{h_c}\right)^4 + \cdots \tag{5.54}$$

当 $z \leqslant h_c$ 时，可忽略式（5.54）中 3 阶以上的高次项。将式（5.54）右边前两项代入式（5.53），可得

$$z = \sqrt{\frac{2K_s h_c t}{\theta_s - \theta_0}} \tag{5.55}$$

将式（5.55）代入式（5.48），得

$$f_p = K_s + \sqrt{0.5 K_s h_c (\theta_s - \theta_0)}\, t^{-1/2} = K_s + A t^{-1/2} \tag{5.56}$$

其中

$$A = \sqrt{0.5 K_s h_c (\theta_s - \theta_0)}$$

式（5.56）就是基于饱和下渗理论的下渗曲线公式。对于特定的土壤，当初始含水量一定时，参数 K_s、h_c、$\theta_s - \theta_0$ 均为常数，f_p 值随 t 增大而减小。当 $t = 0$ 时，$f_p \to \infty$；当 $t \to \infty$ 时，$f_p \to K_s$，即 $f_c = K_s$，也就是说稳定下渗率等于渗透系数。上述公式具有一定的近似性。公式中的 h_c 实际上应该是基质势对应的力，计算时取其为最大值与实际情况不符。因为，只有当土壤含水量为 0 时基质势才最大，实际上土壤具有一定的初始含水量，锋面处的吸力小于最大值；因此，用式（5.56）进行计算时，所得 f_p 偏大。

5.5 经验下渗曲线公式

前面所讨论的下渗理论，虽然提供了揭示下渗规律和分析影响因素的工具，但具体推导过程均是对问题做了一定简化，所处理的下渗问题一般只限于简单情况，对于实际复杂情况应用起来误差较大。对通过观测实际问题取得的下渗资料，选配以合适的函数形式，并率定其中的参数，从而求得相应的下渗曲线，这种确定下渗曲线的途径称为经验途径。下面介绍一些有代表性的经验下渗曲线公式。

5.5.1 霍顿公式

霍顿根据均质单元土壤的下渗实验资料，认为当降雨持续进行时，土壤下渗能力逐渐减弱，下渗过程是一个消退的过程，消退的速率与剩余下渗能力成正比。在下渗过程中，任意时刻 t 的下渗能力 f_p 最终将变化到稳定的下渗能力 f_c，故在时刻 t 有待消退的剩余下渗能力为 $f_p - f_c$，而消退速率为 $\mathrm{d}f_p/\mathrm{d}t$。由于在下渗过程中 f_p 随时间减小，所以 $\mathrm{d}f_p/\mathrm{d}t$ 为负值。根据以上假定，得

$$-\frac{\mathrm{d}f_p}{\mathrm{d}t} = k(f_p - f_c) \tag{5.57}$$

对上式进行积分可得

$$\ln(f_p - f_c) = -kt + C \tag{5.58}$$

当 $t = 0$ 时，$f = f_0$，因此，上式可转换为

$$f_p = f_c + (f_0 - f_c)\mathrm{e}^{-kt} \tag{5.59}$$

式中　f_0——初始下渗能力；

　　　f_c——稳定下渗率；

　　　k——经验系数。

式（5.59）即为广受人们青睐的霍顿公式。式中，k、f_0、f_c 均与土壤性质有关，需要根据实测资料或实验资料分析确定。

5.5.2 菲利普公式

1957 年，菲利普依据他从理论上推导得到的式（5.42）的结构形式，拟定了下渗曲线经验公式

$$f_p = \sqrt{\frac{a}{2}} t^{-\frac{1}{2}} + f_c \tag{5.60}$$

式中　f_c——稳定下渗率；

　　a——经验系数。

式（5.60）实际上认为在下渗过程中，$(f_p - f_c)$ 与 $(F_p - f_c t)$ 成反比关系，即

$$f_p - f_c = \frac{\alpha}{F_p - f_c t} \tag{5.61}$$

从而得到常微分方程

$$\frac{dF_p}{dt} - f_c = \frac{\alpha}{F_p - f_c t} \tag{5.62}$$

解常微分方程式（5.62）就可得式（5.60）。

5.5.3　科斯加柯夫（Kostiakov）公式

1931 年，科斯加柯夫给出的下渗曲线经验公式为

$$f_p = \sqrt{\frac{a}{2}} t^{-\frac{1}{2}} \tag{5.63}$$

式中　a——经验系数。

式（5.63）实际上认为在下渗过程中，下渗能力 f_p 与累积下渗量 F_p 成反比，a 是它们的比例系数，有

$$f_p = \frac{a}{F_p} \tag{5.64}$$

即

$$\frac{dF_p}{dt} = \frac{a}{F_p} \tag{5.65}$$

解常微分方程式（5.65）就可得式（5.63）。

5.6　天然条件下的下渗

特定土壤的下渗曲线代表的是向土壤充分供水时的土壤水分下渗规律，反映的是土壤的水理性质。天然条件下，土壤的实际下渗率还与供水强度有关。

5.6.1　下渗与降雨强度的关系

在天然条件下，供水即降雨。降雨强度一般随时间不断变化，且常出现间歇。因此，在天然条件下，不可能保证在降雨期间都能按下渗能力下渗。根据下渗能力的概念，如果在降雨期间出现降雨强度小于当时的下渗能力时，则下渗率将等于降雨强度。只有当降雨强度等于或大于当时的下渗能力时，下渗率才会等于下渗能力。下面分两种情况讨论下渗与降雨强度的关系。

1. 降雨强度随时间不变的情况

（1）当 $i \geqslant f_0$ 时，满足充分供水的条件，各时刻均按下渗能力下渗（图 5.6 中 D 线）。

（2）当 $i \leqslant f_c$ 时，下渗率取决于降雨强度。下渗过程与降雨过程完全相同（图 5.6 中

A 线）。

（3）当 $f_c < i < f_0$ 时，即开始时的降雨强度小于下渗能力，下渗过程先与降雨强度
过程相同（图 5.6 中 B 线），全部降雨渗入土壤。随
着降雨历时的增长，下渗水量增加，土壤含水量也增
加，下渗能力将随之减小。但由于降雨强度不变，必
然会至某一时刻 t_p，下渗能力正好减小到等于降雨强
度。t_p 时刻以后，降雨强度大于下渗能力，按下渗能
力下渗，下渗过程与下渗能力过程相同（图 5.6 中 C
线）。

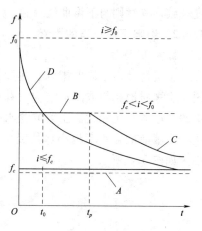

图 5.6　雨强不变时的下渗过程

在以上分析中，确定 t_p 是一个重要的问题。t_p
是降雨过程中正好出现降雨强度 i 等于下渗能力 f_p 的
时间。在降雨过程中，欲达到 $f_p = i$，就必须使下渗
的总水量达到 $\int_0^{t_0} f_p(t)\mathrm{d}t$。这里 t_0 满足 $i = f_p(t_0)$，
也就是在下渗曲线上 $f_p = i$ 时的时间。但实际上在降

雨过程中只有到 t_p 时刻才能够使下渗到土壤中的总水量等于 $\int_0^{t_0} f_p(t)\mathrm{d}t$，即有

$$it_p = \int_0^{t_0} f_p(t)\mathrm{d}t \quad t_0 = f_p^{-1}(i)$$

由此可得

$$t_p = \frac{1}{i}\int_0^{t_0} f_p(t)\mathrm{d}t \quad t_0 = f_p^{-1}(i) \tag{5.66}$$

2. 降雨强度随时间变化的情况

对于图 5.7（a），由于任一时刻的降雨强度都大于或等于同时刻的地面下渗能力，所
以下渗过程即为下渗曲线。对于图 5.7（e），由于任一时刻降雨强度都等于或小于同时刻
的地面下渗能力，所以下渗过程与降雨强度过程一致。对其余情况，例如图 5.7

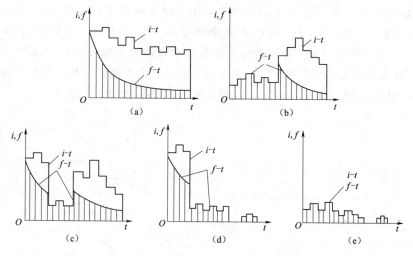

图 5.7　雨强随时间发生变化时的下渗过程

(b)、(c) 和（d），由于降雨过程中，有时出现降雨强度等于或小于同时刻的地面下渗能力，有时则出现降雨强度大于或等于同时刻的地表下渗能力，所以下渗过程有时与降雨强度一致，有时则与下渗曲线一致。

5.6.2 影响下渗过程的因素

1. 土壤特性

土壤特性对下渗的影响，主要取决于土壤的透水性能及土壤的前期含水率。一般来说，土壤质地越粗或团粒结构发育越好时，孔隙直径越大，其透水性能也就越好，相应土壤的下渗能力也越大。土壤的含水率决定着一定条件下土壤吸水能力及透水量的大小及变化。土壤前期含水率越小，其吸水能力越强，下渗率则越大；反之，湿润土壤的下渗率小，如图 5.8 所示。

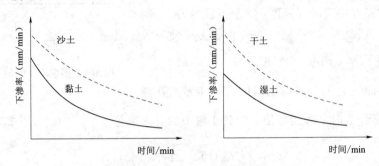

图 5.8 土壤质地和含水量对下渗率的影响

此外，土壤的分层结构也会影响水分的下渗，由于不同土壤的渗透系数和持水性差异，水分在两层土壤的界面会发生滞留现象。

2. 地形条件

地面起伏程度不同，则坡面漫流时的流速和汇流时间不同。一般来说，在相同条件下，地面坡度越大，漫流速度越快，历时越短，越不容易形成积水，下渗量就越小。如从机理上来分析，则地形坡度对下渗的影响通常是通过改变对地面的供水强度来体现的。如强度为 i 的一场降雨，若降落在平坦地面上，则对地面的供水强度仍为 i［图 5.9（a）］。但如降落在坡角为 α 的坡地上，则供水强度将变为 $i\cos\alpha$［图 5.9（b）］。由于 $0° < \alpha < 90°$，故 $i\cos\alpha < i$。所以同样的降雨强度 i 降落在平坦地面上形成的对下渗的供水强度是大于降落在坡面上形成的对下渗的供水强度的。此外，平坦地面显然比坡面更易形成积水深，这也是同样降雨条件下，平坦地面比坡面更有利于下渗的一个原因。

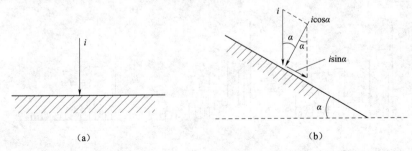

图 5.9 坡度对下渗的影响

除以上因素外，下渗过程还会受到地面覆盖物、耕作措施以及下渗水质等因素的影响。

小 结 与 思 考

1. 简述下渗的概念及物理过程。

2. 简述下渗过程中，干燥土壤不断趋向饱和进程中下渗的三个阶段。

3. 充分供水时，干燥土壤下渗后的土壤水分剖面可以分为几个水分带？各水分带的土壤含水率有何分布特征？

4. 忽略重力作用且扩散率为常数时，下渗定解问题的数学模型如何表达？

5. 考虑重力作用且扩散系数和渗透系数均为含水量的函数时，下渗定解问题的数学模型如何表达？

6. 简述饱和下渗理论的基本假定。

7. 简述天然条件下的下渗过程。

8. 一次降雨过程中，下渗是否能按照下渗能力下渗？为什么？

线 上 内 容 导 引

★　下渗实验（PPT）

★　下渗计算

★　线上互动

★　知识问答

第6章 蒸发与散发

蒸发与散发是指水文循环中自降水到达地面后由液态或固态转化为水汽返回大气的过程。据统计，年内的降水约有 60% 消耗于蒸发与散发。显然，蒸发与散发是水文循环的又一重要环节，从径流形成来看，蒸发与散发是一种损失，蒸发与散发的研究对于水利工程的规划设计以及水量平衡计算均有重要的意义。

6.1 基 本 概 念

蒸发与散发是发生在具有水分子的物体表面上的一种水分运动现象。具有水分子的物体表面称为蒸发面。根据水分所在蒸发面性质的不同，蒸散发一般可以分为水面蒸发、土壤蒸发和植物散发三类。水面蒸发就是发生在水体包括江河、湖泊、海洋等表面的蒸发。土壤蒸发则是发生在土壤表面的蒸发现象。发生在植物茎叶表面的水分逸出现象称为植物散发。由于植物散发和土壤蒸发很难分开，通常将植物散发与土壤蒸发统称为陆面蒸发。流域的表面一般包括水面、土壤和植物覆盖等，当把流域作为一个整体，则发生在这一蒸发面上的蒸发称为流域总蒸发，或流域蒸散发，它是流域内各类蒸发的综合。

水面蒸发是最简单的蒸发方式。水体中的水分子总是处在不停的运动之中。当水面上一些水分子获得的能量大于水分子之间的内聚力时，就会突破水面而跃入空气之中，这就是蒸发现象。另外，也会有一些水汽分子同时从空气中返回水面，这就是凝结现象。凝结是由于水面上空气中的水汽分子受到水分子的吸引力的作用或本身受冷的作用而产生的。因此，蒸发和凝结是同时发生、具有相反物理过程的两种现象（图 6.1）。

蒸发必须消耗能量，单位水量蒸发到空气中所需的能量称为蒸发潜热。凝结则要释放能量，单位水量从空气中凝结返回水面释放的能量称为凝结潜热。物理学已经证明，蒸发潜热与凝结潜热相同，均可按下式计算：

$$L = 2491 - 2.177 t_w \qquad (6.1)$$

式中 L——蒸发或凝结潜热，J/g；

t_w——水面温度，℃。

单位时间从单位面积蒸发面逸散到大气中的水分子数与从大气中返回到蒸发面的水分子数之差值（当为正值时）称为蒸发率，通常用时段蒸发量表示之，常用单位为 mm/d、mm/月、mm/a 等，蒸发率是对蒸发现象的定量描述。

随着蒸发的不断进行，从水面跃入空气

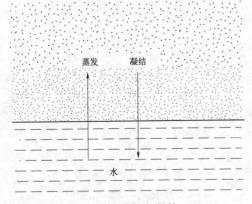

图 6.1 蒸发与凝结

中的水汽分子越来越多，以致水面以上大气中的水汽含量越来越多，水汽压也就越大，水面与空气中的水汽压差减小，水汽分子由水面进入大气的速率明显减小，而空气中的水汽分子返回水面的速率则明显增大。对于一个封闭的系统来说，当两者进行到一定程度时，必然会出现跃出水面的水汽分子数等于进入水面的水汽分子数，此时空气与水面的水汽压差为零，蒸发因此停止。水汽压差为零时，空气中的水汽分子达到饱和，此时的水汽压称为饱和水汽压。如果水面的温度继续增加，空气中的蒸发又开始进行，直到空气中的水汽分子再次达到饱和为止。因此，对于封闭的自由水面来说，蒸发速率主要取决于水面和水面以上大气之间的水汽压差。

在自然条件下，由于空气的体积是无限的，水面上空气中的水汽分子存在一定的浓度梯度，由水面进入大气的水汽分子会通过空气对流、紊动以及水汽的扩散等作用不断地沿梯度方向向上输送，从而减少了水面以上空气中的水分子数，降低了水汽压，使其很难达到饱和的状态，因此实际上不可能出现空气与水面的水汽压差为零的情况。

由上述蒸发的物理过程可知，蒸发率的大小取决于三个条件：一是蒸发面上储存水分多少，这是蒸发的供水条件；二是蒸发面上水分子获得的能量多少，这是水分子脱离蒸发面向大气逸散的能量供给条件；三是蒸发面上空水汽输送的速度，这是保证向大气逸散的水分子数量大于从大气返回蒸发面的水分子数量的动力条件。供水条件与蒸发面的水分含量有关，不同的蒸发面，供水条件也不一样。例如水面作为蒸发面就有足够的水分供给蒸发。裸土表面作为蒸发面只有当土壤含水量达到田间持水量以上时，才能有足够的水分供给蒸发，否则对土壤蒸发的供水就会受到限制。天然条件下供给蒸发的能量主要来自太阳能。动力条件一般来自三个方面：其一是水汽分子扩散作用，其作用力大小及方向取决于大气中水汽含量的梯度，但在一般情况下水汽的分子扩散作用不大；其二是上、下层空气之间的对流作用，这是由于近蒸发面的气温大于其上层气温而形成的，对流作用将近蒸发面的暖湿空气带离蒸发面上空，而使其上空的干冷空气下沉到近蒸发面，因而促进了蒸发作用；其三是空气紊动扩散作用。刮风时，空气发生紊动，风速越大，紊动作用也越大。紊动作用将使蒸发面上空的空气混合作用大大加快，将空气中的水汽含量冲淡，从而大大促进了蒸发作用。空气紊动扩散作用，由于主要由风引起，所以也称空气平流作用。

影响蒸发率的能量条件和动力条件均与气象因素，例如日照时间、气温、饱和差、风速等有关，故又可将它们合称为气象条件。

在供水不受限制，也就是供水充分的条件下，单位时间从单位面积蒸发面逸散到大气中的水分子数与从空气返回到蒸发面的水分子数之差值（当为正值时）称为蒸发能力，又称蒸发潜力或潜在蒸发。显然，蒸发能力只与能量条件和动力条件有关，而且总是大于或等于同气象条件下的蒸发率。

6.2　水　面　蒸　发

6.2.1　影响水面蒸发的因素

根据蒸发的发生机制，可将影响蒸发的因素分为两大类：一类是气象因素，包括太阳辐射、温度、湿度、饱和水汽压差、风速等；另一类是水体自身的因素，包括水面面积、水深、水质等因素。

（1）太阳辐射。蒸发所需的能量主要来自太阳辐射，尤其对水面蒸发来说，太阳辐射几乎都用于蒸发，因此，太阳辐射是影响蒸发的主要因素。太阳辐射有日变化、季节变化和年际变化，水面蒸发也会随着这些变化而发生相应的变化。

（2）温度。随着水温的增加，水分子的运动速度会加快，从而更易于逸出水面，水面蒸发量会随着水面温度的增加而增加。而直接影响水温的主要因素是气温，所以气温的变化会影响水面蒸发的变化。但由于水面蒸发的影响因素较为复杂，气温的变化有时与水面蒸发规律并不十分一致。

（3）湿度。当水面上方大气的湿度增加时，其中的水汽分子数量增加，则饱和水汽压差减小，水面与大气的水汽压差越小，水分子由水面逸出的速度越慢。因此，在相同条件下，空气湿度越小，水面蒸发量越大。同时，湿度的变化与气温也有着十分密切的关系。

（4）饱和水汽压差。饱和水汽压差是指水面温度的饱和水汽压与水面上空一定高度的实际水汽压间的差值。一般来说，空气密度越大，单位体积的水汽分子数量越多，水汽压就越大；反之则越小。大气的水汽压越大，水面与大气的水汽压差就越小，水面蒸发量也越小。

（5）风速。风能够加强空气之间的对流和交换，使水面上空的水汽分子不断被带走，从而保证蒸发面与上空始终保持一定的水汽压差，使得蒸发持续进行。在一定范围内，风速越大，空气流动越快，越有利于水汽在空气中的对流和交换，从而增加水气界面的水汽压差，越有利于水面的蒸发。但当风速达到一定程度时，水面的蒸发趋于稳定，此时影响相对较小。同时当冷空气到来时，风速增加不仅不会促进水面蒸发，相反还会减少蒸发，甚至导致凝结。

（6）水面面积。水体蒸发表面是水分子汽化时必经的通道，一般来说，水面越大，则蒸发量越大，蒸发作用进行得越快。对于局部区域来说，水面面积越大，其水汽越不容易被带离水面区域，水面上空的水汽含量越多，越不利于水面蒸发的进行。

（7）水深。水体的深浅对水面蒸发也有一定的影响。总的来说，春夏两季浅水水面蒸发量大，秋冬两季则相反。这是因为水深若较浅，水体的上、下部分交换相对比较容易，混合充分，水体各部分温差小，整个水体温度几乎相同，并与气温变化步调基本一致，对水面蒸发的影响较为显著。春夏两季气温较高，水温也较高，水面蒸发量大，秋冬两季水面蒸发量则较小。水深较大时，水温在 $0\sim4℃$ 之间变化时，水体存在"热缩冷胀"的效应，从而使水体上下部分产生对流作用；当水温超过 $4℃$ 时，对流作用停止。此外，水深大则水体蕴藏的热量也大，这对水温将起到一定调节作用，使水面蒸发量随时间的变化显得比较稳定。

（8）水质。水面蒸发不仅会受到水体数量的影响，而且还会受到水质的影响，即水中浴解溶质多少的影响。一般来说，水中溶质的浓度越大，水体蒸发量越小，比如海水比淡水的蒸发量小 $2\%\sim3\%$，这是由于溶质的存在而减小了单位水面面积内水分子的数量，即在本质上减小了纯水面的蒸发面积，从而减小了水体的蒸发量。

此外，水体蒸发表面若有杂物覆盖，水体表面接收的太阳辐射就会减少，水体蒸发量也会随之减小。

6.2.2 水面蒸发量的确定方法

6.2.2.1 器测法

水面蒸发是在充分供水条件下的蒸发，其蒸发量可以用蒸发皿或蒸发池直接测定。目前国内水文气象站网主要使用 $\Phi20$ 型、$\Phi80$ 型、E601 型蒸发器（皿），以及水面面积为 $20m^2$ 和 $100m^2$ 的大型蒸发池等进行水面蒸发量的观测。其中 E601 型蒸发器稳定性较好，是目前水文部门普遍采用的观测仪器。每日 8 时观测一次蒸发器（当日 8 时至次日 8 时）的蒸发水深，可获得一日水面蒸发量。一月中每日蒸发量之和为月蒸发量，一年中每日蒸发量之和为年蒸发量。

器测法简单实用，是一种常用的方法，但由于水面蒸发器的口径、水深、材料、安装方式、颜色等都对蒸发量的测试结果有很大的影响。因此，所测出的水面蒸发量需通过折算，才能得到天然水面蒸发量。国内外资料分析认为，$20m^2$ 和 $100m^2$ 的大型蒸发池所测得的水面蒸发量比较接近自然条件下水体的蒸发量，因此根据蒸发器和大型蒸发池的观测成果，可推求出折算系数 K：

$$K = \frac{E_{池}}{E_{器}} \tag{6.2}$$

则
$$E_{池} = KE_{器} \tag{6.3}$$

折算系数因仪器类型、地方环境和气候条件的不同而异。大致冬季小于夏季，而各月和各年的也不一样，需实测确定。国内一些资料分析研究认为，平均折算系数随蒸发器的直径而变，蒸发器直径大者，折算系数亦大，如 E601 型蒸发器与大水体水面蒸发值之间的折算系为 0.9～0.99，$\Phi80$ 型的折算系数小一些，$\Phi20$ 型的折算系数最小。当蒸发器直径超过 3.5m 时，折算系数近于 1.0。通常折算系数小于 1.0，但由于仪器设置的具体情况和其他条件的影响，也会出现大于 1.0 的情况。

6.2.2.2 理论计算方法

除器测法确定水面蒸发外，还可以根据物理学、气象学和水文学的基本知识和基本定律来构建水面蒸发计算方法，即依据理论途径计算水面蒸发，称为理论方法，包括根据热量平衡原理建立的方法，称为热量平衡法；根据大气扩散理论建立的方法，称为空气动力学法；既考虑热量平衡原理又考虑大气扩散理论建立的方法称为混合法；根据水量平衡原理建立的方法称为水量平衡法。

1. 热量平衡法

水面蒸发不仅是水交换过程，也是热量交换的过程。热量平衡法正是基于热量交换基础，根据能量守恒这一基本原理建立起来的。

根据能量守恒定律，对于某一水体来说，在某一时段内，有

$$Q_n - Q_h - Q_e + Q_v = Q_w \tag{6.4}$$

式中　Q_n——时段内水体所接收的太阳净辐射能量；

Q_h——时段内水体的热传导损失热量；

Q_e——时段内蒸发所消耗的热量；

Q_v——时段内出入流所引起的水体热量变化量；

Q_w——时段内水体自身的热量变化量。

由于 Q_h 不易观测和计算，引进鲍文比（Bowen ratio），即

$$\beta = \frac{Q_h}{Q_e} \tag{6.5}$$

依据气象学知识，可由下面公式确定式（6.5）中的鲍文比

$$\beta = \gamma \frac{t_0 - t_a}{e_0 - e_a} \frac{p}{1000} \tag{6.6}$$

式中　γ——温度计常数，当温度以℃计、水汽压以 mbar（毫巴）计时，$\gamma = 0.66$；

　　　p——大气压，mbar；

　　　t_a——气温，℃；

　　　e_a——水汽压，mbar；

　　　t_0——水面温度，℃；

　　　e_0——相应于水面温度下的饱和水汽压，mbar；

$e_0 - e_a$——饱和差，mbar。

　　将式（6.5）代入式（6.4），得

$$Q_n - (1 + \beta)Q_e + Q_v = Q_w \tag{6.7}$$

　　将 $Q_e = \rho_w L E_w$ 代入式（6.7），得

$$E_w = \frac{Q_e}{\rho_w L} = \frac{Q_n + Q_v - Q_w}{\rho_w L (1 + \beta)} \tag{6.8}$$

式中　E_w——时段内水面蒸发率；

　　　L——蒸发潜热；

　　　ρ_w——水的密度。

　　式（6.8）即为基于热量平衡原理的水面蒸发计算公式。

　　太阳实际照射时间与大气层顶太阳照射时间之比值称为日照 S。由于 Q_n 与日照 S 有关，Q_w 和 β 主要与气温 t_a 有关，故上述基于热量平衡原理的计算水面蒸发时所需要考虑的影响因素主要有日照 S 和气温 t_a，即

$$E_w = f(S, t_a) \tag{6.9}$$

2. 空气动力学法

　　根据气体扩散理论，水体表面的水汽输送量，即单位时间流过单位面积的水汽量，与大气中垂直向上方向水汽含量的梯度密切相关，对于水面蒸发，显然有

$$E_w = -\rho K_w \frac{\mathrm{d}q}{\mathrm{d}z} \tag{6.10}$$

式中　ρ——湿空气密度；

　　　q——大气比湿；

　　　K_w——大气紊动扩散系数；

　　　z——从水面垂直向上的距离；

其余符号意义同前。

　　已知大气比湿 q 与距水面高度 z 处水汽压 e 的关系为

$$q \approx 0.622 \frac{e}{p} \tag{6.11}$$

式中 p——大气压。

将式 (6.11) 代入式 (6.10)，得

$$E_w = -0.622K_w \frac{\rho}{p} \frac{\mathrm{d}e}{\mathrm{d}z} \qquad (6.12)$$

利用空气紊动力学的一系列关系式，可将式 (6.12) 演化为

$$E_w = \left(\frac{K_w \rho \overline{u}_2}{K_m p}\right) f[\ln(z_2/k_s)](e_0 - e_2) \qquad (6.13)$$

式中 K_m——紊动黏滞系数；

$\quad\quad \overline{u}_2$——水面以上 z_2 高度处的平均风速；

$\quad\quad k_s$——表面糙度的线量度；

$\quad\quad e_2$——水面以上 z_2 高度处的水汽压；

$\quad f(\cdot)$——函数关系；

其余符号意义同前。

式 (6.13) 就是基于扩散理论推导所得到的水面蒸发计算公式，又称为空气动力学公式，它还可以表达为更简洁的形式

$$E_w = A(e_0 - e_2) \qquad (6.14)$$

其中

$$A = \left(\frac{K_w \rho \overline{u}_2}{K_m p}\right) f[\ln(z_2/k_s)] \qquad (6.15)$$

式 (6.13) 表明，水面蒸发与饱和差 $d = (e_0 - e_2)$ 成正比。这个结论与道尔顿 (Dulton) 在 19 世纪提出的道尔顿定律是一致的。由式 (6.15) 可知，式 (6.14) 中之 A 是风速函数与表面糙度函数的乘积。对某一具体水体而言，A 可视为只与风速函数有关。

道尔顿定律的常用形式还有

$$E_0 = f(u)(e_0 - e_a) \qquad (6.16)$$

或

$$E_a = f'(u)(e_s - e_a) \qquad (6.17)$$

式中 E_0——由水面温度求得的水面蒸发；

$\quad\quad E_a$——由气温求得的水面蒸发；

$\quad\quad e_s$——相应于气温的饱和水汽压；

$f(u)$、$f'(u)$——风速函数。

其余符号意义同前。

由式 (6.16) 可知，利用空气动力学法确定水面蒸发主要考虑了饱和差与风速 u 对水面蒸发的影响，即

$$E = f(d, u) \qquad (6.18)$$

3. 混合法

热量平衡法虽然考虑了影响水面蒸发的热量条件，但只考虑了水汽扩散这一动力条件对水面蒸发的影响，并未考虑风速；而空气动力学法在估算水面蒸发量时仅考虑了风速和水汽扩散，对太阳辐射这一热量条件未予考虑。因此，如果能够将这两种方法结合起来，取长补短，则就可以得到一个较好的计算水面蒸发的公式。1948 年，彭曼 (Penman) 首先进行了这方面的研究，并提出了同时应用能量平衡原理和空气紊流理论而推导出的计算

水面蒸发量的混合法。

在式（6.7）中，若认为 Q_w 和 Q_v 大体相等，则由热量平衡原理推导所得到的水面蒸发量计算公式可简化为

$$E_w = \frac{Q_n'}{(1+\beta)} \tag{6.19}$$

其中

$$Q_n' = \frac{Q_n}{L\rho_w} \tag{6.20}$$

将式（6.19）代入式（6.6），并考虑到式（6.20）和 $p=1000\text{mbar}$，则有

$$E_0 = \frac{Q_n'}{1+\gamma\dfrac{t_0-t_a}{e_0-e_a}} \tag{6.21}$$

式（6.21）是按水面温度来求水面蒸发量的，因此将 E_w 改为 E_0。

已知

$$t_0 - t_a = (e_0 - e_s)/\Delta \tag{6.22}$$

其中

$$\Delta = \frac{4098\left[0.6108\exp\left(\dfrac{17.27t_a}{T+237.3}\right)\right]}{(t_a+237.3)^2} \tag{6.23}$$

式中 Δ——气温为 t_a 时饱和水汽压曲线坡度。

不同气温 t_a 所对应的 Δ 值可由附表 1 查得。

将式（6.22）代入式（6.21），得

$$E_0 = \frac{Q_n'}{1+\dfrac{\gamma}{\Delta}\dfrac{e_0-e_s}{e_0-e_a}} \tag{6.24}$$

对于式（6.16）和式（6.17），如果假设 $f'(u)=f(u)$，则有

$$\frac{E_a}{E_0} = \frac{e_s-e_a}{e_0-e_a} \tag{6.25}$$

因此，将式（6.25）代入式（6.24），经化简整理后，最终得

$$E_0 = \frac{\Delta}{\Delta+\gamma}Q_n' + \frac{\gamma}{\Delta+\gamma}E_a \tag{6.26}$$

式（6.26）就是确定水面蒸发的混合法的基本公式，称为彭曼公式。不难看出，彭曼公式由两部分加权平均而得，其中第一部分为水体吸收净辐射热量引起的蒸发，第二部分为风速和饱和差引起的蒸发。当用式（6.26）推求水面蒸发时，必须先建立所在地区的净辐射 Q_n' 的计算公式和 E_a 的计算公式。其中 Q_n' 可用以下经验公式计算

$$Q_n' = 0.95R_a(0.18+0.55n/N) - \sigma t_a^4(0.56-0.09\sqrt{e_a})(0.10+0.90n/N) \tag{6.27}$$

式中 R_a——大气层顶的太阳辐射，取决于纬度和季节，可由附表 2 查得；

$\quad n$——实际日照时数；

$\quad N$——大气层顶的理论日照时数，可由附表 3 查得；

$\quad \sigma$——斯蒂芬-波尔兹曼常数，$5.67\times10^{-8}\text{W}/(\text{m}^2 \cdot \text{K}^4)$；

t_a——以绝对温度表示的气温，K。

E_a 可用下式计算：

$$E_a = 0.35(1 + u_2/100)(e_s - e_a) \qquad (6.28)$$

式中 u_2——水面以上 2m 高处风速；

e_s——相应于气温的饱和水汽压，可由附表 4 查得。

由彭曼公式计算所得到的蒸发更接近实际蒸发，但在使用彭曼公式时，由于所需的气象资料较多，如气温、相对湿度、风速等，然而许多地区的气象站还难以提供这种完整的数据，这在很大程度上限制了该公式的应用。在未来气候变化预测情景中大多都只提供了月平均最高温度、最低温度和降雨资料，难以使用彭曼公式计算未来气候变化对蒸发的影响。

4. 水量平衡法

自然界中的任何物质都满足质量守恒定律，对于水体来说也是如此。如任取一水体，其必满足如下的水量平衡方程式

$$W_2 = W_1 + \overline{I}\Delta t - \overline{O}\Delta t + P - E_w \qquad (6.29)$$

式中 W_1、W_2——时段初、末水体蓄水量；

$\overline{I}$——时段内进入水体的平均入流量；

$\overline{O}$——时段内水体的平均出流量；

P——时段内水面上的降雨量；

E_w——时段内水面的蒸发量；

Δt——计算时段。

由式（6.29）可进一步得出

$$E_w = P + \overline{I}\Delta t - \overline{O}\Delta t - (W_2 - W_1) \qquad (6.30)$$

式（6.30）即为基于水量平衡原理计算水面蒸发量的计算公式。

与其他方法相比，水量平衡法简单明了，但当计算时段较短时，蒸发量可能相对于其他各项相对较小，计算的误差则较大。因此，水量平衡法通常应用于较长时段内流域面积上水面蒸发的计算。

6.2.2.3 经验公式法

水面蒸发的影响因素很多，实际生产中情况较为复杂，理论计算方法往往不能全面考虑各种因素，同时参数的确定对观测项目和仪器要求也较高，在实际应用中较为困难。人们在实际应用中常常根据实际环境情况采用根据实测数据总结出来的经验公式对水面蒸发量进行估算。目前，多数经验公式都是以道尔顿定律为基础而建立的。

1942 年，由迈耶（Mayer）提出的计算水面蒸发的经验公式为

$$E_w = C(e_{ws} - e_a)\left(1 + \frac{u}{10}\right) \qquad (6.31)$$

式中 E_w——水面蒸发量，in/d(2.54cm/d)；

e_{ws}——水面温度下的饱和水汽压，mbar；

e_a——空气水汽压，mbar；

u——风速，m/s；

C——经验系数，一般取 $C=0.36$。

1966 年，华东水利学院对国内大型蒸发池观测资料进行综合分析后，提出了如下的经验公式

$$E_w = 0.22\sqrt{1+0.31u_{200}^2}(e_{ws}-e_{200})\qquad(6.32)$$

式中　E_w——水面蒸发量，m/d；

$\quad\ e_{ws}$——水面温度下的饱和水汽压，mbar；

$\quad e_{200}$——水面以上 2m 处的实际水汽压，mbar；

$\quad u_{200}$——水面以上 2m 处的风速，m/s。

以上公式的基本特征是以风速、水汽压等主要气象因子作为参数，其他因子统一作为相关系数来考虑。

经验公式一般是在缺乏实测资料的情况下应用的。同时每个经验公式都有其适用条件，在具体应用时应加以注意。

6.3　土 壤 蒸 发

土壤蒸发是土壤中所含水分以水汽的形式进入大气的现象，土壤蒸发过程是土壤失去水分的过程或干化过程。土壤是一种有孔介质，具有吸收、保持和输送水分的能力，土壤蒸发还受到土壤水分运动的影响。因此，土壤蒸发比水面蒸发复杂。土壤蒸发视土壤含水量大小，既可以是充分供水蒸发，也可以是不充分供水蒸发。土壤饱和时属充分供水蒸发，反之属不充分供水蒸发。

6.3.1　土壤蒸发过程

土壤的蒸发过程大体上分为三个阶段，如图 6.2 所示。

（1）第一阶段（Ⅰ）。土壤含水量大于田间持水量时，土壤十分湿润，并存在自由重力水。土壤层中的毛细管上下沟通，水分在毛细管作用下，不断快速地向地表运行，水分供应十分充足，水分在地表汽化、扩散，差不多有多少水分从土壤表面逸散到大气中去，就会有多少水分从土层内部输送至表面来补充，这种情况属于充分供水条件下的土壤蒸发。此时的蒸发量大而稳定，蒸发量仅取决于气象因素。随着土壤蒸发的不断进行，土壤含水量逐渐减少，当土壤含水量小于田间持水量后，土壤蒸发进入第二阶段，其分界点 A 的含水量称为上临界土壤含水量，其值近似于田间持水量。

（2）第二阶段（Ⅱ）。在该阶段，土壤含水量小于田间持水量，随着土壤蒸发的持续进行，毛管水的连续状态不断遭到破坏，毛细管的传导作用不断减弱，向上输送水分的强度降低，通过毛细管输送到土壤表面的水分因此而

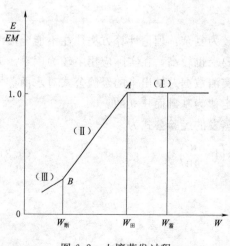

图 6.2　土壤蒸发过程

不断减少。当土壤含水量减少到毛管断裂含水量以后，土壤蒸发进入下一阶段。在第二阶段，土壤蒸发的特点是供水不充分，土壤蒸发率随土壤含水量的减小而降低，即实际蒸发量与气象因素和土壤含水量有关，一般假定这一阶段的土壤蒸发量与土壤含水量成正比关系。随着蒸发过程的持续，土壤含水量不断减小，直至减小到下临界土壤含水量 B，其值近似于毛管断裂含水量。

（3）第三阶段（Ⅲ）。在该阶段土壤含水量小于毛管断裂含水量，毛管水连续状态被破坏，依靠毛管作用向土壤表面输送水分的机制将遭到完全破坏，毛细管的传导作用停止，水分只能以薄膜水或气态水的形式向土壤表面移动。此时土壤内部水分通过汽化，并经土壤孔隙向大气运行，因而蒸发主要为水汽扩散输送。由于这种仅依靠分子扩散而进行水分输移的速度十分缓慢，数量也很少，所以本阶段土壤的蒸发强度很小，并且比较稳定。本阶段土壤蒸发过程，气象因素和土壤含水量均不起明显作用，实际蒸发取决于下层土壤性质和地下水埋深。

6.3.2 土壤蒸发量的确定方法

确定土壤蒸发量的方法一般有两种途径：一种是器测法，即通过专门设计的仪器直接测定土壤蒸发量；另一种是从土壤蒸发的物理概念出发，以水量平衡、热量平衡、乱流扩散等理论为基础，建立影响蒸发主要因素的半理论半经验或纯经验公式来计算土壤的蒸发量。

1. 器测法

土壤蒸发器种类很多，图6.3所示为目前常用的 ГГN-500 型土壤蒸发器。蒸发器有内外两个铁筒。内筒用来切割土样和装填土样，内径25.2cm，面积500cm²，高50cm，筒下有一个多孔活动底，以便装填土样。外筒内径26.7cm，高60cm，筒底封闭，埋入地面以下，供放置内筒用。内筒下有一集水器，承受蒸发器内土样渗漏的水量。内筒上接一个排水管和径流筒相通，以接纳蒸发器上面所产生的径流量。另设地面雨量器，器口面积500cm²，以观测降雨量。定期对土样称重，再按下式推算时段蒸发量：

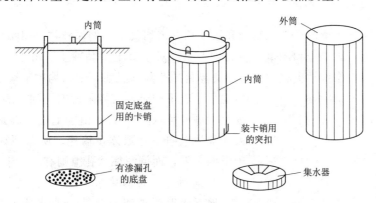

图 6.3 ГГN-500 型土壤蒸发器

$$E_s = 0.02(G_1 - G_2) - (R + q) + P \tag{6.33}$$

式中 G_1、G_2——时段初、末筒内的土样质量，g；

P——观测时段内的降雨量，mm；

R——观测时段内产生的径流量，mm；

q——观测时段内渗漏的水量，mm；

0.02——蒸发器单位换算系数。

由于器测时器内土壤本身的热力条件与天然情况不同，其水分交换与实际情况差别较大，且器测法只适用于单点，所以，观测结果只能在某些条件下应用或仅作参考，对于较大面积的情况，因下垫面条件复杂，难以分清土壤蒸发和植物散发，所以器测法很少在生产上具体应用，多用于蒸发规律的研究。

2. 经验公式法

计算土壤蒸发量的经验公式形式与水面蒸发相似，可写作

$$E_s = D_s(e'_s - e_a) \tag{6.34}$$

式中 D_s——质量交换系数，其值取决于气温、湿度、风等气象条件；

e'_s——土壤表面水汽压，当表土饱和时等于饱和水汽压 e_s，hPa；

e_a——土壤表面大气中水汽压，决定于气象条件，hPa。

建立 D_s 的经验公式后就可利用式（6.34）估算土壤蒸发量。经验公式具有地区性，移用到别处需用当地实测资料进行验证。

6.3.3 影响土壤蒸发的因素

影响土壤蒸发的因素可分为两类：一是气象因素；二是土壤特性。气象因素影响土壤蒸发的原理与水面蒸发相同。以下从土壤孔隙性、与地下水位的关系和温度梯度等方面来讨论土壤特性对土壤蒸发的影响。

1. 土壤孔隙性

土壤的孔隙性一般指孔隙的形状、大小和数量。土壤孔隙性是通过影响土壤水分存在形态和连续性来影响土壤蒸发的。一般而言，直径为 0.001～0.1mm 的孔隙，毛管现象最为显著。直径大于 8mm 的孔隙不存在毛管现象。直径小于 0.001mm 的孔隙只存在结合水，也没有毛管现象发生。因此，孔隙直径在 0.001～0.1mm 的土壤的蒸发显然要比其他情况大。

土壤孔隙性与土壤的质地、结构和层次均有密切关系。例如砂粒土和团聚性强的黏土的蒸发要比砂土、重壤土和团聚性差的黏土小。对于黄土型黏壤土，由于毛管孔隙发达，所以蒸发很大。在层次性土壤中，土层交界处的孔隙状况明显地与均质土壤不同，当土壤质地呈上轻下重时，交界附近的孔隙呈酒杯状；反之，则呈倒酒杯状（图6.4）。由于毛管力总是使土壤水从大孔隙体系向小孔隙体系输送，所以酒杯状孔隙不利于土壤蒸发，而倒酒杯状孔隙则有利于土壤蒸发。

2. 与地下水位的关系

地下水埋深越浅，毛管上升水距土壤表面越近，则越有利于向土面输送水分，土壤蒸发也越大。地下水埋深越大，毛管上升水的上界面距地下水位越远，则向土壤表面输送水分越困难，土壤蒸发就越小。总之，随着地下水埋深的增加，土壤蒸发呈递减趋

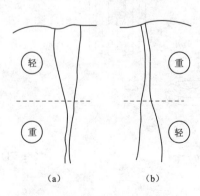

图6.4 土壤层次与孔隙形状

（a）　　　（b）

势（图6.5）。

3. 温度梯度

土壤温度梯度首先影响到土壤水分运行方向。温度
高的地方水汽压大、表面张力小；反之，则温度低、水
汽压小、表面张力大。气态水总是从水汽压大的地方向
水汽压小的地方运行，液态水总是从表面张力小的地方
向表面张力大的地方运行。因此，土壤水分将由温度高
的地方向温度低的地方运行。但参与运行的水分的多少
与初始土壤含水量有关。土壤含水量太大或太小，参与
运行的水分都较少，只有在土壤含水量大体相当于毛管
断裂含水量的中等含水量时，参与运行的水分才比较
多。土层中高含水量区域的形成也与温度梯度有关，因

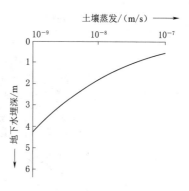

图6.5 土壤蒸发与地下水
埋深的关系

为温度梯度的存在，会在蒸发层下面发生水汽浓集过程。所以，当土壤中存在冻土层时，
土壤水分也是向冻土层运行，在冻土层底部形成高含水量带，而在冻土层以下土壤含水量
相对较低。

6.4 植 物 散 发

植物从土壤中吸取水分，然后输送到茎和叶面，大部分水分从叶面和茎逸散到空气
中，这就是散发现象。所以散发是蒸发面为植物叶面和茎的一种蒸发。

6.4.1 植物的基本构造

植物散发与植物的生理作用有关，而植物的生理作用又与它的基本构造相关。植物由
根、茎、叶三部分构成。

植物的根在散发中特别起作用的部分是根毛，根毛很多，也很细，会形成一个根毛
区。有些植物在$1cm^2$根毛区里甚至有成千上万条根毛。每条根毛内部都存在导管，与茎
和叶里面的导管相连通。根毛能将从土壤中吸取的水分和无机盐养分通过导管输送到植物
的茎，再输送到植物的叶。

茎的组成相对比较简单，里面主要有导管和筛管。茎的作用就是一个通道。茎中的导
管与根中的导管相通，用于输送水分和无机盐；筛管则能将植物体自身形成的一些有机
物，从植物的茎部输送到植物的叶部。

植物的叶（图6.6）由表皮、叶肉和叶脉组成。叶的表皮分为上表皮和下表皮，叶肉
是叶的主体，是上、下表皮之间的组织。叶肉里排列着很多叶绿体，形成许多气孔，上、
下表皮则形成一些气腔，一般上表皮的气腔多于下表皮的气腔。气腔两边各有一个形状似
半月形的细胞，这两个细胞就像气腔的两个"卫士"，称为保卫细胞，控制气腔的开启和
关闭。叶里的导管和筛管分别与茎中的导管和筛管相通，起着输送水分、无机盐和有机物
的作用。

6.4.2 植物散发过程

植物根系能从土层中吸收水分，是因为植物根系的细胞液浓度与土壤水分浓度差产生

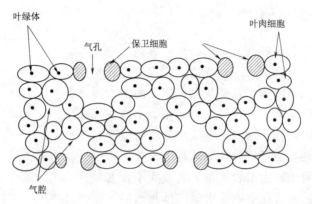

图 6.6 植物叶的内部构造

的渗透压可高达 10 个大气压以上，足以使土壤水分从根膜流入根细胞内。进入根系的水分，在根细胞的生理作用产生的根压和蒸腾拉力的作用下，在根茎、叶柄和叶脉内移动到达植物叶面。叶面表皮有许多气孔，当气孔张开时，水分逸出后进入大气，这就是散发过程。

叶面气孔能随外界条件变化而收缩，从而控制蒸发的强弱，甚至关闭气孔。气孔的这种调节作用，只有在气温 45℃ 以内才发生，气温达 45℃ 以上时气孔失去调节能力。气温在 45℃ 以上，叶面表皮气孔全开，植物由于散发消耗大量水分，加上天气炎热，空气极端干燥，植物就会枯萎死亡。植物散发的水分很大，其中约 0.01% 用于光合作用，约不到 1% 成为植物本身的组成部分，余下的近 99% 的水分为叶肉细胞所吸收，并将在太阳能的作用下，在气腔内汽化，然后通过敞开的气孔向大气中逸散。

6.4.3 植物散发规律

土壤-植物-大气水文循环系统中植物根系与土壤的接触面是系统的下界面，植物枝叶与空气的接触面是系统的上界面。在下界面，植物根系细胞液的溶质浓度与土壤水的溶质浓度之差产生一种渗透压，驱使水分从土壤进入植物根系。在上界面，叶片水分含量与空气水分含量之差产生的水汽压差，促使植物水分通过叶片气孔散逸出去。

植物根系吸收水分的原理与水向土中下渗十分相似，因此，也可用类似于达西定律的公式形式来计算植物根系吸收水量的多少。植物根系与土壤间的渗透压力可用叶片对水分的吸力 M 与土壤颗粒对水分的吸力 N 之差 $(M-N)$ 表示，土壤的导水系数以及植物的导水系数分别用 η 和 Ψ 表示，则单位时间内植物根系从土壤中吸收的水分 q 可表示为

$$q = \frac{\Psi\eta}{\Psi+\eta}(M-N) \tag{6.35}$$

式中　q——单位时间内植物根系从土壤中吸收的水量；

　　　Ψ——土壤的导水系数；

　　　η——植物的导水系数；

　　　M——叶片的吸力；

　　　N——使水分保持在土壤颗粒表面的吸力。

由道尔顿定律可知，叶面与大气间的水量交换即散发量，与饱和差成正比，因此有

$$E_p = \frac{DD_0}{D+D_0} \rho(e_0 - e) \tag{6.36}$$

式中 E_p——植物散发量；

D——植物叶面与大气之间的水分交换积分系数；

D_0——植物细胞薄膜面与叶面之间的水分交换积分系数；

ρ——空气密度；

e——空气的实际水汽压；

e_0——叶面温度下的饱和水汽压。

由于式（6.36）中 $D\rho(e_0 - e)$ 表示在气象条件一定下的植物散发能力，所以式（6.36）又可以写为

$$E_p = \frac{D_0}{D+D_0} E_0 \tag{6.37}$$

式中 E_0——植物散发能力。

根据质量守恒定理，对植物有

$$q - E_p = \frac{\mathrm{d}W}{\mathrm{d}t} \tag{6.38}$$

式中 W——植物体内的含水量；

$\dfrac{\mathrm{d}W}{\mathrm{d}t}$——植物体内含水量的变化率。

前已述及，植物散发的水分很大，吸收的水分约 99% 耗于散发，仅约 1% 转化为植物体内含水量，因此植物体内含水量的变化量可忽略，即 $\dfrac{\mathrm{d}W}{\mathrm{d}t} \approx 0$。因此，式（6.38）可变为

$$E_p = q \tag{6.39}$$

将式（6.35）以及式（6.37）代入式（6.39），有

$$\frac{D_0}{D+D_0} E_0 = \frac{\Psi\eta}{\Psi+\eta}(M - N) \tag{6.40}$$

从理论上精确求解式（6.40）是困难的，但通过一些由试验获得的知识，可以求其近似解。由植物散发的物理过程可知，M 不仅与 E_p 有关，而且与 η、Ψ、N 等有关，而 Ψ、N 又是土壤含水量和土壤特性的函数，η 则与植物生理特征有关。因此，由式（6.40）可以推知，$D_0/(D+D_0)$ 应是土壤含水量和植物生理特性的函数。这样，式（6.40）便可简化为

$$E_p = \varepsilon\varphi(\theta)E_0 \tag{6.41}$$

式中 ε——反映植物生理特性对散发影响的系数；

$\varphi(\theta)$——土壤含水量的某种函数。

式（6.41）的具体表达式一般可通过实测资料来确定。图 6.7 是按冬小麦试验资料点绘而成的，由图显然可以写出如下表达式：

$$E_p = \begin{cases} \varepsilon b\theta E_0 & \theta_凋 < \theta < \theta_k \\ \varepsilon E_0 & \theta \geqslant \theta_k \end{cases} \tag{6.42}$$

式中　θ_k——某一临界土壤含水量；

　　　$\theta_{凋}$——凋萎系数；

　　　b——$E_p/(\varepsilon E_0)$ 与 θ 关系曲线中斜线部分的斜率。

式（6.42）即为根据试验得到的式（6.41）的一个具体表达式。

研究指出，式（6.42）中的 b 值不仅与土壤和植物的种类有关，而且与土层厚度有关。图 6.8 是根据荞麦的试验资料点绘而成的。可以看出，对不同的土层厚度，b 值显然是有所区别的，不仅如此，临界土壤含水量 θ_k 也随土层厚度而变化。

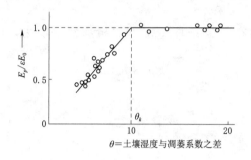

图 6.7　冬小麦的 $\dfrac{E_p}{\varepsilon E_0}$-$\theta$ 关系

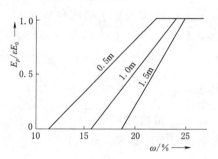

图 6.8　不同土层厚度的 $\dfrac{E_p}{\varepsilon E_0}$ 与质量

含水率 ω 的关系（荞麦）

6.4.4　影响植物散发的因素

植物散发是发生在土壤-植物-大气系统中的现象，因此，它必然受到气象因素、土壤含水量和植物生理特性等的综合影响。其主要影响因素如下：

（1）温度。温度对植物散发有明显的影响。当气温在 1.5℃ 以下时，植物几乎停止生长，散发极小。当气温超过 1.5℃ 时散发率随气温的升高而增加。土温较高时，根系从土壤中吸收的水分增多，散发加强；土温较低时，这种作用减弱，散发减小。

（2）日照。植物在阳光照射下，自身温度增加，植物会加大散发以降低自身温度，维持一个合适的生理温度范围。据报道，散射光能使散发增强 30%～40%，直射光则能使散发增强好几倍，散发主要在白天进行，中午达到最大，夜间的散发则很小，约为白天的 10%。

（3）土壤含水量。土壤水中能被植物吸收的是重力水、毛管水和一部分薄膜水。当土壤含水量大于一定值时，植物根系就可以从周围土壤中吸取尽可能多的水分以满足散发需要，这时植物散发将达到散发能力。当土壤含水量减小时，植物散发率也随之减小，直至土壤含水量减小到凋萎系数时，植物就会因不能从土壤中吸取水分来维持正常生长而逐渐枯死，植物散发也因此而趋于 0。

（4）植物生理特性。植物生理特性与植物的种类和生长阶段有关。不同种类的植物，因其生理特点不同，即使在相同的气象条件和相同的土壤含水量情况下，散发率也会不一样。例如针叶树的散发率不仅比阔叶树小，而且比草原小。同一种植物在其不同的生长阶段，因具体的生理特性上的差异，也使得散发率不一样。植物生长发育初期，叶面面积小，植物散发量较小，随着植物生长，叶面面积增大，其散发量会随之增大。但是，通常来说老龄树的散发速率要小于幼龄树的散发速率。

6.5 流 域 蒸 散 发

流域的表面通常可划分为裸土、岩石、植被、水面、不透水路面和屋面等。在寒冷地带或寒冷季节，流域还可能全部或部分为冰雪所覆盖。流域上这些不同蒸发面的蒸发和散发总和称为流域蒸散发，也称流域总蒸发。一般情况下，流域内水面占的比重不大，基岩出露、不透水路面和屋面占的比重也不大，冰雪覆盖仅在高纬度地区存在，因此，对于中、低纬度地区，土壤蒸发和植物散发是流域蒸散发的决定性因素。

6.5.1 流域蒸散发规律

由前所述，流域蒸散发规律一般情况下主要受土壤蒸发规律和植物散发规律的支配，而土壤蒸发规律和植物散发规律比较相似。因此，只要进一步考虑土壤与植被相互作用对流域蒸散发的影响，就可以认识流域散发规律。当流域十分湿润时，由于土壤水分供应充足，流域中无论土壤蒸发，还是植物散发，均将达到蒸（散）发能力。这一阶段的临界土壤含水量因为植被的存在将小于田间持水量。此后，随着流域内土壤水分的进一步消耗，供水越来越不充分，流域蒸散发也随着土壤含水量的减少而减小；当流域土壤含水量减至小于毛管断裂含水量而大于凋萎系数时，虽然这时流域蒸散发仍处于不断减小阶段，但植物散发占的比重将有所增加；只有当流域土壤含水量小于凋萎系数时，才由于植物的枯死而致使植物散发趋于 0，这阶段的流域蒸散发就只包括小而稳定的土壤蒸发。

因此，流域蒸散发规律也可以分为三个不同阶段（图 6.9），但与土壤蒸发和植物散发规律在各临界土壤含水量的取值上不一样。对于流域蒸散发来说，第一个临界含水量 W_a 略小于田间持水量，第二个临界含水量 W_b 比毛管断裂含水量小。

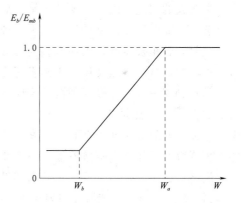

图 6.9　流域蒸散发与 W 的关系示意图

6.5.2 流域蒸散发的计算

计算流域蒸散发的目的多数情况是估计流域水资源量，或计算一次降雨径流量的蒸发损失量。确定流域总蒸发量的方法一般有两种：一种是先分别计算流域上各种蒸发面的蒸发或散发量，然后面积加权求出总蒸发量，但由于一个流域的下垫面极其复杂，有河流、湖泊、土壤、岩石和不同的植被等，分项计算不仅困难，也欠准确，所以这种方法目前还难以实现；另一种实用的方法是先对流域进行综合研究，将植物散发与土壤蒸发合并计算，再用水量平衡法或经验公式，根据流域总蒸发规律拟定计算模式，确定流域的总蒸发量。常用的方法有水量平衡法和模式计算法。

1. 水量平衡法

对任意闭合流域，其给定时段的水量平衡方程为

$$P-E-R=S_{末}-S_{初} \qquad (6.43)$$

多年平均情况为

$$\overline{P} - \overline{E} - \overline{R} = 0 \qquad (6.44)$$

利用以上两式，已知降雨量、径流量、流域蓄水量就可推算流域的总蒸发量。

利用水量平衡法计算流域蒸散发时需要有较长期的降雨和径流观测资料，因此对于较短时段区域内蓄水变量往往难以估算，从而影响到适用性。此外，由于计算过程中将各项观测误差、计算误差均归入蒸发项内，因而影响最终的计算精度。

2. 模式计算法

在给定流域（或地区）内，水面面积较小，水面蒸发可忽略；植物散发规律与土壤蒸发规律相似，都与土壤含水量有着密切的关系，为计算方便，把植物散发合并在土壤蒸发中一并考虑。在不考虑蒸散发在流域面上不均匀的情况下，根据土壤含水量的垂直分布情况，采用下列模式之一进行计算。

（1）一层模式。把流域土层作为一个整体，并认为蒸散发量 E 同该层土壤含水量 W 及流域蒸散发能力 E_n 成正比，与土层土壤蓄水容量 W_m 成反比。即

$$E = E_n \frac{W}{W_m} \qquad (6.45)$$

确定了研究流域的土壤蓄水容量 W_m、蒸散发能力 E_n 后，根据时段土壤含水量 W 就可计算出流域时段蒸发量 E。

一层模式的优点是简洁明了，缺点是并不是对于任何情况均适用，如在久旱无雨后，土壤含水量很低，土壤蒸发可能会出现水汽扩散过程，这时根据式（6.45）计算的结果就会产生较大的误差。同样，即使久旱之后有一场小雨，这些雨实际上只分布在表土层，很容易蒸发，此时按该模型计算的结果一般偏小。

同时，若植被良好，则还有相当部分雨水停滞于植物截留。这种分布于表土和植物截留、填洼的水分，其蒸发接近于蒸发能力，不能和原土壤中的水分一并计算。

（2）二层模式。此模式把流域土层分为上、下两层，并认为降雨补给土壤水分和蒸散发消耗土壤水分都是先上层后下层，即降雨时雨水先补充上层，如上层满足蓄水容量 $W_{上,m}$ 后，多余水分再补充下层。蒸发时先蒸发上层，直到上层水分耗尽才蒸发下层。下层土壤蒸散发量与剩余蒸散发能力，即流域蒸散发能力与上层蒸散发量之差，及下层土壤含水量 $W_下$ 成正比，与下层土壤蓄水容量 $W_{下,m}$ 成反比，即：

1）当 $E_n \leqslant W_下$，蒸散发只发生在上层，$E = E_n$。

2）当 $E_n > W_上$，上层土壤水分全部蒸发，$E_上 = W_上$，剩余蒸散发能力为 $(E_n - E_上)$，再蒸发下层

$$E_下 = (E_n - E_上) \frac{W_下}{W_{下,m}} \qquad (6.46)$$

则 $E = E_上 + E_下$。

二层模式克服了一层模型的缺陷，使得计算结果更为准确，但此模式没有考虑当下层土壤水分蒸发完毕之后，深层土壤水分对上层土壤的补给，使得计算出的 $E_下$ 可能很小，不符合实际情况。在此情况下宜采用三层模式进行计算。

（3）三层模式。此模式是在二层蒸发模式的基础上再加入深层蒸发，把蒸发层分为上

层、下层和深层三个土层，是对二层模式的进一步完善。三层模式土壤水分的蒸发消耗是逐层进行的，即先上层、后下层，最后才是深层。当下层含水量低于某下限值后，深层以稳定蒸发量蒸发。

6.5.3 流域蒸散发能力的确定

在上述介绍的应用模式计算法推算流域总蒸发量时，无论采用哪种方法，均须先确定流域蒸散发能力 E_n，而流域的蒸散发能力难以直接通过观测求得，因此，采用间接分析方法就成为确定流域蒸散发能力的主要途径。

1. 水面蒸发折算法

流域蒸散发能力和水面蒸发量都是在相同气象条件下、充分供水时的蒸发量，其差别在于蒸发面的热力性质不同，所以，在同一地区，流域蒸散发量可由水面蒸发量 E_w 乘以反映水面与当地区域陆面间热力状况差异的折算系数 K_1 求得

$$E_n = K_1 E_w \tag{6.47}$$

水面蒸发量 E_w 一般是通过蒸发器观测值 $E_器$ 确定

$$E_w = K_2 E_器 \tag{6.48}$$

式（6.48）中 K_2 与采用的蒸发器（皿）型号有关，因为大水域水面蒸发与小面积水面蒸发的边界条件不同，边界通过传递热量影响水面蒸发。显然小面积水面蒸发受边界条件影响大，观测值偏大。一般来说，蒸发器尺寸越大，观测值越接近自然水域水面蒸发。

此外，如果蒸发器的位置不在流域中心，而流域中心的高程与蒸发器位置的高程又相差较大，则对蒸发器的观测值应进行高程修正 K_3，因此

$$E_n = K_1 K_2 K_3 E_器 = K E_器 \tag{6.49}$$

实际工作中一般直接分析折算系数 K，K 与流域地理位置有关，可通过实测资料分析，也可根据经验取定。

2. 经验公式法

当缺乏水面蒸发观测资料时，则可采用经验公式来估算流域的蒸散发能力。这类方法主要是通过建立流域蒸散发能力与其影响因素，例如太阳辐射强度、日照时数、风速、温度、湿度等气象要素之间的经验关系来计算流域蒸散发能力。这类经验公式很多，现举两例介绍如下：

（1）哈蒙（Hamon）经验公式。

$$E_n = 140 D_e^2 q_s \tag{6.50}$$

式中 E_n——区域蒸散发能力，mm/d；

D_e——日照时间，h/d，随纬度和季节而变化；

q_s——日平均气温相应的饱和绝对湿度，g/m。

（2）桑斯威特（Thorntwaite）经验公式。

$$E_{n,J} = 16 b \left(\frac{10 T_J}{A} \right)^a \tag{6.51}$$

其中 $$a = 6.7 \times 10^{-7} A^3 - 7.7 \times 10^{-5} A^2 + 1.8 \times 10^{-2} A + 0.49 \tag{6.52}$$

$$A = \sum_{J=1}^{12} \left(\frac{T_J}{5} \right)^{1.514} \tag{6.53}$$

式中　$E_{n,J}$——第 J 月的平均蒸散发能力，mm/d；

　　　b——修正系数，为最大可能日照小时数与 12h 之比值，h/d。

小 结 与 思 考

1. 简述控制蒸发的三个条件。

2. 水面蒸发计算的理论途径有哪些？

3. 试述裸土蒸发的三个阶段及其特点，要求结合图形进行说明，图形上应标注相应的含水量特征值。

4. 影响土壤蒸发的因素有哪些？

5. 简述流域蒸散发的主要计算方法。

线 上 内 容 导 引

★　课外知识拓展 1：蒸渗仪

★　课外知识拓展 2：植物蒸腾耗水的测定

★　流域二层模式计算习题

★　线上互动

★　知识问答

第7章 径 流

径流是指由降水所形成的,在重力的作用下沿着一定的方向和路径流动的水流。其中,沿着地面流动的水流称为地表径流,在土壤中流动的水流称为壤中流,在饱和土层及岩石孔隙流动的水流称为地下径流;汇集到河流后,在重力作用下沿河床流动的水流称为河川径流。径流因降水形式和补给水源的不同,可分为降雨径流和融雪径流,我国大部河流以降雨径流为主。

7.1 径流的形成过程

从降水落到流域表面至水流汇聚到流域出口断面的整个物理过程称为径流形成过程。径流形成过程是地球上水文循环中的重要一环。在水文循环过程中,大陆上降水的34%转化为地面径流和地下径流汇入了海洋,其余的以蒸发的形式又返回到空中,成为大气中的水汽,并参与内陆水文循环。

径流的形成过程是一个相当复杂的过程,为便于分析,一般把径流的形成过程概括为产流过程和汇流过程两个阶段。

7.1.1 产流过程

降落到流域内的雨水,除直接降落在水面上的雨水外,一般不会立即产生径流,而是在满足雨期蒸发、植物截留、填洼和下渗损失之后才能产生径流。其中,降落的雨水被植物茎叶拦截,滞留在植物枝叶上的现象称为植物截留,植物截留的雨水水分在雨后将以蒸发的形式返回空中;而在流域内坡面上流动的水流向坡面上的洼地汇集,并积蓄于洼地的现象称为填洼,洼地积蓄的雨水水分在雨后也会以蒸发的形式返回空中;降落到地面的雨水会从地表向土中下渗,而在渗入地下的水量中不能成为径流的那部分水量就称为下渗损失,这部分水量暂时蓄存在流域地下的土壤孔隙或岩石裂隙中,雨后仍将以蒸发的形式返回空中。雨期蒸发、植物截留、填洼和下渗损失统称径流损失,降落的雨水不能形成径流的水量称为径流损失量。

降雨扣除径流损失后的雨量称为净雨。净雨在流域坡地上向河槽汇集,在河网中流动就形成河川径流。显然,净雨和它形成的径流在数量上是相等的,但两者的过程却完全不同。净雨是径流的来源,而径流则是净雨汇流的结果,净雨在降雨结束时就停止了,而径流还要持续很长一段时间。把降雨经植物截留、填洼、下渗形成径流损失之后,成为净雨的过程称为产流过程。因而,净雨量也称为产流量,对应的计算称为产流计算。在前期十分干旱情况下,降雨产流过程使流域包气带含水量达到田间持水量对应的损失量称为最大损失量。径流的形成过程如图7.1所示。

在分析流域径流形成过程中可以将流域下垫面分为三类:一是与河网连通的水面;二

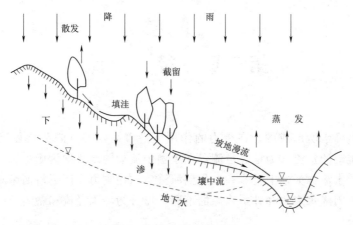

图 7.1　径流形成示意图

是不透水地面，如屋顶、水泥路面等；三是透水地面，如草地、森林等。降雨开始后，降落在与河网连通的水面上的雨水，除少量消耗于蒸发外，直接形成径流。降落在不透水地面上的雨水，一部分消耗于蒸发，还有少部分用于湿润地面，被地面吸收损失掉，剩余雨水形成地表径流。降落在透水地面上的雨水，一部分滞留在植物枝叶上，称为植物截留，截留量最终消耗于蒸发。当植物截留量得到满足后，降落的雨水落到地面后将向土中下渗。当降雨强度小于下渗能力时，雨水将全部渗入土中；当降雨强度大于下渗能力时，雨水按下渗能力下渗，超出下渗的雨水称为超渗雨。超渗雨会形成地面积水，积蓄于地面上大大小小的洼地，开始填洼过程。随着降雨持续进行，满足了填洼的地方开始产生地表径流。形成地表径流的净雨，称为地面净雨。下渗到土中的水分，首先被土壤吸收，使包气带土壤含水量不断增加，当达到田间持水量后，下渗趋于稳定，逐渐过渡到稳定下渗阶段。继续下渗的雨水，沿着土壤孔隙流动，一部分会从坡侧土壤孔隙流出，注入河槽形成径流，称为表层流或壤中流。形成表层流的净雨称为表层流净雨。另一部分会继续向深处下渗，到达地下水面后，以地下水的形式补给河流，称为地下径流。形成地下径流的净雨称为地下净雨，包括浅层地下水（潜水）和深层地下水（承压水）。

流域产流过程又称流域蓄渗过程，在这一阶段，流域对降雨量进行了一次再分配：一部分水量下渗满足土壤吸水需要而保存在土壤中，这部分水量在雨后将提供土壤蒸发；满足土壤持水能力后下渗的那部分水量成为地下径流净雨量，有相对不透水层时，还包括壤中流净雨量；超过土壤下渗的那部分水量成为地面径流净雨量。

7.1.2　汇流过程

汇流过程指净雨沿坡面从地面和地下汇入河网，然后再沿着河网汇集到流域出口断面的整个过程。前者称为坡地汇流，后者称为河网汇流，两部分过程合称为流域汇流过程。

1. 坡地汇流

坡地汇流分为三种情况：一是超渗雨满足了填洼后产生的地面净雨沿坡面流到附近河网的过程，称为坡面漫流。坡面漫流由无数时分时合的细小水流组成，通常没有明显的沟槽，雨强很大时可形成片流。坡面漫流的流程较短，一般不超过数百米，历时也较短。地面漫流经坡面注入河网，形成地表径流，大雨时地表径流是构成河流流量的主要来源。二是表层流净雨沿坡面侧向表层土壤孔隙流入河网，形成表层径流。表层流流动比地表径流慢，到达河槽也较迟，但对历时较长的暴雨，数量可能很大，成为河流流量的主要部分。表层流与地表径流有时可互相转化。例如，在坡面上部渗入土壤中形成的表层流，可在坡地下部流出，以地表径流形式流入河槽，部分地表径流也可在坡面漫流过程中渗入土壤中成为表层流。三是地下净雨向下渗透到地下潜水面或浅层地下水体后，沿水力坡度最大的方向流入河网，称为坡地地下汇流。深层地下水汇流很慢，所以降雨后，地下水流可以维持很长时间，较大河流可以终年不断，是河川的基本径流，简称基流。

在径流形成过程中，坡地汇流过程是对净雨在时程上进行的第一次再分配，经坡地汇流调蓄后进入河网的水流流量过程比净雨过程更平缓，持续时间更长。降雨结束后，坡地汇流仍将持续很长一段时间。

2. 河网汇流

各种径流成分经坡地汇流注入河网、从支流到干流，从上游到下游，最后流出流域出口断面，这个过程称为河网汇流或河槽集流过程。坡地水流进入河网后，使河槽水量增加，水位升高，形成河流洪水的涨水阶段。在涨水段，由于河槽储蓄一部分水量，所以对任一河段，下断面流量总是小于上断面流量。随着降雨和坡地径流量的逐渐减少直至完全停止，下断面流量总是大于上断面流量，河槽水量减少、水位降低，形成河流洪水的退水阶段。这种现象称为河槽调蓄作用，调蓄结果使流域出口断面流量过程比河网入流流量过程更为平缓，持续时间延长，河槽调蓄是对净雨在时程上进行的第二次分配。

产流和汇流是从降雨开始到水流流出流域出口断面经历的全过程。必须注意的是，降雨、产流和汇流在整个径流形成过程中，在时间上并无明显界限，而是同时交替进行的。

一次降雨过程，经植物截留、填洼、下渗、蒸发等损失，形成径流进入河网的水量显然比降雨量少，且经过坡地汇流和河网汇流，出口断面的径流过程远比降雨过程变化缓慢，历时也长、时间滞后。图7.2绘出了一次降雨径流过程，从图中可以看出，降雨过程的降雨量被流域下垫面分配为径流损失、地下净雨、地面净雨三部分；对应形成的径流过程则是流域坡地汇流和河槽调蓄对净雨在时程上分配的结果。由于坡面漫流、壤中流和地下径流汇集到出口断面所需时间不同，因而洪水过程线的退水段上，各类径流终止时间不同。直接降落在河槽水面上的雨水所形成的径流最先终止，然后依次是地表径流、壤中流、浅层地下径流，最后是深层地下径流。

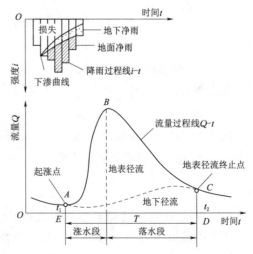

图 7.2 一次降雨径流过程示意图

7.2 径流的表示方法

1. 流量

流量是指单位时间内流过河流某一断面的水量，常用 Q 表示，以 m^3/s 计。流量随时间的变化过程，可以用流量过程线表示，如图 7.2 所示。流量有瞬时流量与平均流量之分，瞬时流量指某时刻通过河流某断面的水量，图 7.2 所示流量过程线中各时刻的流量就是瞬时值，流量过程线的上升部分为涨水段，下降部分为退水段，最高点为洪峰流量，简称洪峰，记为 Q_m。平均流量指某时段内通过某断面的水量与时段的比值，如日平均流量、月平均流量、年平均流量、多年平均流量，也有某特定时段的平均流量等。多年平均流量是各年流量的平均值，如果统计的实测流量年数无限大时，多年平均流量将趋于一个稳定的数值，即正常流量。

2. 径流量

径流量是指一定时段内流过某一断面的总水量，常用 W 表示，以 m^3、万 m^3 或亿 m^3 计。径流量与瞬时流量、平均流量的关系为

$$W = \int_{t_1}^{t_2} Q(t) dt = \overline{Q}(t_2 - t_1) \tag{7.1}$$

式中 $Q(t)$——t 时刻的流量，m^3/s；

   t_1、t_2——时段初、末时刻，s；

   $\overline{Q}$——时段内的平均流量，m^3/s。

3. 径流深

径流深是指将径流量平铺在整个流域上形成的水层深度，用 R 表示，以 mm 计。根据定义有

$$R = \frac{W}{1000F} = \frac{\overline{Q}T}{1000F} \tag{7.2}$$

式中 F——流域面积，km^2；

   T——计算时段长度，s；

   其余符号意义同前。

4. 径流模数

流域出口断面的流量与流域面积之比值称为径流模数，用 M 表示，以 $m^3/(s \cdot km^2)$ 或 $L/(s \cdot km^2)$ 计。则根据定义有

$$M = \frac{Q}{F} \tag{7.3}$$

径流模数 M 与流量 Q 具有对应关系，即 Q 为洪峰流量，则 M 为洪峰流量模数；Q 为多年平均流量，则 M 为多年平均流量模数。

5. 径流系数

某一时段内的径流深 R 与相应时段内的平均降雨深度 P 的比值称为径流系数，用 α 表示，该变量无因次。则根据定义有

$$\alpha = \frac{R}{P} \tag{7.4}$$

对于闭合流域，由于 $R < P$，因此 $\alpha < 1$。

7.3 径流的影响因素

影响径流形成和变化的因素主要有三大类，即气候因素、流域下垫面条件以及人类活动。

1. 气候因素

气候因素包括降水、蒸发、气温、气压、风、湿度等，其中以降水和蒸发最为重要，直接影响流域内的径流量和损失量。

河川径流的直接和间接水源都是大气降水，因此，径流量的多少取决于降水量的大小，尤其是以雨水补给为主的河流，降水量越大，其所形成的径流量也越大。另外，降雨过程对径流形成过程影响最大，例如，在相同的降雨量条件下，降雨强度越大，降雨历时越短，则径流量越大，径流过程变化迅速；反之，则径流量小，径流过程平缓。

由于降雨时的空气比较湿润，蒸发量较小，对一次降雨洪水形成过程而言，蒸发的影响作用不大。但无雨时，由于空气干燥、气温高，流域内的土壤水分大都消耗于蒸发，因此，对一年的径流形成过程而言，蒸发的影响作用将非常大。我国湿润地区年降水量的 $30\% \sim 50\%$、干旱地区年降水量的 $80\% \sim 95\%$ 都消耗于蒸发，其剩余部分才形成径流。根据水量平衡方程，在一个较长的时间范围内，蒸发量越大径流量越小。对于某一次降雨来说，如果降雨前蒸发量大，土壤含水量相对较低，雨水的下渗强度较大，土壤中可容纳的水量相对较多，因此，径流量相应地就少。

其他气象因素如气温、湿度、风等，都通过降水和蒸发对径流产生间接作用。如以冰雪融水补给的河流，其径流变化与气温变化密切相关，其过程较为平缓、历时较长。

2. 流域下垫面条件

流域下垫面条件包括地理位置、地形特性、流域形状和面积、地质与土壤条件、植被状况、水库和湖泊状况等。

（1）流域地理位置。流域所处的地理位置不同，其气候条件差别很大。流域的地理位置是以流域所处的地理坐标，即经度和纬度来表示的，它说明流域离开海洋的远近以及它与别的流域和山岭的相对位置，流域和山岭的相对位置与内陆水分小循环的强弱有关。

（2）流域地形特性。流域的地形特性包括流域的平均高程、坡度、切割程度等，它们都直接决定着径流的汇流条件。地势越陡、切割越深，坡地漫流和河槽汇流时的流速越大，汇流时间越短，径流过程则越迅急、洪峰流量越大。因此，在地形起伏较大的山区河流，径流的变化较平原地区强烈。

（3）流域形状和面积。流域的形状不同，汇流条件不同，如扇形流域，洪峰流量相对较大且流量过程线尖瘦，而羽状流域，洪峰流量相对较小而流量过程线变化平缓。大流域的径流变化较小流域的要平缓得多，流域面积越大，自然条件越复杂，各种影响因素有更多机会能相互平衡、相互作用，从而增大了它的径流调节能力，而使径流变化趋于稳定。

（4）流域地质与土壤条件。流域的地质条件和土壤特性决定着流域的入渗、蒸发和蓄水能力。若某一流域有着较为发达的断层、节理、裂隙，水分的下渗量就大而径流量小；岩溶地区有着较大的地下蓄水库，因此，地下径流量较大。土壤性质主要通过直接影响下渗和蒸发来影响径流，渗透性能好的土壤，下渗量大而径流量小。另外，土壤和地质条件还可以通过植被类型和植被生长状况间接影响径流。

（5）流域植被状况。流域的植被对径流的影响较复杂，有些学者认为，森林蒸散发量大，因而依据水量平衡方程，河川径流量小。从另外一个角度说，由于植物截留、枯枝落叶层对雨水的吸收以及森林土壤有很好的下渗能力，在径流形成过程中的降雨损失量大，因此，森林有减少地表径流量的作用。正因为森林导致流域具有较强下渗能力，使较多的雨水渗入地下，并以地下径流的方式缓慢补给河川径流，因此说，森林能增加河川枯水期的径流量。但是，森林增加的枯水期径流量是否同减少的地表径流量相抵消，还有着不同的看法。在美国和日本，有人对森林砍伐后和砍伐前的径流量进行对比研究后指出，砍伐森林能够增加流域的产水量；而在苏联，有人通过对有林流域和无林流域的产水量进行长期对比观测后认为，森林能增加流域产水量。

（6）流域内水库和湖泊状况。流域内的湖泊和水库通过蓄水量的变化调节和影响径流的年际和年内变化。在洪水季节大量洪水进入水库和湖泊，水库和湖泊的蓄水量增加，在枯水季节，水库和湖泊中蓄积的水量减少。因此，流域中如果有水库或湖泊，能够削减洪水，使洪水过程线变得平缓。

3. 人类活动

人类活动对径流的影响主要是通过改变下垫面条件直接或间接地影响径流。人类通过林牧、水土保持等坡面措施增加土壤入渗能力，减少水土流失；通过旱地改水田、坡地改梯田等农业措施增加田间蓄水能力；通过修建塘堰、水坝等扩大蓄水面积，加大流域对降水的调节能力，改变径流的时程分配；通过修建引水工程，调剂地区间的水量余缺。这些措施改变了流域的自然地理面貌，增强了内陆水文循环，影响径流的形成与变化过程。因此，在收集与分析水文资料时，要考虑到已经实施了的和将要实施的水利化措施对径流的影响。

小　结　与　思　考

1. 简述流域径流的形成过程。
2. 什么叫净雨？
3. 一场降雨形成的净雨和径流在数量上相等，但有什么区别？
4. 径流的表示方法有哪几种？各种度量单位之间是怎么换算的？
5. 简述径流的影响因素。

线　上　内　容　导　引

★　课外知识拓展 1：径流的分割

★　课外知识拓展 2：植被对径流的影响

★　径流各度量单位换算

★　线上互动

★　知识问答

第8章 河 流 和 流 域

汇集地面径流与地下径流的天然水道中流动的水流称为河流。供给河流地面径流和地下径流的聚水区域称为流域。流域内各大小河流构成的脉络相通的水道系统称为水系或河系。河流和流域的特征是由一定的气候条件和地理环境决定的，气候条件影响河流的形成、发育和水情；而流域是径流的发生之源，河系是径流的汇聚输送之路，因此，流域的特征是影响径流形成和变化过程的重要因素，反映了地理环境对径流的作用。

8.1 河 流 及 其 特 征

8.1.1 河流的形成与分段

降雨形成的地面径流在重力的作用下沿着一定的路径流动，长期侵蚀地面，冲成沟堑，形成溪流，最后汇集成河流。河流流经的谷底部分称为河谷，河谷底部有水流的部分称为河床或河槽。面向水流方向，左侧河岸称为左岸，右侧河岸称为右岸。

一条河流沿水流方向，自高向低一般可分为河源、上游、中游、下游和河口五段。河源是河流的发源地，一般是冰川、泉水、沼泽、湖泊等。上游紧接河源，多处于深山峡谷中，落差大，水流急，冲刷剧烈，常有急滩或瀑布。中游河段坡度变缓，河槽变宽，河床多为砂卵石，两岸有滩地，冲淤变化不明显，河床较稳定。下游一般处于平原区，是河流的最下段，河槽宽阔，坡度和流速较小，淤积明显，浅滩和河湾较多，且河槽具有游荡性。河口是河流的终点，即河流汇入海洋或内陆湖泊的地方。由于河口段流速骤减，泥沙大量淤积，常常形成河口三角洲，如长江三角洲、黄河三角洲等。消失于沙漠的河流没有河口。最终汇入海洋的河流，称为外流河，如长江、黄河、松花江等；汇入内陆湖泊或消失于沙漠的河流，称为内流河或内陆河，如塔里木河、格尔木河、石羊河等。

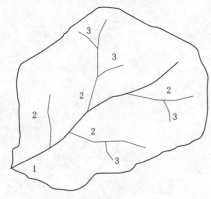

图 8.1 干流与支流示意图
1—干流；2—一级支流；3—二级支流

直接汇入海洋或内陆湖泊的河流为干流；而汇入另一条河流的，称为支流。支流可分为多级，直接汇入干流的河流为一级支流；直接汇入一级支流的河流为二级支流，其余的可依次类推，如图8.1所示。

8.1.2 河流横断面

垂直于水流方向的断面称为横断面，简称断面，其一般形状如图8.2所示。断面内自由水面高出某一水准基面的高程称为水位。断面内有水流流经的部分称为过水断面，其面积称为过水断面面积。过水断面面积大小随水位和断面形态而变。任意一条河流，从上游至下游，有无数个横断面，各个横断面的形状各异，且受冲淤变化影响。

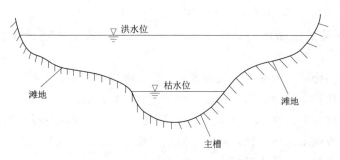

图 8.2　河流横断面示意图

枯水期水流流经部分称为基本河床或主槽；洪水期才会被水流淹没部分称为洪水河床或滩地。根据有无滩地可以把断面分为单式断面和复式断面。

1. 单式断面

只有主槽而无滩地的断面为单式断面，河流的水面宽度随水位的变化是连续的或渐变的，如图 8.3（a）、（b）所示。其中图 8.3（a）是窄深断面，一般山区河流的上游顺直段多属此类断面；图 8.3（b）为近似抛物线形的单式断面，河流中下游的顺直河段多属此类断面。单式断面的河床相对比较稳定，河槽为单一的冲淤变化，水位与断面各项要素（水面宽、过水断面面积、水力半径等）间为单一的连续变化的关系。

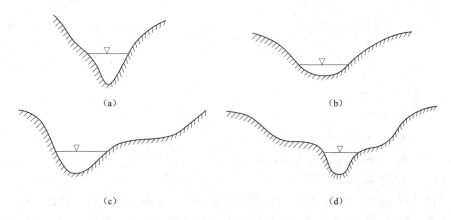

图 8.3　河流横断面的分类

（a）窄深断面；（b）抛物线形断面；（c）主槽偏向一侧；（d）主槽居中

2. 复式断面

既有主槽又有滩地的断面称为复式断面，河槽水面宽随水位的变化有突变，如图 8.3（c）、（d）所示。其中，图 8.3（c）是主槽偏向一侧，此类断面多出现在河流的弯曲段；图 8.3（d）为主槽居中，两边有近于对称的较宽滩地，滩地两边均有人工河堤，此类断面多为人工排水河道或人工运河。复式断面洪枯水位悬殊，河床处于不稳定状态。水位与各水力要素间的关系呈不连续变化。特别是主槽与滩地部分水力条件悬殊，在河道流量演算时，应考虑高低水位时演算参数的差异。

8.1.3　河流纵断面

河流中沿水流方向各横断面最大水深点的连线称为深泓线，又称溪线。沿深泓线的水流切面称为河流的纵断面，如图 8.4 所示。纵断面表示河槽或水位纵向坡度变化特征。

河流纵断面的特征可用落差、比降表示。任意河段两端的高差称为落差，单位河长的落差称为河段纵比降，简称比降，用小数或千分数（‰）表示，如图 8.5 所示。常用的河流比降有水面比降与河底比降。河流沿程各河段的比降不同，一般自河源向河口逐渐减小。水面比降一般随水位而变化，河底比降则较稳定，通常河流的比降指河底纵比降。当河段纵断面近于直线时，其比降用式（8.1）计算：

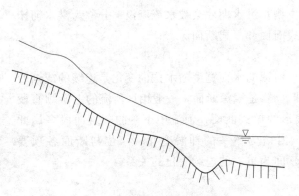

图 8.4　河流纵断面示意图

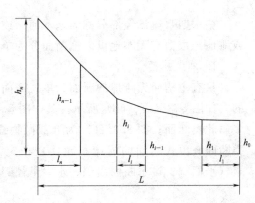

图 8.5　河底纵比降示意图

$$J = \frac{h_1 - h_0}{l} = \frac{\Delta h}{l} \tag{8.1}$$

式中　J——河段比降；

h_0——河段下断面水面或河底高程，m；

h_1——河段上断面水面或河底高程，m；

l——河段长度，m。

当河底高程沿程变化时，可以用面积包围法获得河底纵比降，即在纵断面图上从下断面最低点作一直线，认为该直线以下的面积与原河底线以下面积相等，则求得的该直线的斜率即为河底纵比降，计算公式为

$$J = \frac{(h_0 + h_1)l_1 + (h_1 + h_2)l_2 + \cdots + (h_{n-1} + h_n)l_n - 2h_0 L}{L^2} \tag{8.2}$$

式中　J——河流的比降；

h_i——自上游到下游沿程各点河底高程，m；

l_i——河段长度，m；

L——全河流的长度，m。

8.2 流域与水系特征

8.2.1 流域

8.2.1.1 分水线

若地形向两侧倾斜，使降水分别汇集到两条不同的河流中去，这一地形上的脊线起着分水的作用，是相邻两流域的分界线。分隔相邻两个流域的高地为分水岭，可以是山地、高原、山丘或是微有起伏的平原。例如降落在秦岭以南的雨水汇入长江，而降落在秦岭以北的雨水汇入黄河，所以秦岭是长江与黄河的分水岭。分水岭上最高点的连线称为分水线。分水岭有对称与不对称两类：对称的，分水线位于分水岭中央；不对称的，分水线偏向一侧。通常见到的是后者。不对称的原因主要是两侧构造岩性不同或两侧流域的侵蚀基准面不同。

分水线有地面分水线与地下分水线之分，如图 8.6 所示。地面分水线将地面水流分开流向相邻的两条河流，地下分水线则将含水层中的地下水流分开流向相邻的两条河流。

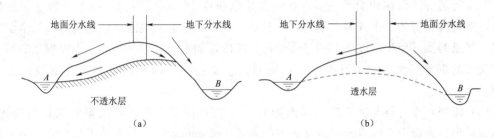

图 8.6 分水线示意图
(a) 地下分水线由基岩倾向决定；(b) 地下分水线由地下水力坡度方向决定

8.2.1.2 流域的概念

流域是指地面分水线包围的、能够汇集雨水从其出口流出的区域。降落在流域上的雨水不可能经由地面汇集到分水线以外的地方，而只能在流域内汇集，最后通过流域出口断面流出。

根据地面分水线与地下分水线之间的关系，流域有闭合流域和非闭合流域之分，如图 8.7 所示。地面分水线与地下分水线重合的流域称为闭合流域，地面分水线与地下分水线不重合的流域称为非闭合流域。闭合流域与周围区域不存在水流联系。较大的流域或水量丰富的流域，由于河床切割深度大，一般多为闭合流域。非闭合流域与周围区域存在地下水流上的联系。小流域或者干旱、半干旱地区水量小的流域，由于河床切割深度浅，一般多为非闭合流域。在水文地质条件复杂的地区，例如喀斯特地区，非闭合流域也是常见的。

8.2.1.3 流域特征

流域特征包括流域的形状特征、地形特征和自然地理特征等。

1. 形状特征

描述流域形状特征的概念一般有流域面积、流域长度、流域平均宽度和流域形状系

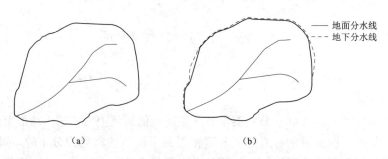

图 8.7 闭合流域与非闭合流域示意图
（a）闭合流域（地面分水线与地下分水线完全重合）；（b）非闭合流域

数，分别介绍如下。

（1）流域面积。地面分水线所包围区域的平面投影面积，称为流域面积，记为 F，以 km^2 计。可在适当比例尺的地形图上勾绘出流域分水线后，用求积仪量出流域面积。勾绘地面分水线是确定流域面积的关键，一般在较大比例尺的地形图上进行。勾绘时一定要保证其与每条等高线在相交处垂直。在水文地理研究中，流域面积是一个极为重要的数据。自然条件相似的两个或多个地区，一般是流域面积越大的地区，该地区河流的水量越丰富。河流的流域面积可以计算到河流的任一河段，如水文站控制断面、水库坝址断面或任一支流的汇合口处。如不特别说明，流域面积是指河口断面以上地面分水线包围的面积。

（2）流域长度。目前确定流域长度的常用方法有以下三种，可依据研究目的选用：①从流域出口断面沿主河道到流域最远点的距离为流域长度；②从流域出口断面至分水线的最大直线距离为流域长度；③用流域平面图形几何中心轴的长度（也称流域轴长）表示，即以流域出口断面为圆心作若干不同半径的同心圆，在每个圆与流域边界的两交点连一割线，各割线中点的连线的总长度即为流域几何轴长。流域长度以 L 表示，单位以 km 计。

（3）流域平均宽度。流域面积与流域长度之比即为流域平均宽度 B，即

$$B = \frac{F}{L} \tag{8.3}$$

流域平均宽度 B 越小，流域形状越狭长，水流越分散，形成的洪峰流量小，洪水过程越平缓；若 B 接近于 1，则流域形状近于方形，水流越较集中，形成的洪峰流量大，洪水过程较集中。

（4）流域形状系数。流域平均宽度与流域长度之比为流域形状系数 K，即

$$K = \frac{B}{L} = \frac{F}{L^2} \tag{8.4}$$

形状系数 K 越大，流域形状近于扇形，洪水过程越集中，形成尖瘦的洪水过程线；形状系数 K 越小，流域形状越狭长，洪水过程越平缓，形成矮胖的洪水过程线。

2. 地形特征

流域的地形特征一般用流域平均高程、流域平均坡度以及面积-高程曲线表示。

（1）流域平均高程。流域平均高程指流域范围内地表的平均高程。计算流域平均高程可用方格法或求积仪法。方格法是将流域划分成许多方格，记取每个方格交叉点的高程，求其算术平均值即得流域的平均高度。求积仪法是在地形图上用求积仪量取相邻两条等高线间的面积，然后求流域内各相邻等高线间的面积与其相应平均高程的乘积之和与流域面积的比值，即得流域的平均高程

$$\overline{Z} = \frac{f_1 Z_1 + f_2 Z_2 + \cdots + f_n Z_n}{F} = \frac{\sum_{i=1}^{n} f_i Z_i}{F} \tag{8.5}$$

式中　$\overline{Z}$——流域平均高程，m；

　　　f_i——相邻两等高线之间的面积，km^2；

　　　Z_i——相邻两等高线的平均高程（相邻两等高线高程的平均值）；

　　　F——流域面积，km^2，可用下式表示

$$F = \sum_{i=1}^{n} f_i \tag{8.6}$$

（2）流域平均坡度。流域平均坡度又称地面平均坡度，它是坡地漫流过程的一个重要影响因素，在小流域洪水汇流计算时是一个重要参数。具体确定流域平均坡度时可先将流域划分成若干正方形方格，然后定出每个方格的格点与等高线正交方向的坡度，所有坡度的平均值即为流域的平均坡度。

（3）面积比-高程曲线。某些水文要素，如降水、蒸发等，与高程之间具有一定关系，为研究高程对水文特征值的影响，就需要了解流域面积随高程的分布变化情况。具体方法是量算出相邻两条等高线之间的面积，统计出大于等于某一高程的面积与流域面积之比，然后以高程为纵坐标、面积比为横坐标绘出光滑曲线，如图8.8所示。

3. 自然地理特征

流域的自然地理特征包括地理位置、气候条件和流域下垫面条件，其中流域下垫面条件包括土壤性质、地质构造、地形、植被、湖泊、沼泽等。

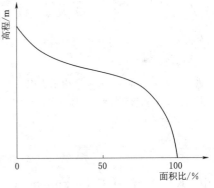

图 8.8　流域面积比-高程曲线

（1）地理位置。流域的地理位置一般用流域中心或其边界的经纬度表示，如黄河流域位于北纬 $32°\sim42°$ 和东经 $96°\sim119°$ 之间。纬度相同地区的气候比较一致，所以东西方向较长的流域，流域上各处水文特征相似程度较大。另外，还需要说明所研究流域距离海洋的远近以及与其他流域和周围较大山脉的相对位置。流域距离海洋的远近和与较大山脉的相对位置，影响水汽的输送条件，直接导致降雨量的大小和时空分布的不同，反映水循环的强弱。如我国西北内陆地区与华北地区相比，虽然纬度相同，但前者因距离海洋较远、降水量稀少而形成较干旱气候；由于秦岭山脉的阻隔，秦岭南北的降水量悬殊，河流的水文特征也有显著差异。

（2）流域气候条件。流域的气候要素包括降水、蒸发、气温、湿度、气压、风速等。河流的形成和发展主要受气候因素控制，即有"河流是气候的产物"之说。降水量的大小及分布，直接影响径流的多少；蒸发量则对年、月径流有重大影响。气温、湿度、风速、气压等主要通过降水和蒸发，从而对径流产生间接影响。

（3）流域下垫面条件。下垫面指相对于大气圈而言的地球表面，包括流域的地形、地质构造、土壤和岩性、植被、湖泊、沼泽等情况，这些要素以及上述河流特征、流域特征都反映了每一水系形成过程的具体条件，并影响径流的变化规律。

在天然情况下，水文循环中的水量、水质在时间上和地区上的分布与人类的需求是不相适应的。为了解决这一矛盾，长期以来人类采取了许多措施，如兴修水利、植树造林、水土保持、城市化等来改造自然以满足人类的需要。人类的这些活动，在一定程度上改变了流域的下垫面条件从而引起水文特征的变化。因此，研究河流及径流的动态特性时，需对流域的自然地理特征及其变化状况进行专门的研究。

8.2.2 水系

水系是由干流及其全部支流所组成的脉络相通的网状系统，也称河系或河网。自然形成的水系多为树枝状结构，如图 8.9（a）所示；人工开挖形成的平原水系或河流入海处可能呈网状结构，如图 8.9（b）所示。

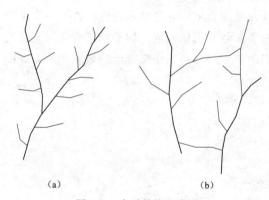

图 8.9　水系结构示意图
（a）树枝状水系；（b）网状水系

1. 河流长度与河网密度

（1）河流长度。从河口到河源区河流最初具有地表水流形态地点的河道水面中心线的距离称为河流长度，简称河长。一般可由一定比例尺的地形图上量得。

（2）河网密度。流域内河流水系总长度与流域面积的比值称为河网密度，即

$$K_D = \frac{\sum L}{F} \tag{8.7}$$

式中　K_D——河网密度，km/km^2；

$\sum L$——河流水系的总长度，km；

F——流域面积，km^2。

河网密度越大，则流域切割程度越大，坡面径流汇集越快；河网密度越小，则在一定程度上反映流域排水不畅，径流汇集越缓慢。

2. 水系特征

自然形成的水系形状千变万化，归纳起来主要有以下几种：扇形水系、羽状水系、平行状水系以及混合水系，如图 8.10 所示。扇形水系支流的排列和分布呈扇形，干支流汇合点较为集中，如华北的北运河、永定河、大清河、子牙河、南运河等五河，于天津汇入海河。羽状水系的干流比较长，其支流自上游向下游在不同地点依次汇入干流，呈羽状，

相应的流域形状多为狭长形，如滦河水系。平行状水系中几个近乎平行的支流至入海口附近汇入干流，如苏北的沂沭河、淮河蚌埠以上的涡河、颍河和洪河等支流。混合水系的支流与干流的关系包括以上两种或三种的组合排列状态，整体上像扇子。

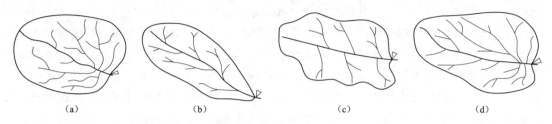

图 8.10 水系特征示意图
(a) 扇形水系；(b) 羽状水系；(b) 平行状水系；(c) 混合水系

水系的形态决定了流域的形状，并对流域汇流有一定的影响。扇形水系汇流时间短，洪水往往表现为陡涨陡落，洪水历时短；羽状水系对应的暴雨洪水过程较平缓，洪水历时长；混合水系则介于两者之间。

8.3 河流的水情要素

河流水情，即河流的水文情势，主要指河川径流的分布与变化、洪水与枯水的特征等。

河流水情要素是用以表达河流水文情势变化的主要尺度，它包括水位、流速、流量等。因此充分掌握水情要素资料是研究分析河流水文的重要基础。

8.3.1 水位

水位指水体的自由水面高出某一基面以上的高程，以 m 计。基面是高程起算的固定零点，目前全国统一采用黄海基面，但各流域由于历史原因，多沿用以往使用的大沽基面、吴淞基面、珠江基面，也有使用假定基面、测站基面或冻结基面的。查用水位资料时一定要确认其基面。

影响河流水位变化的主要因素有：河流水量的变化、河流的冲淤变化、潮汐变化、人类活动影响等。不同河流的水位变化特点不同，平原河流水位变化缓慢，洪水过程常相对平缓，山区河流则相反。大流域的水量调节能力强，水位变化比较缓慢，小流域则相反。

常用水位特征值反映水位变化规律，如起涨点水位、最高水位或洪峰水位、最低水位、平均水位、警戒水位、保证水位等。起涨点水位指一次洪水过程中，涨水前的最低水位。最高、最低水位指研究期内出现的瞬时最高、最低值，可以是一次洪水过程中出现的最高水位值，也可以是按日、月、年进行统计的日、月、年最高水位。平均水位是研究期内水位的平均值，如日、月、年以及多年平均水位。当水位继续上涨达到某一水位，防洪堤可能出现险情。此时防汛护堤人员应加强巡视，严加防守，随时准备投入抢险，这一水位即定为警戒水位。警戒水位主要是根据地区的重要性、洪水特性、堤防标准及工程现状而确定。按照防洪堤防设计标准计算得到的水位为保证水位，表示水位小于等于此水位时堤防不溃决。有时也把历史最高水位定为保证水位。

常用水位过程线和水位历时曲线研究水位变化规律。以时间为横坐标，水位为纵坐标，将水位按时间顺序点绘而成的曲线称为水位过程线。根据需要可以有日、月、年、多年等不同时段的水位过程线和瞬时水位过程线等。应用水位过程线可以分析水位随时间的变化规律，还可以分析水位与其影响因素（如降雨、融雪、气温等）间的对应关系。

水位历时曲线中的历时是指一年中大于等于某一水位出现的次数之和。绘图时，将一年内逐日平均水位按递减顺序排列，并将水位分成若干等级，分别统计各级水位发生的次数，再由高水位至低水位依次计算各级水位的累积次数或历时，以水位为纵坐标，历时为横坐标，即可绘制水位历时曲线。根据该曲线，可以查得一年中大于等于某一水位的总天数或总历时，对航运、桥梁、码头、引水工程的设计和运行管理具有重要意义。

水位过程线常与水位历时曲线绘在同一图上，如图 8.11 所示。通常在水位过程线上需要标出统计时段内的最高水位、平均水位、最低水位等特征值以供生产、科研等应用。

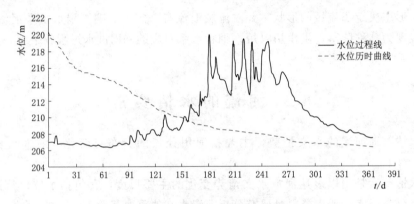

图 8.11　水位过程线与水位历时曲线

8.3.2　流速

流速指河流中水质点在单位时间内运动的距离。由于天然河流过水断面的形态、河床表面特性、河底纵坡、河道弯曲情况以及冰情等，都会对断面内各点流速产生影响，因此，过水断面上，流速随水平及垂直方向的位置不同而变化，即

$$V = f(b, h) \tag{8.8}$$

式中　V——断面上某一点的流速；

　　　b——该点至水边的水平距离；

　　　h——该点至水面的垂直距离。

河流横断面上的流速分布不均匀。沿深度方向的分布称为垂线流速分布。正常情况下，垂线上的最大流速出现在水面以下 $(0.1 \sim 0.3)h$ 水深处，其平均流速一般相当于 $0.6h$ 水深处流速，如图 8.12 所示。如果河面封冻，则最大流速下移。河流横断面上的流速分布一般是由河底向水面、由两岸向河心逐渐增加，河面封冻则较大的流速常出现在断面中部，如图 8.13 所示。

获得河道断面平均流速的方法有实测法和利用水力学公式计算两种。实测法一般是采用流速仪或其他方法，首先测量断面各点流速，实测并计算过水断面面积 A，然后计算断面流量 Q，再用流量公式 $Q = AV$ 计算出断面平均流速 V。用水力学公式计算的前提是

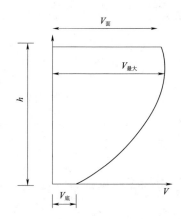

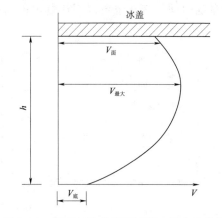

图 8.12 流速在垂线上的分布示意图 　　图 8.13 河面封冻前后断面流速分布示意图

假定河道水流为均匀流，用谢才（Chezy）公式 $V = C\sqrt{RS}$ 或曼宁（Manning）公式 $V = R^{2/3}S^{1/2}/n$ 计算断面平均流速，其中：V 为断面平均流速，C 为谢才系数，R 为水力半径，S 为水面比降，n 为糙率。

8.3.3 流量

流量是指单位时间内流过河流某一断面的水量，是反映水资源和江河、湖泊、水库等水体水量变化的基本数据，也是河流最重要的水文特征值。因断面流速分布不均匀，断面流量一般用下式计算：

$$Q = \int_0^A V \mathrm{d}A = \int_0^B \int_0^H f(b,h)\mathrm{d}h\,\mathrm{d}b \tag{8.9}$$

式中　A——过水断面面积，m^2；

　　$\mathrm{d}A$——A 内的单元面积（宽 $\mathrm{d}b$，高 $\mathrm{d}h$），m^2；

　　V——垂直于 $\mathrm{d}A$ 的流速，$\mathrm{m/s}$；

　　B——水面宽度，m；

　　h——水深，m。

因为 $V = f(b,h)$ 的关系复杂，到目前为止还没有可用来表达的数学公式，应用中把积分变为有限差分形式推求断面流量，即

$$Q = \sum_{i=1}^n q_i = \sum_{i=1}^n A_i V_i \tag{8.10}$$

式中　q_i——第 i 部分流量，m^3/s；

　　A_i——第 i 部分面积，m^2；

　　V_i——第 i 部分平均流速，$\mathrm{m/s}$。

获得断面流量的方法一般有两种：实测法与利用水位-流量关系推求法。利用断面流量公式实测断面流量，首先根据横断面变化特点将断面分成若干部分，测得各部分的流速与过水面积，然后利用式（8.10）计算获得断面流量。利用水位-流量关系推求流量则是根据实测的水位，在已知的断面水位-流量关系曲线上读出相应的流量，同时还可以用断面的水位-面积关系曲线与水位-流速关系曲线加以校正。

流量随时间的变化也可以用流量过程线和历时曲线表示，如图 8.14 所示。

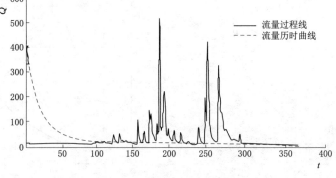

图 8.14　流量过程线与流量历时曲线

8.4　河流的补给

河流的水源补给是指河流径流的来源。河流的水文特性在很大程度上取决于水源补给类型。我国河流的水源补给可分为雨水补给、冰雪融水补给及地下水补给等类型。

8.4.1　雨水补给

雨水是我国河流补给的最主要水源。但是由于各地气候条件的差异，雨水在不同地区的河流中所占的比例差别较大。

我国河流雨水补给量的分布，基本上同降水的分布一致，一般由东南向西北递减。淮河、秦岭以南以及青藏高原以东地区雨量充沛，这些地区的河流多以雨水补给为主，冬季虽有下雪但一般不能形成径流，雨水补给量一般占年径流量的 $60\%\sim80\%$。

东北、华北地区的河流虽有季节雪和冰融水补给，但这部分水源仍占次要地位，雨水是河流的主要补给源。黄淮海平原各河的雨水补给比重最大，占年径流量的 $80\%\sim90\%$。东北和黄土高原诸河较少，占 $50\%\sim60\%$。

西北内陆地区雨量少，河流以高山冰雪融水补给为主，雨水补给居次要地位，一般只占径流量的 $5\%\sim30\%$。

以雨水补给为主的河流的水情特点是水位与流量变化快，在时程上与降雨有较好的对应关系。由于降雨量的年内分配不均匀、年际变化大，因此，径流年内分配也不均匀，年际变化大，丰、枯悬殊。

8.4.2　冰雪融水补给

冰雪融水包括冰川和永久积雪融水及季节性积雪融水。季节性积雪融水补给主要发生在东北、华北地区的河流，补给时间主要在冬季。华北地区积雪不多，季节性积雪融水在年径流中占的比重很小，但春季融水有时可以形成春汛。东北地区冬季时间漫长，且全部是固态的降水，大兴安岭、小兴安岭、长白山地区积雪厚度在 20mm 以上，最厚可达 $40\sim50$mm 以上，春季融水形成春汛，可占年径流量的 15%。季节性积雪融水补给河流的水量变化，在融化期与气温变化一致，其径流过程比雨水形成的径流要平缓。

冰川和永久积雪融水补给的河流主要分布在我国西北内陆地区的高山区。位于盆地边缘面临水汽来向的高山地区相对较湿润，雨雪较多，不仅有季节雪，而且还有永久积雪和冰川，因此高山冰雪融水成为河流的重要补给来源，在某些地区甚至成为河流水量的唯一水源。

冰雪融水补给主要发生在气温较高的季节，其水文特点是具有明显的日变化和年变化，且其水量的年际变化幅度比雨水补给的河流小。这是因为融水量主要与太阳辐射、气温变化一致，且气温的年际变化比降雨量年际变化小。

8.4.3 地下水补给

地下水补给也是我国河流补给的一种普遍形式，特别是在冬季和少雨、无雨季节，大部分河流水量基本上来自地下水。地下水在年径流组成中所占的比例，由于各流域和河道本身的水文地质的差异较大。如东部湿润地区一般不超过 40%，西部干旱地区可超过 40%。地下水补给较大的地区有：①黄土高原沟壑区，其量可达 50%，这是深厚的黄土层透水性强的缘故；②青藏高原地带，因地处高寒带、寒冻风化严重，岩石破碎利于下渗，此外还有大量的冰碛物和冰水沉积物分布，故使河流获得大量的地下水补给，如狮泉河地下水占年径流量的 60% 以上。

我国广大的西南喀斯特地区，由于具有发达的地下水系，暗河和明河交替出现，成为特殊的地下水补给区。

以地下水补给为主的河流，其年内分配和多年变化均较稳定。地下水实际上是雨水和冰雪融水渗入地下转化而成的，它的基本来源仍是雨水和冰雪融水，不过由于渗入地下的水流，流动速度缓慢，再经过地下"水库"的调节，所以表现出地下径流过程变化平、消退缓慢的特点。对于干旱年份或者是人工过量开采地下水后，常使地下水收支平衡遭到破坏，河流基流量将严重减少甚至枯竭干涸。

除了少数山区间歇性小河外，一般河流常有两种以上形式的补给，既有雨水补给，又有地下水补给，或者还有季节性积雪融水补给。河流从这些补给中所获得的水量，对不同地区或同一地区不同河流、不同时期都是不同的。如淮河、秦岭以南的河流只有雨水和地下水两种补给，以北的河流还有季节性积雪融水补给，西北和西南高原河流则是各种类型的补给都有。

山区河流补给还具有垂直地带性，随着流域高程的变化补给形式有所不同。如新疆的高山地带，河流以冰雪融水、季节性积雪融水补给为主，低山地带以雨水补给为主，中山地带冰雪融水、雨水、地下水补给都占有一定的比重。

同一河流在不同的季节，各种水源补给所占比例也有所不同。如以雨水补给为主的河流，在雨季径流的绝大部分由降雨所形成，而枯水期则基本靠地下水维持。东北的河流在春汛径流中，大部分为季节融水，雨季的径流主要来自于降雨，枯水季节则以地下水为主。西北和西南高山地区河流的补给最复杂，这里积雪和冰川在暖季融化，而雨水也集中在同期降落，因此冰雪融水和雨水补给或者交替发生，或者同时发生。

8.5 河流的径流情势

河川径流情势是指河川径流的时程变化特征，包括径流的年内变化，年际变化，洪、枯水特征及水温、冰情等。洪、枯水特征在相应课程中讨论，在此仅讨论径流的年内分配和年际变化。

河川径流的年内分配指径流在一年内的变化过程及特性。年际变化是指径流在多年期间的变化特点。

8.5.1 径流的年内分配

径流的年内分配也称径流的年内变化或季节分配。径流的季节分配影响到河流对工农业的供水和通航时间的长短。天然河流由于受气候因素及与流域调蓄能力有关的下垫面因素的影响，径流量在年内的分配是不均匀的。径流的这种年内变化也是径流补给条件在年内变化的结果。以降雨补给为主的河流，降雨和蒸发的年内变化，直接影响径流的年内分配；冰雪融水及季节性积雪融水补给的河流，年内气温的变化过程与径流季节分配关系密切；流域内有湖泊、水库调蓄或其他人类活动因素影响的，则径流的年内变化更为复杂。

1. 径流年内分配的分析方法

一般在水文学中，常用方法有以下两种：①用月（季或旬）径流量占年径流量的百分比表示；②以综合反映河川径流年内分配不均的特征值表示。

在研究径流年内分配以及进行水利计算时，常采用水文年度。水文年度一般是按照洪、枯水期在一年内的周期变化特点划分的，它的开始时间是枯水期结束或汛期开始之日。水文年度的开始日期有两种不同的划分方法：一是以补给河流水源自然转变为起始日期划分，如从专靠地下水源补给转变为以地表水源补给为主的时候；二是根据降水的丰枯，选择降水量极少、地表径流接近停止时刻为开始日期划分。由此可知，不同水文年度的起始日期是不同的，有早有晚，为整理资料的方便，实际划分以某一月的第一日为年度的开始日期，如淮河流域从 6 月 1 日开始，东北地区从 5 月 1 日开始，南方各地从 3 月 1 日或 4 月 1 日开始。

当水文年度确定好以后，根据实测径流资料（日平均流量）统计出相应年度内的年径流量，然后确定计算时段（月、季或旬），并根据水文站的径流资料统计出相应时段内的径流量，即可计算出不同时段的径流量占年径流量的百分比。

反映径流年内分配不均的特征值较多，常用的是径流年内分配不均匀系数 C，不均匀系数 C 的计算公式为

$$C = \frac{\sqrt{\frac{1}{12}\sum_{i=1}^{12}(Q_i - \overline{Q})^2}}{\overline{Q}} = \sqrt{\frac{1}{12}\sum_{i=1}^{12}(k_i - 1)^2} \tag{8.11}$$

式中　　Q_i——月平均流量，m^3/s；

$\overline{Q}$——年平均流量，m^3/s；

k_i——Q_i 的模比系数，$k_i = Q_i/\overline{Q}$。

C 是表示径流年内分配不均的一个指标。C 越大表示径流年内分配越不均匀；反之则径流年内分配越均匀。

2. 我国河川径流的季节变化

我国多年平均年径流总量约 27115 亿 m^3，平均径流深 284mm，可知年降水总量的

43.8%可以转化为河川径流。我国年径流分布和年降水量分布一样，总的趋势是由南向北和由东向西递减；新疆、甘肃交界以西，则由西向东递减，具有明显的地域性分布规律。同时，由于我国地形错综复杂，加上下垫面条件的差异，年径流的分布更为复杂，呈现出局部多种非地域性变化，不同地区径流年内变化亦有明显的不同。

研究河川径流的季节变化，需要确定统一的季节划分。根据我国气候情况，可以大致划分为：冬季为12月—次年2月，春季为3—5月，夏季为6—8月，秋季为9—11月。

冬季是我国河川径流最枯的季节，称为冬季枯水。因受严寒和冰冻影响，大部分北方河流的冬季径流量低于全年径流量的5%，其中黑龙江省北部和西北地区的沙漠和盆地地区的河流低于全年径流量的2%。但是以地下水补给为主的北方河流，例如黄土高原北部及太行山区的河流，其冬季径流量能达到全年径流量的10%；另外，新疆的伊犁河，因其水汽来自北冰洋，冬季降水较多，冬季径流量能达到年径流量的10%。相对于北方，南方冬季降水较多，但冬季径流量一般仅占全年径流量的6%～8%，只有少数地区大于全年径流量的10%。我国冬季径流量最多的是台湾地区，在15%以上，台北甚至在25%以上。

春季是我国河川径流普遍增多的时期，但增长幅度各地悬殊。东北、北疆阿尔泰山区因融雪和解冻，河川径流显著增加，形成春汛，一般可占全年径流量的20%～25%；内蒙古的东北部锡林郭勒，春季因气温升高，融雪径流增加迅速，可占全年径流量的30%～40%，是一年中径流最丰富的季节；江南丘陵地区开始进入雨季后，径流量增加迅速，可占全年径流量的40%；西南地区因受西南季风的影响，春季降水量较少，径流一般只占全年径流量的5%～10%，导致春旱频繁；华北地区春季径流量不足全年的10%，致使春旱严重。

夏季是我国河川径流量最丰沛的季节，产生的径流一般称为夏季洪水。由于受东南季风和西南季风的影响，南方季风区夏季的降水量很大，南方河流夏季径流量可占全年径流量的40%～50%；西南地区受西南季风影响，云贵高原夏季径流量占全年径流量的50%～60%，四川盆地可达60%，青藏高原则在60%以上；在北方，因雨量较集中，夏季径流量可占全年径流量的50%以上，其中华北和内蒙古中西部可达60%～70%；我国西北地区，因夏季气温升高，大量高山冰雪融化汇入河道，使夏季径流量占全年径流量高达60%～70%。总之，我国河流夏季普遍进入汛期，是洪水灾害多发季节。

秋季是我国河川径流量普遍减少的季节，也称秋季平水。全国多数地区的秋季河川径流量占全年径流量的20%～30%，其中江南丘陵只有10%～15%，常发生秋旱。海南岛是全国秋季河川径流量丰富地区，其秋季径流量可占全年径流量的50%左右，是一年中的丰水季节；其次是秦岭山地及其以南地区，也可达40%左右。

总之，我国绝大部分地区为季风区，雨量主要集中在夏季，径流也如此。而西北内陆河流主要靠冰雪融水补给，夏季气温高，径流集中在夏季，形成我国绝大部分地区夏季径流占优势的基本布局。径流的年内分配规律主要取决于补给水源，径流具有年内分配不均、夏秋多、冬春少的特点，与农作物生长与生产生活需水不一致，因此，一方面需要修建大量水库、塘坝，拦蓄部分夏秋径流以缓减冬春用水的紧张，另一方面又必须兴修防洪除涝工程，防止江河泛滥，使洪涝得以迅速排除，以保证工农业稳产高产、工业正常运转。

8.5.2 径流的年际变化

1. 径流年际变化分析方法

径流的年际变化包含径流的年际变化幅度和径流的多年变化过程两方面。年际变幅常用年径流变差系数 C_v 和年径流的极值比表示。多年变化过程则包括丰、平、枯水组的特征及其周期规律。

其中，年径流的变差系数 C_v 可用下列公式计算

$$C_v = \frac{\sqrt{\frac{1}{n-1}\sum_{i=1}^{n}(Q_i - \overline{Q})^2}}{\overline{Q}} = \frac{\sigma}{\overline{Q}} \tag{8.12}$$

式中　Q_i ——年平均流量，m^3/s；

　　$\overline{Q}$ ——多年平均流量，m^3/s；

　　n ——年径流系列长度；

　　σ ——年平均流量的均方差。

年径流变差系数 C_v 值，反映年径流在年际间的相对变化程度。C_v 越大，表示年径流的年际变化越大，不利于水资源的开发利用，也容易发生洪涝灾害；反之，则年径流的年际变化小，有利于水资源的开发利用。

影响年径流变差系数的主要因素有年径流量、径流补给来源和流域面积三个方面。年径流量越大则降水量越丰富，而降水量丰富地区，其降水量的年际变化小，植被茂密、蒸发稳定，地表径流较丰沛，因此年径流变差系数较小；反之，则年径流变差系数较大。以高山冰川积雪融水或地下水补给为主的河流，其年径流变差系数较小；而以降水补给为主的河流，其年径流变差系数较大，且降水量年际变化越大，年径流变差系数也越大。因为流域面积越大，径流成分越复杂，各支流之间、干支流之间的径流丰枯变化可以相互调节；而且，面积越大，因河床切割很深、地下水的补给丰富而稳定。因此，流域面积越大，其年径流变差系数越小。

年径流的极值比是指实测最大年径流量与最小年径流量的比值。极值比越大，径流的年际变化越大；反之年际变化越小。极值比的变化规律一般与 C_v 类似，即 C_v 越小则极值比越小，反之亦然。我国河流年际极值比最大的是淮河蚌埠站，为 23.7；最小的是怒江道街坝站，为 1.4。

径流的年际变化过程是指径流具有连续丰水年和连续枯水年的周期变化，但周期的长度和变幅是不相等的，即在周期性趋势下，仍然表现出年径流变化的随机性。

2. 我国河川径流年际变化

我国径流的年际变化在量上的变化比降水大；在空间上，北方大于南方，水量越贫乏的地区，丰枯间的水量相差越大。以历年最大最小年径流量的比值为指标，长江以南各河一般小于 3 倍；淮河、海滦河各支流可达 10～20 倍，部分平原河流甚至更大。年径流的变化，不仅存在丰、枯交替，而且存在连续枯水年和连续丰水年的情况。如黄河在近60 年中出现过 1922—1932 年共 11 年的少水期，该段时间年径流的平均值比正常年份少

24%；也出现过 1943—1951 年连续 9 年的丰水期，该段年径流平均值比正常年份多19%。松花江在近 80 年中也出现过 1898—1908 年连续 11 年和 1916—1928 年连续 13 年的少水期，年平均径流量比正常值少 40%；也出现过 1960—1966 年连续 7 年的丰水期，年平均径流量比正常值大 32%。海河近 60 年来连旱、连丰更频繁，如 1919—1923 年、1927—1931 年、1941—1943 年、1946—1948 年、1965—1968 年、1971—1972 年等连续2～3 年甚至 5 年的干旱；也出现过 1954—1956 年、1963—1964 年等连续 2～3 年的洪涝。

小 结 与 思 考

1. 何谓流域？流域有几种类型，如何来区分？流域有哪些主要特征？

2. 河流有哪些主要特征？

3. 河流水系的形状有哪几种？对洪水过程有什么影响？

4. 河流水情要素主要包括哪些？

5. 我国河流水源补给的主要类型有哪些？不同水源补给的河流水文流情势变化特点如何？并根据我国河流水文情势变化特点提出相应的水资源开发利用对策。

6. 如何分析径流的年内分配和年际变化？

线 上 内 容 导 引

★　课外知识拓展 1：河流分级及地貌定律（PPT）

★　课外知识拓展 2：水情要素的测量

★　线上互动

★　知识问答

第9章 流 域 产 流

第7章对径流形成过程做了简要描述，根据径流形成过程中不同阶段性质的差异和特点，可将其分为流域蓄渗、坡地汇流、河网汇流三个过程。流域蓄渗过程实质是流域各处的雨水在逐步满足了各项损失后形成径流的过程，也就是产流过程。本章主要介绍流域产流，实际上是对蓄渗过程物理机制做进一步分析。从包气带中水分运行与消退规律出发，研究单点产流的物理机制，归纳总结流域面上的产流规律并简要介绍流域产流计算方法。

9.1 包气带的水文特性

在流域上沿深度方向取一土壤剖面，如图9.1所示，可以看出，以地下水面为界可把土壤剖面划分为两个不同的含水带。地下水面以下，土壤处于饱和含水量状态，是土壤颗粒和水分组成的二相系统，称为饱和带或饱水带。地下水面以上，土壤含水量未达饱和，是土壤固体颗粒、水分和空气同时存在的三相系统，称为包气带或非饱和带。

当土壤剖面中不存在地下水面时，也就不存在饱和带。这时不透水基岩以上整个土层全属包气带。在特殊情况下，当地下水位出露地表或不透水基岩出露地表时，包气带厚度为零或者说不存在包气带。

包气带是径流形成和输送的重要场所。径流形成过程实质上是水分在流域中的运行和再分配过程，而水分的运行和再分配主要发生在包气带中，包气带的特征及其水分动态将影响产流过程和产流量的大小，所以研究流域产流规律需要以包气带及其水分动态为基础。

9.1.1 包气带的水分分布特征

包气带按其水分分布特征可划分为三个明显不同的水分带（图9.2）：接近地面处存在的毛管悬着水带、接近地下水面处存在的毛管上升水带，以及位于两者之间的中间包气带。

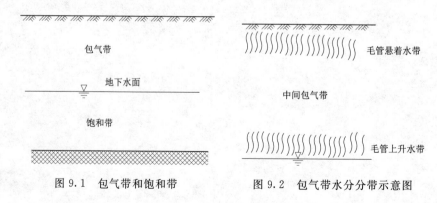

图9.1 包气带和饱和带　　　　图9.2 包气带水分分带示意图

1. 毛管悬着水带

毛管悬着水带位于包气带的上部靠近地表的土层中，水分以毛管悬着水的形式存在于土壤中。这一层的水分直接或间接与外界进行水分交换，水分变化较大，对径流形成影响较大，所以这一层在水文上称为影响土层。这一带的水分主要来源于降雨、消耗于蒸发，水分分布受气象因素和土壤特性的影响较为明显。在干旱地区，土壤透水性较差时，雨后的下渗锋面一般不超过 20cm，在连续降雨的情况下，下渗锋面可向下推进到较大的深度，但一般不会超过 1m。在湿润地区，土壤透水性较强及地下水埋深较浅时，土壤水分经常保持在田间持水量附近，如遇连续降雨，可使较厚的土层水分超过田间持水量而产生自由重力水，自由重力水向下渗透补给地下水，但土层能达到饱和的部分也只限于表层 10～20cm 范围内，水分变化较大的深度范围大致也在 0.5～1.0m 之间。另外，土壤蒸发直接减少土壤水分并改变表层土壤水分分布。国内外的观测资料表明，一般情况下蒸发影响土层在 1m 左右，而强烈的土壤蒸发层发生在地表以下 30cm 的范围内。

综上所述，毛管悬着水带内土壤水分的增长与消退影响土层的范围，在 1m 左右，而其中水分变化强烈的部分是近地面 30cm 范围以内，通常称为水分积极活动层，它是对降雨进行再分配的主要水分带。

2. 中间包气带

毛管悬着水带与毛管上升水带之间的水分带称为中间包气带，它的厚度与地理位置及地下水埋深有关。在干旱地区，中间包气带的厚度可达几十米，在湿润地区一般为几米。当地下水埋深较浅时，中间包气带可能不复存在。中间包气带的水分变化较小，具有相对稳定的性质。中间包气带不直接与外界进行水量交换，而是一个水分的蓄存及输送带，其水分含量的多少取决于年降水量的大小、土壤的透水性及地下水位的高低。在地下水位埋深较大、年降水量较少的地区，中间包气带的含水量一般在毛管断裂含水量及最大分子持水量之间，且年变幅不大。在年降水量丰沛及土壤透水性较好的地区，中间包气带的含水量大致在毛管断裂含水量与田间持水量之间，当地下水位埋深较浅，中间包气带较薄时，由于上下供水充分，其含水量保持在田间持水量附近。

3. 毛管上升水带

地下水面以上，在土壤孔隙毛管力的作用下，一部分水分沿孔隙上升到地下水面以上的土层中，形成一个水分带，称为毛管上升水带或支持毛管水带。该带厚度取决于土壤的最大毛管上升高度。毛管上升高度与土壤孔隙的半径成反比，即土壤孔隙越大，毛管上升高度越小。在天然土壤中，由于孔隙组成及层次分布等的影响，实际毛管水上升高度要小得多，毛管上升水带的厚度一般在 1～2m 范围内。

毛管上升水带的土壤含水量，一般自下而上逐渐减小，由饱和含水量逐渐减小到与中间包气带下端相衔接的含水量，对极干旱的土壤则以最大分子持水量为下限。由于毛管上升水带下端与地下水面相接，有充分的水分来源，故其含水量分布较稳定。毛管上升水带的位置随地下水位的升降而变化，由此决定了中间包气带的厚度和变化。

以上是包气带的一般水分分布规律，由于各地气候条件和地下水埋深条件的差异，各地的包气带厚度和水分分布特征有很大不同。

9.1.2 包气带水分动态

包气带水分动态是指包气带中水分含量及水分剖面的增长与消退过程。

1. 包气带水分的增长

包气带中增长的水分来源于上界面的降水或灌溉和下界面的地下水补给（前提是存在地下水）。天然情况下，地下水的补给一般处于均衡状态，即蒸散发消耗多少，地下水就向上补给多少。因此，上界面的降水是包气带水分增长的主要原因。上界面以上的大气降水导致包气带水分增长的机理是下渗，按照下渗理论，这种机理可具体表述为：当雨强 i 大于上界面的下渗能力 f_p 时，实际下渗率 f_a 等于 f_p；当雨强 i 小于或等于上界面的下渗能力 f_p 时，实际下渗率 f_a 等于 i。即

$$i > f_p \text{ 时}, f_a = f_p \tag{9.1}$$

$$i \leqslant f_p \text{ 时}, f_a = i \tag{9.2}$$

于是一场降雨中包气带增加的总水量应为

$$F = \sum_{i > f_p} f_p \Delta t + \sum_{i \leqslant f_p} i \Delta t \tag{9.3}$$

一次降雨中湿润锋面所能达到的最大深度则取决于降雨历时、强度、土壤的透水性和前期土壤含水量情况。图 9.3 给出了供水充分时不同下渗时间的土壤水分剖面，由此图可知包气带水分因下渗而增长的情况。

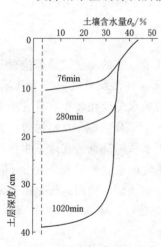

图 9.3 不同下渗时间的土壤水分剖面

2. 包气带水分的消退

包气带水分的消退同样发生在它的上、下界面上，消退过程的水分运行方向与增长过程完全相反。上界面水分消退方式是土壤蒸发和植物散发，下界面水分消退主要通过内排水过程完成，即包气带的水分到达地下水面、转化为地下径流的过程，或经由相对不透水层，从坡脚流入河槽的过程。但内排水过程只有当包气带含水量达到田间持水量以上、包气带中出现自由重力水时才能出现。因此在一般情况下，土壤蒸发和植物散发是包气带水分消退的主要原因。根据蒸散发理论，蒸散发消耗水分取决于气象条件和土壤含水量，主要规律是

$$\begin{cases} E = E_m & \theta \geqslant \theta_a \\ E = \left[1 - \dfrac{1-C}{\theta_a - \theta_b}(\theta_a - \theta) \right] E_m & \theta_b < \theta < \theta_a \\ E = CE_m & \theta \leqslant \theta_b \end{cases} \tag{9.4}$$

式中 θ_a、θ_b——上、下临界土壤含水量，其中 θ_a 等于或稍小于田间持水量，θ_b 介于凋萎系数和毛管断裂含水量之间；

E_m——蒸散发能力，介于植物散发能力和土壤蒸发能力之间；

C——远小于 1 的常数。

9.1.3 包气带对降雨的再分配作用

包气带中的孔隙和裂隙等具有吸收、储存和输送水分的功能，这种功能将导致它对降雨的一系列再分配作用。

1. 包气带地面对降雨的再分配作用

地面犹如一面"筛子"，地面的下渗能力好比"筛孔"，下渗能力大表示筛孔也大，可以把大的雨强"筛入"土中；下渗能力小表示筛孔也小，只能把小的雨强"筛入"土中。由于下渗能力随土壤含水量的增加而逐渐减小，直至达到稳定下渗率，因此，更确切地说地面像一面筛孔会逐渐变小的"筛子"。

设某时刻地面下渗能力为 f_p，雨强为 i。若 $i > f_p$，则由于实际下渗率 $f_a = f_p$，地面这面筛子只能把雨强 i 中的 f_p 部分"筛入"土中，而 $(i - f_p)$ 部分剩余在"筛面"，即暂留在地面上，也就是说包气带表面能把降雨分成两部分：一部分进入土中，另一部分暂留在地面。而当 $i \leqslant f_p$ 时，实际下渗率 $f_a = i$，全部降雨均进入土中。

假设有一场降雨，其总降雨量用下式表示

$$P = \sum i \Delta t \tag{9.5}$$

式中 Δt——时段长。

在这场降雨中，有时出现 $i > f_p$ 的情况，有时出现 $i \leqslant f_p$ 的情况，因此一场降雨中进入土中的总水量显然为

$$F = \sum_{i > f_p} f_p \Delta t + \sum_{i \leqslant f_p} i \Delta t \tag{9.6}$$

而暂留在地表面的总水量为

$$R_s = \sum_{i > f_p} (i - f_p) \Delta t \tag{9.7}$$

根据质量守恒定律，必有

$$P = F + R_s \tag{9.8}$$

可见，根据雨强和地面下渗能力的对比关系，包气带地面总是要把所承受的降雨划为两部分：一部分渗入土中，一部分暂留在地面。地面对降雨的这种再分配作用可形象化地称为"筛子"作用。

2. 包气带土层对下渗水量的再分配作用

降雨通过地面进入土中的那部分水量，即下渗水量 F，首先在土壤吸力作用下被土壤颗粒吸附保持，成为土壤持水量的一部分，还有一些要以蒸散发形式 E 逸出地面，返回大气。当下渗水量 F 扣除蒸散发 E 后的水量能够满足包气带缺水量 D，即 $F - E > D$ 时，剩余部分的水量 $(F - E - D)$ 便成为可从包气带中排出的自由重力水 R_{sub}。可见，进入土中的下渗水量 F 被包气带土层划分为 E、D 和 R_{sub} 三部分，即

$$F = E + D + R_{sub} \tag{9.9}$$

其中

$$D = W_f - W_0 \tag{9.10}$$

式中 W_f——包气带达到田间持水量时土壤含水量；

W_0——包气带初始土壤含水量。

因此有

$$F=E+(W_f-W_0)+R_{sub} \tag{9.11}$$

如果出现 $F-E<D$，即下渗水量扣除蒸散发后的水量满足不了包气带缺水量时，R_{sub} 为零，而且雨末包气带含水量 W_e 未达到田间持水量，即 $W_e<W_f$。这时式 (9.11) 变为

$$F=E+(W_e-W_0) \tag{9.12}$$

由上述分析不难看出，在包气带土层对下渗水量的再分配过程中，就 R_{sub} 是否产生而言，田间持水量 W_f 起着控制作用，它好像"门槛"一样，当出现 $F-E+W_0>W_f$ 时，表明包气带土层的储水量超过这一"门槛"，会有水分"溢出"土层而成为 R_{sub}；而当出现 $F-E+W_0 \leqslant W_f$ 时，则表明包气带土层的储水量低于这个"门槛"，因此就不会有水分"溢出"土层，即没有 R_{sub} 产生。由于这个缘故，包气带土层对下渗水量的再分配作用可形象化地称为"门槛"作用。

9.1.4 包气带水量平衡方程式

以上讨论的包气带对降雨的再分配作用，即"筛子"和"门槛"作用，可以统一在包气带水量平衡方程式中。事实上，对于 $F-E>D$ 的情况，由式 (9.8) 和式 (9.11) 可得

$$P=E+(W_f-W_0)+R_s+R_{sub} \tag{9.13}$$

而对于 $F-E \leqslant D$ 的情况，由式 (9.8) 和式 (9.12) 可得

$$P=E+(W_e-W_0)+R_s \tag{9.14}$$

式 (9.13) 和式 (9.14) 就是包气带水量平衡方程式的通式。在实际应用中，它可以对任一固定时段来写，也可以对一次暴雨过程来写。

包气带水量平衡方程式也可以分层来建立。如果把包气带划分成 A、B、C、D 四层，如图9.4所示，则不难写出各分层的水量平衡方程式为

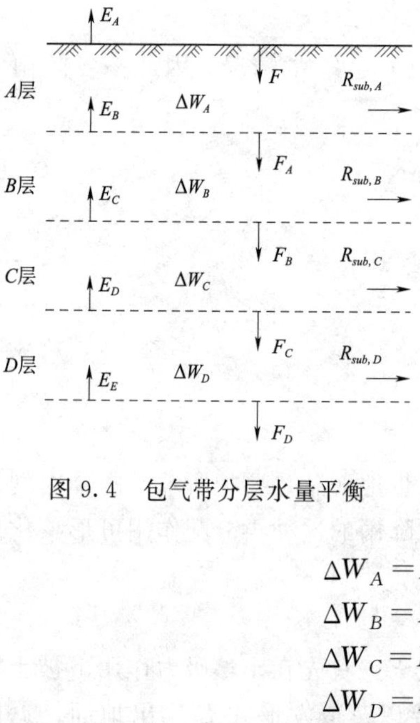

图 9.4 包气带分层水量平衡

$$\Delta W_A=F-E_A-F_A-R_{sub,A}+E_B$$
$$\Delta W_B=F_A-E_B-F_B-R_{sub,B}+E_C$$
$$\Delta W_C=F_B-E_C-F_C-R_{sub,C}+E_D$$
$$\Delta W_D=F_C-E_D-F_D-R_{sub,D}+E_E$$

式中 F——从地面下渗到土中的水量；

E_A、E_B、E_C、E_D——A、B、C、D 层向大气的蒸散发量。

9.2 产 流 机 制

所谓产流是指流域中地面径流、壤中流、地下径流等不同径流成分的生成过程。它是在流域下垫面上，由降雨、蒸发、土壤含水量等因素相互作用产生的水文过程。不同的下垫面条件具有不同的产流机制，不同的产流机制又影响整个产流过程的发展，呈现出不同

的径流特征。为便于认识流域产流机制，首先从微小单元面积——单点的产流机制入手，然后再讨论天然流域的产流机制。在讨论产流机制之前，有必要介绍传统的产流观念——霍顿观念以及霍顿观念与实际现象之间的矛盾。

9.2.1　传统产流观念回顾

1933 年霍顿用下渗理论阐述了对产流的基本见解，提出当雨强大于下渗能力时，产生地面径流；当下渗量（扣除蒸散发后）大于土壤缺水量时，产生地下径流，并给出了相应的产流条件，其基本观念可概括为以下几点：

（1）径流生成受制于两个条件，分为四种情况：

1）当 $i > f_p$，$F - E > D$，则 $R_s > 0$，$R_g > 0$。

2）当 $i > f_p$，$F - E \leqslant D$，则 $R_s > 0$，$R_g = 0$。

3）当 $i \leqslant f_p$，$F - E > D$，则 $R_s = 0$，$R_g > 0$。

4）当 $i \leqslant f_p$，$F - E \leqslant D$，则 $R_s = 0$，$R_g = 0$。

（2）流域出口断面的流量过程由两种径流成分所组成，这两种径流成分分别是地面径流和地下径流。地面径流是决定一次洪水涨落的主要构成部分；地下径流是维持长期枯季水量的主要来源。

（3）一旦降雨强度超过下渗能力，则全流域产生地面径流。

霍顿观念的重要意义在于第一个提出了产流的主导因素和概括了径流生成的基本条件，即超渗地面径流的形成机制。从特定意义上讲，它给出了径流生成的最基本规律。但在 20 世纪 60 年代以后，由于对径流形成的机制开展了广泛深入的研究，发现这种传统产流观念与实际水文现象之间存在矛盾，于是新的产流观念、产流理论和相应的计算方法开始出现并逐渐完善。但是霍顿产流观念无论过去还是现在都具有重要的理论意义，这是因为他第一个提出了产流的主要因素，概括了径流生成的基本条件，以及阐明了超渗地面径流的形成机制。

20 世纪 60 年代以后，通过对小流域，特别是植被良好的小流域的观测、实验，发现了实测径流过程与霍顿观念存在不少矛盾，这种矛盾可以概括为以下几个方面：

（1）对于下渗能力较大的流域，当降雨强度小于下渗能力时，有时有地面径流产生，并出现对应的洪水过程；有时虽没有地面径流产生，但却在出口断面观测到与地面径流过程相似的洪水过程。

（2）对应一次降雨，有时出现形状有别的前后两次洪峰过程，前一个峰形高而尖瘦，后一个峰形矮而胖。

（3）有的流域，在湿润季节，微小的降雨，即使 $i < f_p$，在流量过程线上都可产生敏感的反映，呈现对应的起伏变化。

（4）全流域产流极为罕见，一般是在流域的局部面积上产流。

上述的这些矛盾都说明霍顿的产流观念并不能全面反映流域产流规律，在产流条件、径流成分以及产流面积上都需要进行补充和完善，更重要的是需要进一步分析和阐述流域产流过程的物理机制。

9.2.2　产流机制

产流机制，是指水分沿土层剖面的垂向运行中，在一定的供水与下渗条件下，各种径流成分的产生原理和过程。这里所说的供水是包括降雨在内的,以及在土壤中由上向下的供水。下渗不仅指地面的下渗,而且包括土壤中任一下渗面的下渗,有供水便有下渗,没有供水便没有下渗。首先分析单点的产流机制。

1. 超渗地面径流产流机制

自降雨开始至任一时刻的地面径流产流量 R_s 可用下列水量平衡方程来表达:

$$R_s = P - E - F - I_n - U \tag{9.15}$$

式中　P、E、F——自降雨开始至 t 时刻的累积降雨量、蒸发量、下渗量,mm;

　　　I_n、U——植物截留量和填洼量,mm。

在一次降雨径流过程中,植物截留量 I_n 一般不大,只有几毫米,森林茂密地区,也只能达到十几毫米。填洼量 U 对一固定流域来说,变化不大。雨期蒸发量 E 甚小,而 I_n 和 U 数量不大,且其数量比较稳定,是一个缓变因素,同时截留和填洼水量最终消耗于蒸发和下渗,所以雨期蒸发、截留和填洼在地面径流的产生过程中不起支配作用,对产流量的计算影响不大。下渗量 F 则是一个多变的因素,下渗量随降雨特性、前期土壤湿润情况不同而不同,其数值可占一次降雨量的百分之几到百分之百,其绝对量从几毫米到近百毫米。下渗在超渗地面产流过程中,具有决定性的意义。式(9.15)在忽略 E、I_n 和 U 后,得

$$R_s = P - F \tag{9.16}$$

若以产流强度表示,则

$$r_s = i - f_p \tag{9.17}$$

式中　r_s——地面径流的产流强度,mm/h;

　　　i——降雨强度,mm/h;

　　　f_p——下渗能力,mm/h。

由于降雨强度及下渗强度均是时间的函数,所以 r_s 也是随时间而变的量。

只有当 $i > f_p$ 时才有地面径流发生,即 $r_s > 0$,所以 R_s 或 r_s 又称超渗地面径流;当 $i \leqslant f_p$ 时则无地面径流产生,即 $r_s = 0$,此时降水将全部耗于下渗,$f_p = i$。

若以积分形式表示,则一场降雨产生的超渗地面径流量可按下式计算:

$$R_s = \int_{i > f_p} (i - f_p) \mathrm{d}t \tag{9.18}$$

2. 壤中流产流机制

壤中流发生在非均质或层次性土壤中的易透水层与相对不透水层的交界面上,表层流净雨沿坡面表层土壤空隙界面上流动即形成壤中流。这种具有层理的土层界面,在自然中广泛存在,如森林地区的腐殖层、山区的表土风化层、土壤的耕作层等,其透水性均比下层密实结构土壤的透水性强得多,它们构成了包气带土壤的相对不透水层。壤中流显然比地面径流运动缓慢,但在有些地区,其量可能比地面径流大许多,特别是在森林流域中强度暴雨情况下,壤中流数量更为突出,它几乎是洪水的主要径流成分。

设土层由两种不同质地的土壤构成,上层土壤质地较粗,用 A 表示;下层土壤质地较细,用 B 表示,如图 9.5 所示。在这种土层中,上层下渗率 f_A 大于下层下渗率 f_B,即 $f_A > f_B$,显然上层稳定下渗率 $f_{c,A}$ 也大于下层稳定下渗率 $f_{c,B}$。在降雨下渗的过程

中，土层土壤含水量逐渐增加，由于 $f_A >$ f_B，上层土壤含水量增加快于下层，当上层土壤达到田间持水量后，$f_{c,A}$ 就成为上下土层界面的供水强度，后续降雨强度如果介于 $f_{c,A}$ 和 f_{pB} 之间，即 $f_{pB} < i \leq f_{c,A}$ 时，则必有 $(i - f_{pB})$ 的水分积聚在 AB 界面附近形成临时饱和带。而当 $i > f_{c,A}$ 时，也有 $(f_{c,A} - f_{pB})$ 的水分积聚在界面上形成临时饱和带。只有当 $i \leq f_{pB}$ 时，降雨才全部通过 AB 界面进入 B 层，而无水分积聚在界面

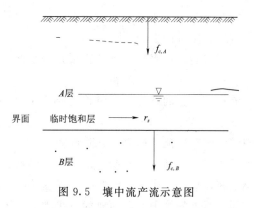

图 9.5　壤中流产流示意图

上。积聚在 AB 界面上的水分，在适当的地形坡度条件下，可产生侧向运动。这种在两种不同透水性土壤界面上形成的，在适当条件下可以沿界面流动的径流称为壤中流径流。一场降雨产生的壤中流径流总量可按下式计算

$$R_{sb} = \int_{f_{c,A} \geq i > f_{pB}} (i - f_{pB}) \mathrm{d}t + \int_{i > f_{c,A}} (f_{c,A} - f_{pB}) \mathrm{d}t \tag{9.19}$$

由上所述，壤中流产生的物理条件如下：

（1）包气带中存在相对不透水层，上层透水能力大于下层。

（2）上层向界面上的供水强度大于下层下渗强度。

（3）界面上产生积水，形成临时饱和带，界面还需具备一定的坡度。

国内外许多径流实验及小流域观测资料表明，壤中流相当广泛地存在着，特别是在植被覆盖山坡流域更为明显。图 9.6 为伊犁河山坡径流场的实测资料，图中尖峰后部的径流是坡脚 1～2m 内溢出的壤中流，其特征是退水段平缓，这是由流速较小的壤中流成分所造成的。图 9.7 为裴德河东发站 1970 年 6 月的一次流量过程线，降雨为单峰，而洪水却为双峰，这是由于流速不同的径流成分所造成的，第一个峰为地面径流形成，第二个峰为壤中流形成。

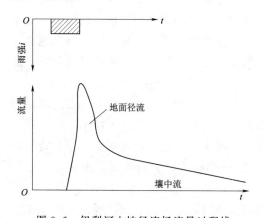
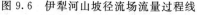

图 9.6　伊犁河山坡径流场流量过程线

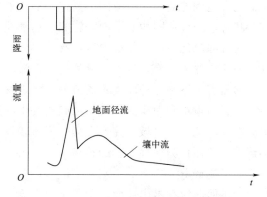

图 9.7　裴德河东发站流量过程线

3. 饱和地面径流产流机制

在很长一段时期内，人们发现，对于表层透水性很强的包气带，例如具有枯枝落叶覆

盖的林地，由于地面的下渗能力很大，以致实际发生的降雨强度几乎不可能超过它，但却仍有地面径流产生。

事实上，在表层土壤具有很强透水性的情况下，虽然雨强超过地面下渗能力几乎是不可能的，但因为下层是相对不透水层，却可能发生雨强大于下层下渗能力的情况。按照壤中流径流产生的条件，这时首先会产生壤中流。当降雨过程中出现 $f_{pB}<i\leqslant f_{c,A}$ 时，在上下土层界面（相对不透水层界面）上就会出现临时饱和带，由于 $i\leqslant f_{c,A}$，地面不会出现超渗地面径流。如果后续降雨满足 $i-f_{pB}-r_{sb}>0$，则这个临时饱和带会随着后续降雨的继续而不断向上发展，最终将达到地面。这时相对不透水层界面以上的土层含水量达到饱和，整个土层的下渗取决于 f_{pB} 和 r_{sb}，后续降雨中 $i-f_{pB}-r_{sb}$ 部分水量将积聚在地面，不再是壤中流，而成为一种地面径流，这样形成的地面径流称为饱和地面径流。

由此可见，饱和地面径流产生的物理条件可概括为以下几方面：

（1）包气带中存在相对不透水层，上层透水能力大于下层。

（2）上层向相对不透水层界面上的供水强度大于下层下渗强度。

（3）上层土壤含水量达到饱和含水量。

饱和地面径流的产流强度可按下式计算

$$r_{sat}=i-r_{sb}-f_{pB} \tag{9.20}$$

式中 i——雨强；

    r_{sb}——壤中流产流强度；

    f_{pB}——界面上的下渗能力。

一场降雨产生的饱和地面径流量为

$$R_{sat}=\int_{i>(r_{sb}+f_{pB})}[i-(r_{sb}+f_{pB})]\mathrm{d}t \tag{9.21}$$

4. 回归流产流机制

在天然条件下，形成壤中流的相对不透水界面一般是具有一定坡度的坡地。随着降雨的发展，饱和积水带的水流将沿坡地做侧向运动，而坡脚处由于不断接收上部壤中流而使水面上升达到地面，并沿坡向上延伸，形成沿坡饱和层的不均匀分布。坡脚底部经常处于饱和状态，而坡顶则相对干燥。饱和带达到地面部分的坡地，后继降雨便产生饱和地面径流。还有部分地面以下的壤中流，有一部分在已饱和的坡面上渗出，以地面径流的形式加入坡面流或注入河槽，这种水流称为回归流。

回归流并不是一种原生径流成分，而是壤中流派生出来的一种径流成分。在降雨过程中，随着山坡饱和面积的扩大，回归流发生的范围将不断扩大，如图 9.8 所示。回归流一般只在极小的山坡流域，并且在壤中流比较发育的情况下，才能显示出对流量过程线形状的影响，从而作为一种独立的径流成分存在。对于 $3\sim 5km^2$ 以上的流域，很难作为一种独立的径流成分。

由于回归流在潜出坡面以前属于壤中流，而潜出坡面以后又具有地面径流的性质，因此它汇入河槽的速度快于壤中流而慢于地面径流，在山坡小流域它可以形成一个单独的涨洪过程。图 9.9 是浙江省姜湾径流实验站高坞村小流域的一次实测径流过程。一般来说，在壤中流比较发育并有饱和地面径流发生的坡地，必然也同时伴随着回归流，只是量级大小的差别。对不同的前期湿润条件及供水条件，它的变化幅度较大。

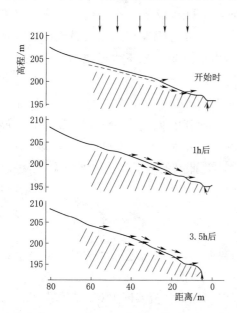

图 9.8　3.5h 54mm 降雨量的回归流发展示意图

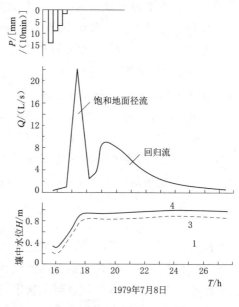

图 9.9　浙江省姜湾径流实验站高坞村
小流域的一次实测径流过程

5. 地下径流产流机制

当地下水埋藏较浅，包气带厚度不大，土壤透水性较强，在持续降雨过程中，下渗锋面到达支持毛管水带上缘，这时表层影响土层将与地下水建立水力联系。如果后续降雨使包气带含水量继续增加，包气带含水量超过田间持水量后，将产生自由重力水补给地下水，于是便产生了地下径流。

因此，地下径流产生的物理条件是整个包气带土壤含水量达到田间持水量。由下渗理论可知，在下渗过程中，从包气带上层到下层是依次达到田间持水量的。整个包气带达到田间持水量意味着整个土层达到稳定下渗，此时包气带中的自由重力水可以从地面一直到达地下水面，而在此以前，上层的自由重力水只能为下层土壤所保持，而不能到地下水面。因此，当整个包气带土壤含水量达到田间持水量后，整个土层的下渗率达到稳定下渗率，自此以后如有降雨则必产生地下径流。

对于均质土壤，当雨强大于等于包气带稳定下渗率，即 $i \geqslant f_c$ 时，雨强中的 f_c 部分将以自由重力水形式到达地下水面成为地下径流 r_g；而剩余部分 $(i - f_c)$ 则成为超渗地面径流。当 $i < f_c$ 时，则全部降雨成为地下径流 r_g。即对于均质土壤，由于不存在相对不透水层，包气带的土壤含水量达到最大持水量时，下渗水量必然全部转化为地下径流，此时的地下径流的产流率 r_g 等于下渗率 f_c，即 $r_g = f_c$。一场降雨所产生的地下径流总量可按下式计算

$$R_g = \int_{i \geqslant f_c} f_c \mathrm{d}t + \int_{i < f_c} i \mathrm{d}t \tag{9.22}$$

对于非均质土壤，整个土层的下渗率均达到稳定下渗率，上层稳定下渗率 $f_{c,A}$ 大于

下层稳定下渗率 $f_{c,B}$。当雨强大于等于上土层稳定下渗率，即 $i \geqslant f_{c,A}$ 时，雨强中的 $f_{c,A}$ 部分将以自由重力水形式到达上下土层界面，而剩余部分 $(i-f_{c,A})$ 则成为超渗地面径流；由于 $f_{c,A} > f_{c,B}$，则其中 $(f_{c,A}-f_{c,B})$ 部分将积聚在上下土层界面，形成侧向流动的壤中流 r_{sb}，而 $f_{c,B}$ 部分将以自由重力水形式到达地下水面成为地下径流 r_g，此时的地下径流的产流率 r_g 等于 $(f_{c,A}-r_{sb})$，即 $r_g = f_{c,A}-r_{sb}$。当 $i < f_{c,A}$ 时，全部降雨均以自由重力水形式到达上下土层界面，如果 $i \geqslant f_{c,B}$，则其中 $(i-f_{c,B})$ 部分将积聚在上下土层界面，形成侧向流动的壤中流 r_{sb}，而其中 $f_{c,B}$ 部分将以自由重力水形式到达地下水面成为地下径流 r_g，此时的地下径流的产流率 r_g 等于 $(i-r_{sb})$，即 $r_g = i-r_{sb}$；如果 $i < f_{c,B}$，则全部降雨均成为地下径流 r_g，此时的地下径流的产流率 r_g 等于雨强 i，即 $r_g = i$。这场降雨所产生的地下径流总量可按下式计算

$$R_g = \int_{i \geqslant f_{c,A}} (f_{c,A}-r_{sb})\mathrm{d}t + \int_{f_{c,B} \leqslant i < f_{c,A}} (i-r_{sb})\mathrm{d}t + \int_{i < f_{c,B}} i\,\mathrm{d}t \tag{9.23}$$

由上述分析可知，地下径流的产流也同样取决于供水与下渗强度的对比，其产流条件基本与壤中流相同，只是其发生的界面是包气带的下界面。

在天然条件下，地下水位较高时，壤中流径流与地下径流实际上难以截然分开，通常将两者合并作为地下径流考虑。在有些土层较厚地区，相对不透水层不止一个，可能会形成近地表的快速壤中流和下层的慢速壤中流。从实用的角度出发，视情况和要求，有时把快速壤中流并入地面径流计算，并称为直接径流；慢速壤中流并入地下径流计算，并称为地下径流。只有在壤中流丰富的流域，为了提高径流模拟的精度，才有必要将壤中流单独划分出来。

6. 界面产流规律

综合分析上面所介绍的超渗地面径流、壤中流径流、饱和地面径流、回归流、地下径流等 5 种径流成分的水分运行特点及产流条件，不难看出它们之间存在共同的规律。从水分运行特点来看，对任何一种产流机制，其产流的首要条件是要有供水，对地面径流是降水，对其他径流成分则是由上向下的下渗水流。但这并不是产生径流的充分条件。

此外，任何一种径流成分都是在两种不同透水性物质的界面上产生的，而且上层介质的透水性必须好于下层介质的透水性。反之，如果上层介质的透水性弱于下层介质的透水性，则在界面上不可能产生任何径流，这是因为在上层介质透水性弱于下层介质透水性时，由上层传递的水分能顺利地通过界面而进入下层介质中，所以在界面上不可能有水分积聚而形成径流。

从透水性角度看，大气层可认为是绝对透水的，因此它与包气带的界面——地面就具备产流的基本条件，这就是超渗地面径流产生的基本条件。不透水基岩或地下水面，可看作绝对不透水，因此在这样的界面上也具备产流的基本条件，这就是地下径流产生的基本条件。在包气带内部，在两种不同透水性土壤的界面上，当较强透水性的土壤位于界面以上时，也提供了产流的基本条件，这就是壤中流产生的基本条件。如果地下水面因土层饱和能达到地面，则地面就变成大气与水面的界面，大气是绝对透水的，水面是绝对不透水的，因此在它们的界面也具备产流的基本条件，这就是饱和地面径流产生的基本条件。

9.3 流域产流的基本模式

流域中同一地点一般会出现一种或数种不同径流成分的组合，由于流域下垫面及土层结构的差异，加之降雨特性的复杂多变，不同地点的组合情况可能不同，为研究方便，称一种或几种产流机制的组合为产流类型。对流域而言，一般存在一个主导的产流类型，多数情况下它决定了流域产流的基本特征。

9.3.1 单点产流类型与产流模式

9.3.1.1 单点产流类型

决定产流机制组合的根本因素是包气带土壤的质地和结构、地下水位和植被状况、地质结构等。土壤水分的初始状况（土层初始蓄水量 W_0）和供水情况（雨强 i）决定了不同时间不同产流类型之间的相互转换。天然条件下的产流类型大致可以归纳为以下 9 种。

1. R_s 型

为单一超渗地面产流机制。当下垫面条件由很厚的包气带且透水性差的均质土壤组成时，遇较大强度降雨，即可发生这种单一的地面径流产流类型。包气带透水性差，土层下渗能力小，容易出现超渗现象；均质土壤不会出现壤中流；由于包气带厚，故下渗水分难以到达地下水面，不会出现地下径流。

包气带厚度中等，但久旱后遇大强度、短历时暴雨也可发生这种产流类型。久旱、包气带缺水量大，暴雨历时短、雨强大、总量小，包气带难以蓄满亦即蓄水量难以达到田间持水量，但容易超渗。

在这种产流条件下，一场降雨的流域水量平衡方程式可写为

$$\begin{cases} P = E + (W_e - W_0) + R \\ R = R_s \end{cases} \tag{9.24}$$

式中　P——降雨量；

E——雨期蒸散发；

W_0——土层初始蓄水量；

W_e——雨末的土层蓄水量；

R_s——超渗地面径流量；

R——流域产流量。

由式（9.24）可以解得，在这种产流条件下一场降雨所产生的径流量为

$$R = P - E - (W_e - W_0) \tag{9.25}$$

由式（9.25）可知，产流量 R 与降雨量 P、雨期蒸散发量 E、土层初始蓄水量 W_0 以及雨末的土层蓄水量 W_e 均有关系。一场降雨结束时的 W_e 虽然并不知道，但 W_e 等于 W_0 与下渗水量之和，下渗水量与 i 和 f_p 的对比关系有关，而 f_p 与 W_0 有关。

因此，在这种产流条件下，影响一次降雨径流总径流的因素为：降雨量 P、降雨强度 i、土层初始蓄水量 W_0 和蒸散发量 E。

2. $R_s + R_{sb}$ 型

径流由超渗地面径流和壤中流两种成分组成。它发生的条件是：包气带厚，近地表有

相对不透水层，上层土壤透水性差，下层更差，而雨强又大。上层透水性差、雨强大，容易出现超渗；下层透水性更差，容易形成临时饱和层，出现壤中流；包气带厚，下渗水分不易到达地下水面，不会出现地下径流。

当包气带厚度中等，有相对不透水层，久旱后遇大强度、短历时暴雨，也可能出现这种类型。这是因为暴雨历时短，下渗水量少，尽管上土层不厚，下渗水量也不致使其饱和，只可能由于雨强大而超渗。有相对不透水层容易出现壤中流；久旱时整个包气带缺水量大，短历时暴雨下渗水量不大，包气带难以蓄满，意味着下层干燥，下渗水量不会到达地下水面。

在这种产流条件下，一场降雨的流域水量平衡方程式可写为

$$\begin{cases} P = E + (W_{mu} - W_{0u}) + (W_{el} - W_{0l}) + R \\ R = R_s + R_{sb} \end{cases} \tag{9.26}$$

式中　W_{mu}——上土层田间持水量；

　　　W_{0u}——上土层初始蓄水量；

　　　W_{el}——下土层雨末蓄水量；

　　　W_{0l}——下土层初始蓄水量；

　　　R_{sb}——壤中流径流量。

由式（9.26）可以解得，在这种产流条件下一场降雨所产生的径流量为

$$R = P - E - (W_{mu} - W_{0u}) - (W_{el} - W_{0l}) \tag{9.27}$$

对式（9.27）进行分析可知，在这种产流条件下，影响一次降雨径流总径流的因素为：降雨量 P、降雨强度 i、土层初始蓄水量 W_0 和蒸散发量 E。

3. $R_{sb} + R_{sat}$ 型

径流由壤中流和饱和地面径流两种成分组成。多发生在相对不透水层浅、下层很厚、上层土壤透水性强的山区或森林流域。上层土壤透水性强，雨强不会超过地面下渗能力；相对不透水层浅意味着上层薄，降雨量很容易使上土层饱和而出现饱和地面径流；有相对不透水层，则容易出现壤中流；下层厚意味着下渗水量不能到达地下水面，不会产生地下径流。

在这种产流条件下，一场降雨的流域水量平衡方程式可写为

$$\begin{cases} P = E + (W_{su} - W_{0u}) + (W_{el} - W_{0l}) + R \\ R = R_{sb} + R_{sat} \end{cases} \tag{9.28}$$

式中　W_{su}——上土层饱和含水量；

　　　R_{sat}——饱和地面径流量。

由式（9.28）可以解得，在这种产流条件下一场降雨所产生的径流量为

$$R = P - E - (W_{su} - W_{0u}) - (W_{el} - W_{0l}) \tag{9.29}$$

对式（9.29）进行分析可知，在这种产流条件下，影响一次降雨径流总径流的因素为：降雨量 P、降雨强度 i、土层初始蓄水量 W_0 和蒸散发量 E。

4. $R_s + R_g$ 型

发生在包气带厚度中等或较薄、均质土壤、土层透水性一般但地下水埋深不大的地

区。土层透水性一般容易超渗，均质土壤不会出现壤中流；地下水埋深不大，下渗水分容易到达地下水面。

在这种产流条件下，一场降雨的流域水量平衡方程式可写为

$$\begin{cases} P = E + (W_m - W_0) + R \\ R = R_s + R_g \end{cases} \tag{9.30}$$

式中　W_m——流域土层田间持水量；

　　　R_g——地下径流量。

由式（9.30）可以解得，在这种产流条件下一场降雨所产生的径流量为

$$R = P - E - (W_m - W_0) \tag{9.31}$$

对式（9.31）进行分析可知，在这种产流条件下，影响一次降雨径流总径流的因素为：降雨量 P、土层初始蓄水量 W_0 和蒸散发量 E。

5. $R_{sb} + R_g$ 型

包气带不厚但相对不透水层较深，上层土壤透水性极强，下层稍次。上层土壤透水性极强，雨强不可能超过地面下渗能力，上土层厚不容易蓄满，因此，既不可能出现超渗地面径流，也不可能出现饱和地面径流；有相对不透水层，容易出现壤中流；上、下土层透水性都好，整个包气带不厚，下渗水量容易到达地下水面。

在这种产流条件下，一场降雨的流域水量平衡方程式可写为

$$\begin{cases} P = E + (W_m - W_0) + R \\ R = R_{sb} + R_g \end{cases} \tag{9.32}$$

由式（9.32）可以解得，在这种产流条件下一场降雨所产生的径流量为

$$R = P - E - (W_m - W_0) \tag{9.33}$$

对式（9.33）进行分析可知，在这种产流条件下，影响一次降雨径流总径流的因素为：降雨量 P、土层初始蓄水量 W_0 和蒸散发量 E。

6. R_{sb} 型

包气带厚相对不透水层深，上层土壤透水性极强，下层差。上层土壤透水性极强，难以超渗；包气带厚难以蓄满，下渗水量也难以到达地下水面；有相对不透水层，容易出现壤中流。

在这种产流条件下，一场降雨的流域水量平衡方程式可写为

$$\begin{cases} P = E + (W_{mu} - W_{0u}) + (W_{el} - W_{0l}) + R \\ R = R_{sb} \end{cases} \tag{9.34}$$

由式（9.34）可以解得，在这种产流条件下一场降雨所产生的径流量为

$$R = P - E - (W_{mu} - W_{0u}) - (W_{el} - W_{0l}) \tag{9.35}$$

对式（9.35）进行分析可知，在这种产流条件下，影响一次降雨径流总径流的因素为：降雨量 P、降雨强度 i、土层初始蓄水量 W_0 和蒸散发量 E。

7. $R_s + R_{sb} + R_g$ 型

包气带厚度中等，有相对不透水层，地面透水性差，下层更差，雨强大且雨时长。地面透水性差、雨强大，容易超渗；有相对不透水层，容易出现壤中流；雨时长，下渗水量

多，包气带不厚，下渗水量易达地下水面。

在这种产流条件下，一场降雨的流域水量平衡方程式可写为

$$\begin{cases} P=E+(W_m-W_0)+R \\ R=R_s+R_{sb}+R_g \end{cases} \tag{9.36}$$

由式（9.36）可以解得，在这种产流条件下一场降雨所产生的径流量为

$$R=P-E-(W_m-W_0) \tag{9.37}$$

对式（9.37）进行分析可知，在这种产流条件下，影响一次降雨径流总径流的因素为：降雨量 P、土层初始蓄水量 W_0 和蒸散发量 E。

8. $R_{sb}+R_{sat}+R_g$ 型

包气带厚度中等，存在相对不透水层，上层极易透水，下层次之。上层极易透水而又有相对不透水层，有利于上层土壤饱和，从而产生饱和地面径流和壤中流；包气带厚度不大而透水性又好，下渗水量易达地下水面，从而产生地下径流。

在这种产流条件下，一场降雨的流域水量平衡方程式可写为

$$\begin{cases} P=E+(W_{su}-W_{0u})+(W_{ml}-W_{0l})+R \\ R=R_{sb}+R_{sat}+R_g \end{cases} \tag{9.38}$$

式中　W_{ml}——下土层田间持水量。

由式（9.38）可以解得，在这种产流条件下一场降雨所产生的径流量为

$$R=P-E-(W_{su}-W_{0u})-(W_{ml}-W_{0l}) \tag{9.39}$$

对式（9.39）进行分析可知，在这种产流条件下，影响一次降雨径流总径流的因素为：降雨量 P、土层初始蓄水量 W_0 和蒸散发量 E。

9. R_g 型

包气带不厚，均质土壤强透水层，下有基岩，雨强小，雨时长，或表层有孔洞、裂隙等。强透水层、雨强小，因此不易超渗又不易饱和，均质土壤不会出现壤中流；强透水，下渗水量容易到达地下水面，地下水又容易排入河槽。

在这种产流条件下，一场降雨的流域水量平衡方程式可写为

$$\begin{cases} P=E+(W_m-W_0)+R \\ R=R_g \end{cases} \tag{9.40}$$

由式（9.40）可以解得，在这种产流条件下一场降雨所产生的径流量为

$$R=P-E-(W_m-W_0) \tag{9.41}$$

对式（9.41）进行分析可知，在这种产流条件下，影响一次降雨径流总径流的因素为：降雨量 P、土层初始蓄水量 W_0 和蒸散发量 E。

每种产流类型都有其相应的径流成分。但同一地点，在不同的供水和土壤初始含水量条件下，会出现不同的产流类型。注意饱和地面径流一定与壤中流相伴，这是因为，一般来说如果没有相对不透水层，要使整层土层饱和是不可能发生的。

9.3.1.2　单点产流模式

由于流域各点产流类型可能不同，同一地点的产流类型又随不同的供水和土壤初始含水量条件而变化。当前产流计算技术尚不能精确考虑流域时空变化的产流类型，分布式水

文模型虽然可考虑流域时空变化的产流情况，但目前尚达不到实用要求。一是模拟径流的精度不高，二是计算时间太长。为使水文学能服务于科学研究和生产实际，必须对流域的产流类型进行进一步概括，提炼出易于计算的几种产流模式。从次降雨-径流关系出发考察产流类型及影响因素，可以发现上述 9 种产流类型，根据其与供水强度的关系是否密切可以概括为两种产流模式：

$$R = f(P, i, W_0, E)$$
$$R = f(P, W_0, E)$$

（1）$R = f(P, i, W_0, E)$ 型。9 种产流类型中，凡是径流总量 R 受雨强影响或与雨强关系密切的，这类产流类型称为超渗产流模式。

（2）$R = f(P, W_0, E)$ 型。9 种产流类型中，凡是降雨径流总量 R 不受雨强影响或与雨强关系不密切，径流总量 R 主要取决于降雨总量和包气带土壤初始含水量 W_0 的，这类产流类型称为蓄满产流模式（或超蓄产流模式）。

这里所谓超渗产流和蓄满产流显然是针对一次降雨形成的总径流而言的，离开这个前提，超渗产流和蓄满产流之分就没有什么实际意义。应该指出，应用蓄满产流模式只能确定一次降雨的总径流量，而不能把其中包含的不同径流成分分割出来，也不能精确地给出产流量的时程分配。

两种产流模式的概括简化了产流计算，提供了实用的产流计算方法，是过去和目前广泛使用的产流计算方法，它的提出为水文学的发展做出了贡献。

9.3.1.3 冻土产流机制

冻土是在严寒地区的特殊物理现象，冻土以其独特的形式在径流形成中起着重要的作用。冻土产流具有如下特点：

（1）在冻结期间作为一个不透水层存在于岩石和土层中，但又不同于岩石和土壤的不透水层。随着暖季的到来，冻土不断融化，不透水界面由土壤表面不断向下延伸。

（2）冻结期间，减弱了土层对蒸发的供水水分，使消耗于蒸发的水分减少，从而使土壤保持湿润。

（3）冻土的冻结与消融过程使土壤变得松散，增大了透水性。

从冻土特征及其消融过程来看，它具备 R_{sat} 及 R_{sb} 产流机制的基本条件。在转暖的初期，最初的融雪及降雨将以饱和地面径流形式产生径流。随着冻土的融化将产生壤中流。当冻土为季节性冻土层且冻土层下有地下水时，则将产生 R_g 径流；当无地下水时，随着暖季的继续则可能转换为单一的 R_s 产流机制。当为多年性冻土时，则在暖季仍保持着 R_{sat} 及 R_{sb} 产流机制。在这种情况下，唯一的特点是，由于冻土界面的变深，不同时期饱和地面产流所必需的土壤蓄水量是变动的。它在各年间、各个时期是不同的，与当年的气温变化有着密切的关系。

9.3.2 流域产流模式和产流特征

流域产流研究的是流域上的一场降雨究竟有多少水量可以转化为径流，降雨过程如何转化为净雨过程。流域产流与流域的自然地理和气象条件密切有关。一个大流域通常由若干个中等流域组成，中等流域又由许多小流域集合而成，小流域则由更小的集水单元组成。周围为山坡的山谷是流域空间上最小的集水单元，一般称为山坡流域。显然，组成流域的各山坡流域的产流特性决定了流域的产流特性。

1. 山坡流域的分类

按包气带厚度、土壤、岩石、植被特点以及地下水的高低、有无，大致上可把山坡流域划分为四种类型。

（1）第 I 类山坡流域。包气带较薄，植被茂密，表土疏松，山坡地形较陡。这些地区的特点是土壤经常比较湿润，地下水埋藏浅，产流类型属 $R_{sb}+R_{sat}+R_g$ 型或 $R_{sb}+R_{sat}$ 型。此类山坡流域多位于南方湿润地区和东北森林地区。

（2）第 II 类山坡流域。包气带厚度中等，土层透水性中等，有相对不透水层，存在地下水位，植被良好，山坡坡度中等。产流类型属 $R_s+R_{sb}+R_g$ 型，此类山坡流域多位于半湿润地区。

（3）第 III 类山坡流域。包气带很厚，均质土壤，土层透水性差，植被稀少；地下水埋深很大，常深达数十米。我国西北黄土高原地区的山坡流域均属这种流域，其径流特征是只有超渗地面径流，没有或很少有壤中流和地下径流。产流类型属 R_s 型，此类山坡流域主要出现在干旱地区。

（4）第 IV 类山坡流域。地势平坦，土层透水性好，地下水理深很浅，毛管水带接近地面，土层缺水量小，一次降雨的下渗锋面极易与毛管水带建立联系，包气带缺水量极易得到满足。产流类型属 $R_{sb}+R_{sat}+R_g$ 型，这种流域一般位于冲积平原地区。

以上 4 种山坡流域的产流类型是山坡流域产流的常态，在特定气象条件下可转换为其他类型。例如：第 I 类山坡流域在长期干旱后，遇短历时暴雨，则该次暴雨产流类型可能属 R_s 型或 R_s+R_{sb} 型。第 II 类山坡流域在连绵阴雨后，遇长历时暴雨，则该次暴雨产流类型可能属 $R_{sb}+R_{sat}+R_g$ 型；遇中雨时，可能属 $R_{sb}+R_g$ 型；遇小雨可能属 R_{sb} 型。

2. 流域产流模式和产流特征

流域产流特征指的是流域内各点产流机制的宏观表现。由于流域通常都是由不同类型的山坡流域组合而成的，因此，流域的产流特征应该取决于组成流域的山坡流域的产流特征。在任何一个流域中，各类山坡流域占有不同的比重，占比重较大的山坡流域对流域产流特征的贡献大，则可以认为占主导地位的山坡流域的产流特征决定了流域的主要产流特征，占主导地位的山坡流域的产流类型就代表了流域的产流类型。由 9.3.1 所述内容可知，产流类型可进一步概化为产流模式。因此，流域的产流模式是流域主要产流特征的数学描述。

对中小流域，流域的下垫面构成情况变化不大，其组成的山坡流域差异较小，因此用占主导地位的山坡流域的产流模式代替流域的产流模式进行产流计算不会造成大的误差。

当流域较大时，山坡流域组成复杂，各类山坡流域产流特征差异大，这时不宜将整个流域看作存在单一产流模式。在这种情况下，通常将大的流域划分为更小的计算流域，使计算流域下垫面构成及气象因素相差不大，由各计算流域的产流模式计算产流量，相加就得到研究流域总产流量。如果要推算流域出口断面流量过程，一般是对各计算流域做汇流计算，求得各计算流域出口断面流量过程，最后由各计算流域的出口断面流量过程经河网汇流计算，推求出研究流域的出口断面流量过程。

3. 流域产流特征影响因素分析

流域的下垫面构成情况和流域上变化着的各种水分因素,是影响流域产流特征的两大因素。前者是自然地理因素,而后者是气象因素。

(1) 流域下垫面的构成因素。天然流域的下垫面构成比较复杂,由于流域中存在各类地形、地貌单元,如高山、丘陵、平原、谷地、洼地及湖沼等,它们又有相应的地质构造、土壤分布、植被分布及不同的地下水位等。这种下垫面条件构成的差异,造成产流模式和产流条件的差异,从而形成了流域中不同产流类型的空间分布及其组合。正如前面所分析,如果计算单元局限在中小流域,则下垫面条件相对比较均一,其产流模式不难根据其自然地理特征确定。由于下垫面条件的稳定性和缓变性,对一个固定流域来说,其产流的基本特征是相对稳定的,因而其产流模式也是相对稳定的。

(2) 流域上的水分因素。流域水分因素如降雨、蒸发、下渗、土壤湿度、地下水位等一般是变化的。这些因素的时空分布与组合,导致了不同产流类型在时程上的相互转换。由于产流模式具有概括性,只要产流类型仍属原产流模式概括范围,这种产流类型的转换不会对产流计算造成影响。如果产流类型的转换造成产流模式的变化,针对这种非常态模式,产流计算必须相应调整。产流过程中,产流面积在空间上的发展对流域产流量影响极大;产流计算时,多数情况下应考虑流域面积在空间和时间上的发展变化,在流域的产流模式计算中,用一定的方法反映这种时空变化。

9.4　流域产流面积的变化

降雨过程中流域上产生径流的部分称为产流区,产流区所包围的面积称为产流面积。流域产流面积在一次降雨过程中不断变化(图9.10),由于降雨、下渗和土壤含水量等在流域上时空分布的不均匀性,造成流域各处的产流,无论是开始时间还是发展过程在空间上都不是同步和均一的。降雨开始前,河流中的水量主要来自流域中包气带较厚的中下游地区的地下水补给。在流域的上游地区,一般由于土层浅薄,没有地下水补给枯季径流。降雨开始后,流域中易产流的地区先产流,因此河流中的水量主要来自易产流地区,这些易产流地区主要是土层浅薄的地区或河沟附近土壤含水量较大的地区或雨强大的地区。这时河沟开始逐渐向上游延伸,河网密度开始增加。随着降雨的持续,产流面积不断扩大,河网密度不断增加,从而组成了不同时刻的出口断面流量过程线。

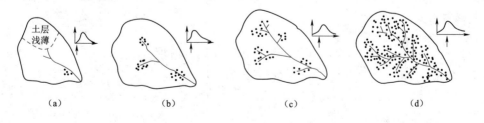

图 9.10　流域产流面积变化

(a) 降雨开始前;(b) 降雨初期;(c)、(d) 继续降雨

产流面积的空间分布与发展，直接影响流域产流过程的发展和产流量的大小，它对产流计算是十分重要的。由于不可能获得整个流域上产流面积时空变化的资料，所以目前采用统计特征曲线，即应用反映产流面积的流域蓄水容量面积分配曲线和下渗能力面积分配曲线，来分别研究蓄满产流和超渗产流两种基本产流模式的产流面积变化规律。

9.4.1 流域蓄水容量面积分配曲线

流域上各处包气带的厚薄及土壤特性一般不同，各处都有一个蓄水容量值 W'_m，即土壤所能持有的最大水量，约为田间持水量，单位为 mm。对湿润地区，地下水位埋深浅、

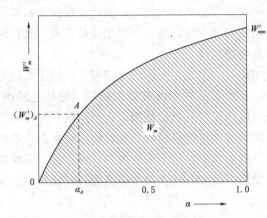

图 9.11　流域蓄水容量曲线

产流面积的形成以包气带含水量达到其蓄水容量为前提条件。因此，在一次降雨过程中，产流面积将随包气带含水量的增长而变化。首先把全流域划分为许多微小单元面积，然后按其蓄水容量由小到大顺序排列，并逐一累加统计小于等于相应蓄水容量值的面积。然后以蓄水容量 W'_m 为纵坐标，以小于等于该 W'_m 所占的流域面积比重 α 为横坐标，所得到的曲线即为流域蓄水容量面积分配曲线，也称流域蓄水容量曲线，曲线具体形式如图 9.11 所示。

根据流域蓄水容量曲线的定义，可知蓄水容量曲线具有以下特点：

（1）它是一条单值递增曲线。W'_m 最小值为流域微单元蓄水容量的最小值，通常假定为 0，但也可以不为 0；其最大值为流域中最大的微单元的蓄水容量值，记为 W'_{mm}。

（2）曲线上某点的横坐标代表流域中小于等于某一个 W'_m 值的流域面积占全流域面积的比重。

（3）整条曲线与横坐标所围面积代表的水量等于流域蓄水容量或最大持水量，亦即流域中各点达到田间持水量时流域包气带的含水量，可以用 WM 来表示。

（4）对一个流域来说，流域蓄水容量曲线是唯一的，WM 为常数。

（5）这条曲线不能具体表示流域上某处包气带的缺水量情况。

由于不可能通过测量或实验得到流域蓄水容量曲线，实际工作中一般是通过假定曲线方程形式，再用实际的降雨径流资料予以校验。我国常采用指数曲线或抛物线形式的曲线，其函数形式如下

$$\alpha = \varphi(W'_m) = 1 - \left(1 - \frac{W'_m}{W_{mm}}\right)（抛物线）\tag{9.42}$$

$$\alpha = \varphi(W'_m) = 1 - e^{-bW'_m}（指数曲线）\tag{9.43}$$

式中　α——面积比重；

　　　　b——反映面积分配情况的指数；

　　　　其余符号意义同前。

9.4.2　流域下渗能力面积分配曲线

当流域是以超渗地面径流为主导机制时，其产流过程的发展受下渗规律的支配。流域各点因土壤性质不均一，土壤含水率各异，因而各点的下渗能力不一致，只有了解下渗能力在流域面上的分布，才能知道产流面积的发展过程。要取得大量的流域面上的下渗资料是困难的，与蓄水容量曲线一样，也可采用统计性质的流域下渗能力面积分配曲线来刻画下渗能力在流域面上的分布。根据流域上各处的下渗特性，将全流域划分为很多单元面积，每一单元面积都有相应的下渗能力曲线。根据这些曲线，对于给定的前期土壤含水量，可求出各单元的相应下渗能力，然后统计并累加小于等于该下渗能力的所有单元面积，并以占全流域总面积的百分比表示。然后以地面下渗能力 f_p 为纵坐标，以小于等于该下渗能力所占的流域面积比重 β 为横坐标，所得曲线即为流域下渗能力面积分配曲线，曲线具体形式如图 9.12 所示。

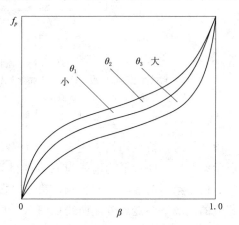

图 9.12　流域下渗能力面积分配曲线

下渗能力面积分配曲线的特点如下：

（1）对于一个流域来说，流域下渗能力面积分配曲线不是唯一的，而是一组以初始土壤含水量 W_0 为参变数的曲线。

（2）全流域干燥时对应的下渗能力面积分配曲线是流域下渗能力面积分配曲线簇的上包线，全流域土壤包气带均达到田间持水量状况下的下渗能力面积分配曲线则是该曲线簇的下包线，即为流域稳定下渗率分配曲线。

（3）下渗能力面积分配曲线不能给出流域各点的下渗能力，只能给出下渗能力小于某一下渗能力值的面积。

9.4.3　流域产流面积的变化

1. 蓄满产流总径流的产流面积变化

蓄满产流的总径流量是受控于包气带田间持水量的，即在包气带水量平衡方程式 $R' = P - E - (W'_m - W'_0)$ 中，当 $P - E > (W'_m - W'_0)$ 时就产流，否则就不产生径流。因此，在降雨空间分布均匀的情况下，蓄满产流的产流面积变化可用流域蓄水容量曲线来阐明，如图 9.13 所示。假设降雨开始时流域是干燥的，即 $W_0 = 0$，则不难看出，蓄满产流的产流面积变化有如下特点：

（1）随着降雨量的不断增加，产流面积不断增大。

（2）产流面积的变化与降雨强度无关。

（3）全流域发生蓄满产流的条件是 $\sum(P - E) \geqslant W'_{mm}$。

当 $W_0 \neq 0$ 时，可做出类似的分析。

2. 超渗地面径流的产流面积变化

超渗地面径流产生的条件是雨强大于地面下渗能力，因此，在降雨空间分布均匀的情况下，超渗地面径流的产流面积变化可用流域下渗能力分配曲线来阐明，如图 9.14 所示。

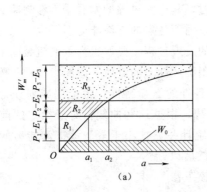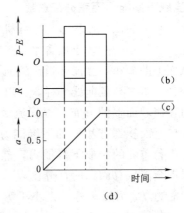

图 9.13　蓄满产流的产流面积变化

（a）流域蓄水容量曲线；（b）降雨扣除蒸散发的过程；（c）产流量过程；（d）产流面积变化过程

P—降雨量（mm）；E—蒸散发量（mm）；R—总径流量（mm）；W_0—初始流域蓄水量（mm）

角标 1、2、3—时段序号

降雨开始时，流域初始土壤含水量为 W_0，相应的流域下渗容量分配曲线如图 9.14（a）所示。若第一时段平均雨强为 i_1，则得第一降雨时段的产流面积和下渗水量分别为 β_1 和 I_1。由于第一时段降雨的影响，第二时段降雨开始时的流域土壤含水量变为（W_0+I_1），相应的流域下渗能力分配曲线如图 9.14（b）所示。若第二时段的平均雨强为 i_2，则得第二雨时段的产流面积和下渗水量分别为 β_2 和 I_2。如此一个时段一个时段计算下去，就可以求得一场降雨过程中，超渗地面径流产流面积的变化过程。

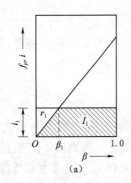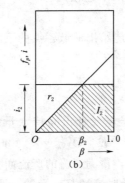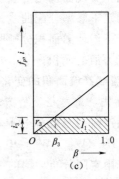

图 9.14　超渗产流的产流面积变化

（a）第一时段，$W=W_0$；（b）第二时段，$W=W_0+I_1$；（c）第三时段，$W=W_0+I_1+I_2$

因此，超渗地面径流的产流面积变化有下述特点：

（1）随着降雨历时的增加，产流面积有时增大，有时减小。

（2）产流面积的大小与降雨强度和初始土壤含水量有关。

（3）一次降雨过程中，全流域超渗产流与局部流域超渗产流可能是交替出现的。

壤中流产流也有产流面积变化问题，但研究壤中流的产流面积变化是很困难的。初步研究表明，距地面越深，壤中流产流面积的变化越大。

9.5 流域产流量的计算

9.5.1 蓄满产流模式的产流计算

考察蓄满产流模式包含的各种产流类型及产流类型所含径流成分的发生条件，就可以知道，只有在湿润地区，当包气带缺水量得到满足后才可能产流，包气带缺水量是包气带蓄水容量 W'_m 与包气带初始蓄水量 W'_0 的差值，包气带蓄水容量大致等于土壤田间持水量。因此，流域中某点包气带土壤蓄水量达到蓄水容量后即产流，反之则不产流。

产流的可能情况有以下三种：

（1）如果包气带土壤蓄水量不但达到了蓄水容量，而且达到了饱和蓄水量，此时，由土壤下渗能力下降至稳定下渗率，后续降雨强度超过稳定下渗率时，一定会发生饱和地径流，产流类型为 $R_{sb}+R_{sat}+R_g$ 或 $R_{sb}+R_{sat}$ 型。

（2）包气带土壤含水量达到蓄水容量，但未达到饱和含水量，一定不会产生地面径流。后续降雨强度一定不会超过表土层的下渗能力，但是可能超过下层的下渗能力。土壤下渗水量转换成的径流包含壤中流和地下径流，或仅有壤中流，产流类型为 $R_{sb}+R_g$ 或 R_{sb} 型。

（3）包气带土壤含水量达到蓄水容量，但未达到饱和含水量，一定不会产生地面径流。后续降雨强度未超过下层的下渗能力，土壤的下渗水量转换成的径流仅有地下径流，产流类型为 R_g 型。

利用流域的蓄水容量曲线，可以计算流域降雨径流过程中的总产流量。水文学中为计算方便，各种水量均以流域平均深度表示。

1. 蓄满产流的降雨径流关系

对蓄满产流，根据流域蓄水容量曲线，可求出流域蓄满产流的降雨径流关系。

如果降雨开始时，流域蓄水量 $W_0=0$，降雨量为 P，雨期蒸散发量为 E，记 $PE=P-E$，并称之为有效降雨；则由图 9.15（a）可知，蓄水容量 W'_m 小于等于 PE 的面积上要产流。产流面积为 α_d、不产流面积为 $1-\alpha_d$。面积 $OadhgO$ 表示的水量为产流量，面积 $OadfbcO$ 表示的水量为流域包气带的蓄水增量，即降雨量中不能形成径流的损失量。不同的有效降雨量 PE，都对应一个产流量 R，根据这一关系，便可得到一条 $W_0=0$ 时的 $PE-R$ 关系曲线，如图 9.15（b）所示。

如果降雨开始时，流域初始蓄水量为 $W_0=W$，如图 9.15（a）所示，面积 $OabcO$ 代表的水量就是该 W_0，有效降雨量 PE 产生的径流量 R 为图中阴影部分面积。而面积 $adfba$ 代表的水量为流域包气带的蓄水增量 ΔW。图中 W_0 对应纵坐标上一个高度为 A 的值，可以把它设想为本次降雨之前，在流域包气带初始土壤蓄水为 0 的情况下，降了一次雨量为 A 的有效降雨，它使流域包气带蓄存了 W_0 的水量，因此，可以把本次降雨开始时的初始土壤蓄水 W_0 对应的 A 值称为前期影响雨量。显然，在这种情况下，不同的 PE 依然对应唯一的 R 值，即可得一条 $W_0=W$ 的 $PE-R$ 关系曲线。

如果降雨开始时，流域初始蓄水量为 $W_0=WM$，这时候全流域都要产流，有效降雨量全部转换为径流量，即 $PE=R$，因此 $PE-R$ 关系曲线是一条通过原点的 $45°$ 直线。

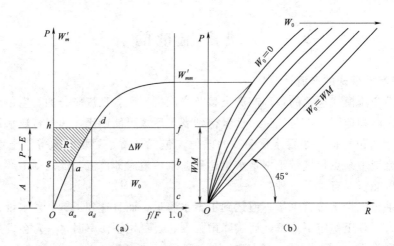

图 9.15 流域蓄水容量曲线与降雨径流关系示意图

(a) 流域蓄水容量曲线产流计算；(b) 流域蓄满产流的降雨径流关系

在 $0 \sim WM$ 范围内取不同的 W_0 值，便可得一组以 W_0 为参数的 PE-R 关系曲线，如图 9.15（b）所示，该图即为蓄满产流降雨径流关系曲线。可见，降雨径流关系曲线实际上是流域蓄水容量曲线的另一种表现形态，它们都是反映湿润地区产流规律的工具，代表的是蓄满产流模式。

降雨径流关系曲线的上部为平行于 $PE=R$ 线的直线，表示不管流域初始蓄水量为多少，只要 $PE+A>W_{mm}$，两者之差的那部分降雨量 $DP=PE+A-W_{mm}$ 将全部转换为径流，说明 DP 雨量开始降落时，流域已经处于全流域产流。关系曲线的下部为曲线，属于流域部分面积产流。

利用蓄水容量曲线，还可以说明一个重要概念，即相对产流面积等于时段径流系数。设对应于某一 W_0 值，其产流面积为 α，若在 dt 时段内有降雨增量 dP，其对应的产流量为 dR，由蓄水容量曲线可知

$$dR = \alpha \, dP \longrightarrow \frac{dR}{dP} = \alpha$$

上式说明，在蓄水容量曲线产流计算中，dt 时段内的径流系数等于（相对）产流面积。从图 9.16 中也可看出，它恰为降雨径流关系曲线对应点的斜率 dP/dR 的倒数，即降雨径流关系曲线上任一点的斜率的倒数，等于在该点处的径流系数。

2. 总径流量的计算

由流域蓄水容量曲线的概念易知，应用它可以确定降雨空间分布均匀情况下蓄满产流的总径流量。事实上，若 $W_0=0$ 时有一降雨量 P，则产生的总径流量为（图 9.17）

$$R = (P-E) - \int_0^{P-E} [1 - \varphi(W_m')] \, dW_m' \qquad (9.44)$$

而流域土壤含水量的增加为

$$\Delta W = \int_0^{P-E} [1 - \varphi(W_m')] \, dW_m' \qquad (9.45)$$

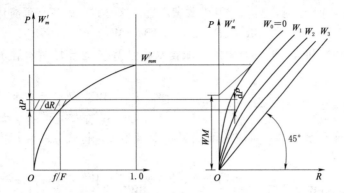

图 9.16 产流面积与时段降雨径流系数关系示意图

以上二式中各符号意义同前。

但当 $W_0 \neq 0$ 时，则应首先确定初始流域土壤含水量 W_0 的空间分布。为此引进一个假设，即假设初始流域土壤含水量 W_0 呈图 9.18 所示的分布，其对应的前期影响雨量为 a，于是有

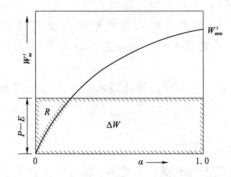

图 9.17 $W_0 = 0$ 时蓄满产流总径流量的计算

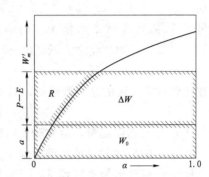

图 9.18 $W_0 \neq 0$ 时蓄满产流总径流量的计算

$$W_0 = \int_0^a [1 - \varphi(W'_m)] \mathrm{d}W'_m \tag{9.46}$$

在这种情况下，计算蓄满产流总径流量和流域土壤含水量增量的公式分别为

$$R = (P - E) - \int_a^{P-E+a} [1 - \varphi(W'_m)] \mathrm{d}W'_m \tag{9.47}$$

和

$$\Delta W = \int_a^{P-E+a} [1 - \varphi(W'_m)] \mathrm{d}W'_m \tag{9.48}$$

由式（9.47）可见，当 $P - E + a < W'_{mm}$ 时，流域上只有局部面积产流。常见的流域蓄水容量曲线有抛物线形［式（9.42）］和指数形［式（9.43）］两类，流域蓄水容量曲线通常采用抛物线。

当 $P - E + a < W'_{mm}$ 时，即流域局部产流时，将蓄水容量曲线式（9.42）代入式（9.47），可得产流量为

$$R = (P - E) - WM \left[\left(1 - \frac{a}{W'_{mm}} \right)^{1+b} - \left(1 - \frac{a + P - E}{W'_{mm}} \right)^{1+b} \right] \tag{9.49}$$

当 $P-E+a \geqslant W'_{mm}$ 时，全流域发生蓄满产流，这时式（9.47）可简化为

$$R=(P-E)-(WM-W_0) \tag{9.50}$$

其中式（9.49）和式（9.50）中的流域蓄水容量 WM 是流域蓄水容量曲线与横坐标包围的面积，即

$$WM=\int_0^{W'_{mm}}\left[1-\varphi(W'_m)\right]\mathrm{d}W'_m=\int_0^{W'_{mm}}\left(1-\frac{W'_m}{W'_{mm}}\right)^b \mathrm{d}W'_m=\frac{W'_{mm}}{1+b} \tag{9.51}$$

初始流域土壤含水量 W_0 对应的前期影响雨量为 a，将式（9.42）代入式（9.46），则有

$$W_0=\int_0^a\left[1-\varphi(W'_m)\right]\mathrm{d}W'_m=\int_0^a\left(1-\frac{W'_m}{W'_{mm}}\right)^b\mathrm{d}W'_m=\frac{W'_{mm}}{1+b}\left[1-\left(1-\frac{a}{W'_{mm}}\right)^{1+b}\right] \tag{9.52}$$

由于 W_0 已知，由式（9.52）可求得式（9.49）中的前期影响雨量 a

$$a=W'_{mm}\left[1-\left(1-\frac{W_0}{WM}\right)^{\frac{1}{1+b}}\right] \tag{9.53}$$

式（9.49）和式（9.50）表明，在蓄满产流模式下，总径流量只是降雨量 P、雨期蒸散发量 E 和初始流域蓄水量 W_0 的函数。还可以看出，如果流域蓄水容量曲线可用式（9.42）表达，则欲建立流域降雨-径流关系，只需事先给定流域蓄水容量 WM 和抛物线指数 b。

在计算蓄满产流的总径流量时，对于闭合流域，任一时段的流域水量平衡方程式为

$$W_{t+1}=P_t-R_t-E_t+W_t \tag{9.54}$$

式中　　P_t——时段降雨量，由实测资料给出；

　　　　W_t——时段初的流域土壤含水量，为已知初始条件；

　　　　E_t——时段流域蒸散发量，可根据时段初的流域土壤含水量 W_t 和时段蒸散发能力来计算；

　　　　R_t——时段降雨所形成的总径流量，按式（9.49）或式（9.50）计算；

　　　　W_{t+1}——时段末流域土壤含水量。

因此，将式（9.49）、式（9.50）、式（9.54）和计算流域蒸散发的方程式联立起来，就可以进行蓄满产流情况下总径流量的计算，具体步骤如下：

（1）根据时段初的 W_t，以及本时段的 P_t 和蒸散发能力，计算本时段的 E_t。

（2）根据本时段的 P_t 和由第一步算得的本时段的 E_t，计算本时段 (P_t-E_t)。

（3）根据时段初 W_t 和本时段 (P_t-E_t)，按式（9.49）或式（9.50）计算本时段 R_t。

（4）按式（9.54）计算时段末 W_{t+1}。

（5）将时段末流域土壤含水量 W_{t+1} 作为下一时段初的流域土壤含水量，转入下一时段计算。重复上述步骤，最后就可求得流域蒸散发量、流域土壤含水量和总径流量逐时段变化过程。

9.5.2　超渗产流的地面径流量计算

在干旱和半干旱地区，地下水埋藏很深，流域的包气带很厚，缺水量大，降雨过程中

下渗的水量不易使整个包气带达到田间持水量，所以通常不产生地下径流；地面径流仅当降雨强度大于下渗强度时才有可能产生，因此，其产流规律服从超渗产流模式。从模式的含义可知，超渗产流量的大小取决于当时的土壤下渗率和雨强两个因素。因此，根据超渗地面径流形成机制，超渗地面径流量可按下式确定

$$R_s = \sum_{i>f_p} (i - f_p)\Delta t \tag{9.55}$$

只要确定了一场降雨过程中每一时刻的雨强 i 和下渗能力 f_p 的对比关系，就能求得这场降雨的超渗地面径流量。而雨强一般通过降雨观测获得，任一时刻的地面下渗能力可以由流域下渗曲线确定。

要应用超渗产流计算模式计算产流量，必须将流域下渗曲线 f_p-t 转换为下渗能力与累积下渗量 f_p-F_p 形式的曲线。当初始土壤含水量 $W_0 = 0$ 时，那么下渗总量在数值上等于土壤含水量（图 9.19）

$$W_t = F_{pt} = \int_0^t f_p \, \mathrm{d}t \tag{9.56}$$

由于到某一时刻的累积下渗量 F_p 就是该时刻的土壤含水量减去初始土壤含水量，即任一时刻的下渗量等于土壤含水量的增加量 ΔW，所以 f_p-F_p 曲线实际上就是 f_p 与土壤含水量 W 的关系曲线，如图 9.20 所示。应用 f_p-W 曲线分析计算超渗地面径流量的步骤为：

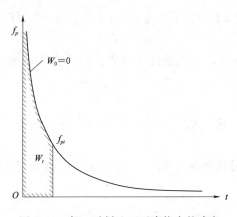

图 9.19 任一时刻地面下渗能力的确定

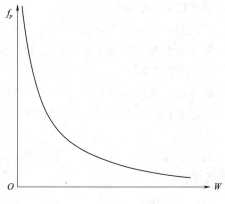

图 9.20 f_p-W 关系曲线

（1）根据降雨开始时的土壤含水量 W_0 查 f_p-W 曲线，得降雨开始时的地面下渗能力 f_{p_0}。

（2）假设时段内下渗能力呈直线变化，第一时段末的下渗能力为 f_{p_1}。

（3）计算第一时段平均下渗能力

$$\overline{f}_{p_1} = \frac{1}{2}(f_{p_0} + f_{p_1})$$

（4）将第一时段平均雨强 $\overline{i}_1$ 与第一时段平均下渗能力进行比较。如果 $\overline{f}_{p_1} \geqslant \overline{i}_1$，则不产生地面径流，全部降雨渗入土中，成为土壤含水量的增加量；如果 $\overline{f}_{p_1} < \overline{i}_1$，则得超渗地面径流量为 $(\overline{i}_1 - \overline{f}_{p_1})\Delta t$，而下渗量为 $\overline{f}_{p_1}\Delta t$。

（5）计算第一时段末的土壤含水量

$$W_1 = W_0 + F_{p1}（第一时段内的下渗水量）- E_1（第一时段内蒸发量）$$

（6）用 W_1 查 f_p - W 曲线，得 f'_{p_1}。

（7）如果 $f'_{p_1} - f_{p_1}$ 的绝对值小于给定精度，则试算成功；否则，需重新假定 f_{p_1} 后再重复以上步骤（3）～（6），直至 $f'_{p_1} - f_{p_1}$ 的绝对值小于给定精度后，转入第二个时段计算。

重复以上步骤就可求出一场降雨产生的超渗地面径流量及其时程分配。

上述计算可列表进行。为了保证这种算法的精度，计算时段不宜取得太大，原则上越小越好。因为时段取小了，不仅可以保证时段内下渗能力呈线性变化，而且可以用时段初的下渗能力代替时段平均下渗能力，以避免反复试算的过程。同时也可忽略蒸散发量对计算的影响。

小 结 与 思 考

1. 简述霍顿产流观念，并概述其与实际产流过程中存在的矛盾。

2. 简述包气带在产流中的作用。

3. 自然界大致可划分出哪几种产流类型？

4. 简述超渗地面径流、壤中流、饱和地面径流以及地下径流的产生条件以及产生过程。

5. 简述回归流的产生过程。

6. 根据各种径流成分形成的机制和产流条件，天然条件下单点产流类型有哪些？各自的产生条件是什么？

7. 流域的产流模式和产流特征如何确定？

8. 简述蓄满产流产流面积发展的特点，并说明用于描述其变化规律的曲线是什么，并简述其性质。

9. 简述超渗产流产流面积发展的特点，并说明用于描述其变化规律的曲线是什么，并简述其性质。

线 上 内 容 导 引

★ 课外知识拓展 1：产流模型 1

★ 课外知识拓展 2：产流模型 2

★ 产流计算习题

★ 线上互动

★ 知识问答

第10章　洪水波运动及洪水演算

10.1　洪水波基本概念

10.1.1　河槽洪水波及其要素

河流在没有大量径流汇入时，其水流要素如流速、流量、水深、断面面积等一般不随时间而变或变化甚为缓慢，属稳定流。如果流域内出现暴雨，大量径流在短时间内汇入河网，进入干流河槽形成洪水波，洪水波向下游传播形成洪水波的运动。河槽中洪水波经过之处，流速、流量、水深、断面面积等均随时间急剧变化，因此河槽内的洪水波属非稳定流。洪水波常用以下特征要素描述。

1. 洪水波的形态特征

（1）波体。在原稳定流水面之上附加的水体称为波体。

（2）波高。波体轮廓线上任一点相对于稳定流水面的高度称为波高。波高沿水流变化，其中最大波高称为波峰。

（3）波长。波体与稳定流水面交界面在水流方向上的长度为波长，图 10.1 中的 AC 线段的长度 l 即为波长。洪水波的波长远大于波高，属长波。

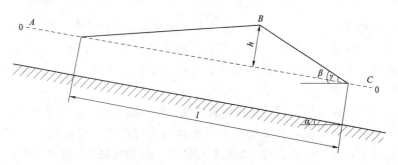

图 10.1　洪水波形态示意图

（4）波前。以波峰为界，位于波峰前部的波体称为波前。

（5）波后。以波峰为界，位于波峰后部的波体称为波后。

2. 洪水波的运动特征

（1）位相。洪水波轮廓线上任一点的位置称为该点的位相。

（2）波速。洪水波波体上某一位相点沿河道的运动速度称为该位相的波速，按定义有

$$C_K = dL/dt \qquad (10.1)$$

式中　C_K——洪水波波速；

dL——洪水波在微小时段 dt 内传播的距离。

（3）相应流量或相应水位。洪水波波体上某一位相点所对应的河槽断面流量 $Q(L,$

133

t）或水位［$Z(L, t)$］称为洪水波的相应流量或相应水位。由此可见，洪水波的波速即相应流量或相应水位的传播速度，因此，相应流量或相应水位的传播速度不是指断面平均流速。

（4）附加比降。洪水波水面相对于稳定流水面的比降。如图 10.1 所示，河底与水平面的夹角为 α，波前水面与水平面的夹角为 β，波前水面与稳定流水面的夹角为 γ。因此，河底比降 i_0 为 $\tan\alpha$，波体水面比降 i 为 $\tan\beta$，附加比降 i_f 为 $\tan\gamma$。因为 $\beta = \alpha + \gamma$，所以

$$\tan\beta = \tan(\alpha + \gamma) = \frac{\tan\alpha + \tan\gamma}{1 - \tan\alpha\tan\gamma} \tag{10.2}$$

当 α 和 γ 均很小时，有

$$i = \frac{i_0 + i_f}{1 - i_0 i_f} \approx i_0 + i_f \tag{10.3}$$

即

$$i_f \approx i - i_0 \tag{10.4}$$

在河槽断面沿程变化不大的情况下，稳定流水面比降近似等于河底比降 i_0（天然河道属宽浅型河槽，一般满足此近似条件）。因此，洪水波的附加比降可近似地用洪水波的水面比降与稳定流的水面比降的差值（$i - i_0$）来表示。由于洪水波波前水面比稳定流水面陡，波前附加比降为正；而洪水波波后水面比稳定流水面缓，所以波后附加比降为负。

3. 洪水波的变形

假设河段为棱柱体河槽，区间无水量加入，则洪水波在向下游运动的过程中将发生如下变形。

（1）洪水波的坦化（展开）变形。因为洪水波波前水面比降大于稳定流水面比降，波后水面比降小于稳定流水面比降，故波前各位相点的波速大于波后各位相点的波速。所以，洪水波波体将不断被拉长，波长变大、波峰变小，这种现象称为洪水波的坦化（展开）变形。

（2）洪水波的扭曲变形。因为洪水波各位相点的波高不同，自然水深不同，波速也不同，波峰处水深最大，因此，洪水波在向下游运动的过程中，波峰将不断前移，波前变短，附加比降变大，波前的水量将不断向波后转移，这种现象称为洪水波的扭曲变形。

洪水波的变形可以从河段上下游断面的流量过程线上观察出来，图 10.2 是某河段上、下游的一次洪水流量过程线，从图中可看出，由于洪水波的坦化（展开）变形，下游与上游相比，洪水过程历时拉长，洪峰降低，如图 10.3 所示。由于洪水波的扭曲变形，波前缩短，导致下游涨洪历时小于上游。

任何自然现象的运动规律都会不同程度地受内外两个因素的影响，洪水波的运动规律也不例外。洪水波的坦化变形和扭曲变形是洪水波在向下游运动的过程中由内因造成的现象。此外，区间水量的

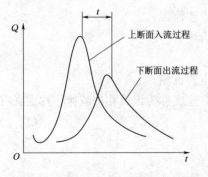

图 10.2　河段上、下游洪水流量过程线

加入、河段情况的变化等外部因素都会影响洪水波的运动规律；比如河段之间有大量水流加入，或下游河段变窄，或遇到卡口，下游洪峰就有可能大于上游洪峰。因此研究洪水波的运动要区分内外因素，对具体河段要搞清是内因起主导作用还是外因起主导作用。

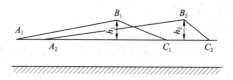

图10.3 洪水波变形示意图

10.1.2 河槽洪水波运动微分方程

1. 圣维南方程组

为了更深刻地认识河槽洪水波运动的基本规律，有必要从水力学基本定律出发来研究河槽洪水波的移行和坦化。当河槽断面变化不大，河槽中的洪水波一般可看作一维缓变不稳定渐变流，天然河道绝大多数情况均满足此条件。1871年法国科学家圣维南（Saint Venant）导出了描写这种水流运动的基本微分方程组，它由连续性方程和动力方程组成。在无旁侧入流情况下，圣维南方程组中所表示的缓变不稳定流的连续性方程和动力方程的形式分别如下

$$\frac{\partial A}{\partial t}+\frac{\partial Q}{\partial L}=0 \qquad \text{（连续方程）} \tag{10.5}$$

$$-\frac{\partial Z}{\partial L}=\frac{1}{g}\frac{\partial V}{\partial t}+\frac{V}{g}\frac{\partial V}{\partial L}+\frac{\partial h_f}{\partial L} \qquad \text{（运动方程）} \tag{10.6}$$

式中　A——过水断面面积，m^2；

　　　V——过水断面平均流速，m/s；

　　　Q——过水断面流量，m^3/s；

　　　Z——过水断面水位，m；

　　　L——水流流程，m；

　　　h_f——沿程摩阻损失，m；

　　　g——重力加速度，m/s^2。

方程中 $-\dfrac{\partial Z}{\partial L}$ 与附加比降有关，表示压力项；$\dfrac{1}{g}\dfrac{\partial V}{\partial t}$ 是速度随时间发生变化而引起的惯性项，称为局地惯性项；$\dfrac{V}{g}\dfrac{\partial V}{\partial L}$ 是速度随空间发生变化而引起的惯性项，称为迁移惯性项；一般把局地惯性项和迁移惯性项合称为惯性项；$\dfrac{\partial h_f}{\partial L}$ 表示洪水波在运动过程中所受到的摩擦力，称为摩阻项（又称摩阻比降）。

方程组包含两个独立变量 t 和 L，两个从属变量 Q 和 Z（或 V 和水深 h），在数学上属于非线性双曲型偏微分方程组。目前，在数学上尚无解析解，实际工作中常结合具体的初始条件和边界条件用两类近似的方法求解圣维南方程组。一类是水力学途径的数值解法，另一类是水文学途径的简化解法。

2. 河槽洪水波运动的初始条件和边界条件

初始条件指起始时刻，即 $t=0$ 时的水流状态，通常采用洪水波发生前一时刻的稳定

流状态，即

$$Q(L,0) = Q_0 \tag{10.7}$$

边界条件指计算河段上、下游两断面在整个计算时段中的水流情况，分别称为上边界条件和下边界条件。上边界条件通常取上游断面的流量过程

$$Q(0,t) = Q_上(t) \tag{10.8}$$

下边界条件通常取下游断面的水位-流量关系

$$Q(L,t) = f\left[Z_下(t), \frac{\partial Z(t)}{\partial t}\right] \tag{10.9}$$

若河段较长，下游不受水工建筑物或干支流回水顶托等因素影响时，则洪水波必衰减为稳定流状态，下边界条件可简化为

$$Q(\infty,t) = Q_0 \tag{10.10}$$

圣维南方程组和洪水波运动的初始条件及边界条件一起构成了洪水波运动的定解问题，不同的定解问题刻画了不同的洪水波运动。

10.2　洪水波的分类和运动特征

10.2.1　洪水波的分类

对于不同类型的河流、渠道和水库，由于其所处的具体条件不同，水流运动中各种力的大小作用不同，对水流的影响相异，会造成洪水波运动方程中各项量级的差别很大，洪水波的运动特性也有较大差别。有些情况下，某些项所起作用不大，完全可以忽略，有些项则起主导作用，必须考虑。

因此，根据运动方程中各项作用力的对比关系，可以忽略某些次要项，把运动方程加以简化。简化后的方程突出了影响洪水波运动的主导因素，忽略了次要因素，因而反映了不同性质的洪水波运动规律。为明确起见，将洪水波运动方程改写如下

$$-\frac{\partial Z}{\partial L} = \frac{1}{g}\frac{\partial V}{\partial t} + \frac{V}{g}\frac{\partial V}{\partial L} + \frac{\partial h_f}{\partial L} \tag{10.11}$$

记水深为 h，河底高程为 Z_0，水面高程为 $Z = Z_0 + h$，则

$$-\frac{\partial Z}{\partial L} = -\frac{\partial(Z_0 + h)}{\partial L} = -\frac{\partial Z_0}{\partial L} - \frac{\partial h}{\partial L} = i_0 - \frac{\partial h}{\partial L} \tag{10.12}$$

式中　i_0——河底比降；

$-\dfrac{\partial h}{\partial L}$——洪水波附加比降。

记 $i_f = \partial h_f / \partial L$，则运动方程可写作

$$\frac{1}{g}\frac{\partial V}{\partial t} + \frac{V}{g}\frac{\partial V}{\partial L} + \frac{\partial h}{\partial L} = i_0 - i_f \tag{10.13}$$

摩阻项尚无理论公式表达，目前只能借用明渠均匀流公式将其表示，即

$$i_f = V^2/(C^2 R) \tag{10.14}$$

式中　C——谢才系数；

R——水力半径。

为分析方便，通常把摩阻项进一步表示为

$$i_f = \frac{V^2}{C^2 R} = \frac{(VA)^2}{(AC)^2 R} = \frac{Q^2}{K^2} \qquad (10.15)$$

式中　K——流量模数。

将式（10.15）代入式（10.13），得

$$\frac{1}{g}\frac{\partial V}{\partial t} + \frac{V}{g}\frac{\partial V}{\partial L} + \frac{\partial h}{\partial L} = i_0 - \frac{Q^2}{K^2} \qquad (10.16)$$

根据式（10.16）中各项在具体条件下所起作用的大小不同，可对洪水波进行简化，简化后的洪水波可分为四类：运动波、扩散波、惯性波和动力波。

（1）运动波。惯性项和附加比降都很小，两者之和比河底比降小得多，以致可以忽略不计的洪水波称为运动波。

洪水波运动方程（10.16）可写为如下形式

$$i_0 - \left(\frac{1}{g}\frac{\partial V}{\partial t} + \frac{V}{g}\frac{\partial V}{\partial L} + \frac{\partial h}{\partial L}\right) = \frac{Q^2}{K^2} \qquad (10.17)$$

若河底比降远大于惯性项和附加比降，即成立

$$i_0 \gg \frac{1}{g}\frac{\partial V}{\partial t} + \frac{V}{g}\frac{\partial V}{\partial L} + \frac{\partial h}{\partial L} \qquad (10.18)$$

则洪水波运动方程可简化为

$$Q = K\sqrt{i_0} \qquad (10.19)$$

此即运动波运动方程。

（2）扩散波。惯性项远比河底比降小，可以忽略不计，但附加比降与河底比降量级相当的洪水波称为扩散波。

因此，若附加比降不能忽略，但惯性项可以忽略，即成立

$$\left(i_0 - \frac{\partial h}{\partial L}\right) \gg \left(\frac{1}{g}\frac{\partial V}{\partial t} + \frac{V}{g}\frac{\partial V}{\partial L}\right) \qquad (10.20)$$

则洪水波运动方程可简化为

$$Q = K\sqrt{i_0 - \frac{\partial h}{\partial L}} \qquad (10.21)$$

此即扩散波运动方程。

（3）惯性波。重力和阻力正好抵消，支配洪水波运动的力为惯性力和附加比降的洪水波称为惯性波。

若河底比降与摩阻比降两者能相互抵消，则洪水波运动方程可简化为

$$\frac{1}{g}\frac{\partial V}{\partial t} + \frac{V}{g}\frac{\partial V}{\partial L} + \frac{\partial h}{\partial L} = 0 \qquad (10.22)$$

此即惯性波运动方程。

（4）动力波。若洪水波运动方程中各项都不能忽略，这种波称为动力波，因此动力波运动方程即为式（10.16）。

洪水波的分类情况可归纳为表 10.1。

表 10.1 　　　　　　　　　　　**洪 水 波 的 分 类**

洪水波类型	局地惯性项 $\dfrac{1}{g}\dfrac{\partial V}{\partial t}$	迁移惯性项 $\dfrac{V}{g}\dfrac{\partial V}{\partial L}$	附加比降 $\dfrac{\partial h}{\partial L}$	摩阻比降 i_f	河底比降 i_0
运动波	×	×	×	√	√
扩散波	×	×	√	√	√
惯性波	√	√	√	×	×
动力波	√	√	√	√	√

注　×表示被忽略的项，√表示要考虑的项。

10.2.2　洪水波的运动特征和波速公式

1. 运动波

已知运动波的运动方程为 $Q = K\sqrt{i_0}$，因流量模数 $K = AC\sqrt{R}$ 是断面形状和水深的函数，说明对固定断面而言，水位与流量呈单值关系，即 $Q = f(Z)$ 或 $Q = f(A)$。因 Q-A 呈单值关系，所以

$$\frac{\partial A}{\partial t} = \frac{\partial A}{\partial Q}\frac{\partial Q}{\partial t} = \frac{\mathrm{d}A}{\mathrm{d}Q}\frac{\partial Q}{\partial t} \tag{10.23}$$

代入连续方程，得

$$\frac{\mathrm{d}A}{\mathrm{d}Q}\frac{\partial Q}{\partial t} + \frac{\partial Q}{\partial L} = 0 \rightarrow \frac{\mathrm{d}Q}{\mathrm{d}A} = -\frac{\partial Q}{\partial t}\Big/\frac{\partial Q}{\partial L} \tag{10.24}$$

令 $C_K = \mathrm{d}Q/\mathrm{d}A$，则上式可写作

$$\frac{\partial Q}{\partial t} + C_K\frac{\partial Q}{\partial L} = 0 \tag{10.25}$$

式（10.25）是以流量 Q 为未知函数的偏微分方程，称为运动波方程。它描述了运动波相应流量的传播规律。

如果 C_K 是常数，式（10.25）是一个线性偏微分方程。如果 C_K 不是常数，式（10.25）是一个非线性偏微分方程。根据偏微分方程的特征线理论，可以将 C_K 为常数的偏微分方程式（10.25）变换成一个等价的常微分方程组。

令函数 $Q(L, t)$ 为运动波方程式（10.25）的解，将 $Q(L, t)$ 对 t 求全导数得

$$\frac{\mathrm{d}Q}{\mathrm{d}t} = \frac{\partial Q}{\partial L}\frac{\mathrm{d}L}{\mathrm{d}t} + \frac{\partial Q}{\partial t} \tag{10.26}$$

将式（10.26）与运动波方程式（10.25）进行比较，可得

$$\begin{cases} \dfrac{\mathrm{d}L}{\mathrm{d}t} = C_K & (10.27) \\[3mm] \dfrac{\mathrm{d}Q}{\mathrm{d}t} = 0 & (10.28) \end{cases}$$

由于 $C_K = \mathrm{d}Q/\mathrm{d}A$，且 $Q = AV$，将 Q 对 A 求全导数得

$$\frac{\mathrm{d}Q}{\mathrm{d}A} = V + A\frac{\mathrm{d}V}{\mathrm{d}A} \tag{10.29}$$

进一步写作

$$\frac{\mathrm{d}Q}{\mathrm{d}A} = \left(1 + \frac{A}{V}\frac{\mathrm{d}V}{\mathrm{d}A}\right)V = \eta V \tag{10.30}$$

η 称为波速系数，一般来说，对于天然河道，$\frac{\mathrm{d}V}{\mathrm{d}A}$ 为正，也可能为零。因此 $\eta \geqslant 1$，即 $C_K = \eta V \rightarrow C_K \geqslant V$，说明运动波波速大于等于同流量下的断面平均流速。波速系数 η 与断面形状、流速有关，当采用不同流速公式时，几种简单断面的 η 值见表 10.2。

式（10.27）是运动波的特征线方程，物理意义是运动波总是向下游传播，且波速 $C_K = \frac{\mathrm{d}Q}{\mathrm{d}A}$。式（10.28）是运动波的特征方程，表明沿特征线方向即洪水波运动方向，任何一个相应流量在运动中都不发生变化，也就是说运动波是一种没有坦化现象的洪水波。但这并不意味着运动波不会发生扭曲变形，它是否变形取决于波速 C_K 是否为常数。若 C_K 为常数，则不发生变形；大多数情况 C_K 随水深和流量变化。故运动波在传播过程中，一般存在着扭曲变形，即运动波的波前越来越陡，最终可导致破裂亦即消失。山区河流由于底坡较大，其洪水波接近于运动波。

表 10.2 波速系数表

断面	曼宁公式 $V = \frac{1}{n}R^{2/3}i^{1/2}$	谢才公式 $V = C\sqrt{Ri}$
三角形	1.33	1.25
宽浅矩形	1.67	1.50
宽浅抛物线形	1.44	1.33

2. 扩散波

已知扩散波的运动方程为

$$Q = K\sqrt{i_0 - \frac{\partial h}{\partial L}} = K\sqrt{i_0}\sqrt{1 - \frac{1}{i_0}\frac{\partial h}{\partial L}} = Q_0\sqrt{1 - \frac{1}{i_0}\frac{\partial h}{\partial L}} \tag{10.31}$$

式中 Q_0——稳定流流量。

因为波前上任意相位点沿流程 ΔL 有 $\Delta h = h_2 - h_1 < 0$，根号内 $\partial h/\partial L$ 为负值，波后上任意相位点沿流程 ΔL 有 $\Delta h = h_2 - h_1 > 0$，根号内 $\partial h/\partial L$ 为正值；故涨洪时 $Q > Q_0$，落洪时 $Q < Q_0$，断面水位-流量关系呈逆时针方向绳套曲线，如图 10.4 所示。

设河槽为宽浅矩形河槽，有 $R \approx h$，故 $A \approx Bh$（B 为河宽）。因此此式（10.31）可写为

$$\frac{\partial h}{\partial L} = i_0 - \frac{Q^2}{C^2 A^2 R} = i_0 - \frac{Q^2}{C^2 B^2 h^3} \tag{10.32}$$

假设谢才系数 C 和河底比降 i_0 为常数，则式（10.32）

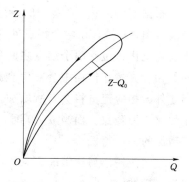

图 10.4 扩散波的水位-流量关系

对 t 求导数，得

$$\frac{\partial^2 h}{\partial L \partial t} = \frac{3Q^2}{C^2 B^2 h^4} \frac{\partial h}{\partial t} - \frac{2Q}{C^2 B^2 h^3} \frac{\partial Q}{\partial t} \tag{10.33}$$

将 $A \approx Bh$ 代入连续性方程（10.5），有

$$\frac{\partial h}{\partial t} = -\frac{1}{B} \frac{\partial Q}{\partial L} \tag{10.34}$$

将式（10.34）对 L 求导数得

$$\frac{\partial^2 h}{\partial L \partial t} = -\frac{1}{B} \frac{\partial^2 Q}{\partial L^2} \tag{10.35}$$

对比式（10.33）和式（10.35），显然有

$$\frac{3Q^2}{C^2 B^2 h^4} \frac{\partial h}{\partial t} - \frac{2Q}{C^2 B^2 h^3} \frac{\partial Q}{\partial t} = -\frac{1}{B} \frac{\partial^2 Q}{\partial L^2} \tag{10.36}$$

将式（10.34）代入式（10.36），整理后有

$$\frac{\partial Q}{\partial t} + C_K \frac{\partial Q}{\partial L} = \mu \frac{\partial^2 Q}{\partial L^2} \tag{10.37}$$

其中

$$\mu = \frac{C^2 B h^3}{2Q} = \frac{Q}{2 i_0 B} \tag{10.38}$$

$$C_K = \frac{3Q}{2Bh} = \frac{3Q}{2A} = \frac{3}{2} V \tag{10.39}$$

式（10.37）是关于流量 Q 的扩散波方程，它是只含一个未知函数的二阶偏微分方程。扩散波方程式（10.37）与下列一组常微分方程等价

$$\begin{cases} \dfrac{\mathrm{d}L}{\mathrm{d}t} = C_K & (10.40) \\[2mm] \dfrac{\mathrm{d}Q}{\mathrm{d}t} = \mu \dfrac{\partial^2 Q}{\partial L^2} & (10.41) \end{cases}$$

式（10.40）是扩散波方程的特征线方程，表明扩散波总是以波速 C_K 向下游传播。式（10.41）是扩散波特征方程。由于 $\mathrm{d}Q/\mathrm{d}t \neq 0$，所以沿着扩散波前进方向，相应流量将会发生变化。其变化程度取决于 μ 与 $\partial^2 Q/\partial L^2$ 两个因子，称 μ 为扩散系数，它与河槽特性、流量大小均有关系。

根据波的形状，$\partial^2 Q/\partial L^2$ 可正、可负，也可为零，所以当 $\mu \neq 0$ 时，对于运动中的扩散波（图 10.5），在两个拐点处的 $\partial^2 Q/\partial L^2$ 等于零，表示两个拐点处的相应流量在传播中不发生变化；位于两个拐点之间包括洪峰流量在内的 $\partial^2 Q/\partial L^2$ 小于零，表示两个拐点之间的相应流量在传播中会发生衰减；而在两个拐点之外的 $\partial^2 Q/\partial L^2$ 大于零，表示两个拐点之外的相应流量将会有所增加。由此可见，扩散波在运动过程中洪峰降低了，必然会发生坦化变形现象。而当 $\mu = 0$ 时，式（10.41）变为运动波方程。可见，运动波实际上是扩散波的一个特例。

在宽浅矩形河道情况下，扩散波的波速与运动波的波速相同，一般河流的洪水波大多接近于扩散波。

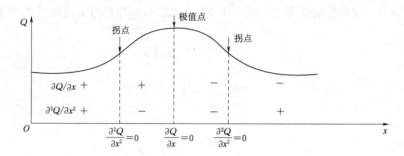

图 10.5　扩散波的极值点和拐点

3. 惯性波

假设河槽为矩形，由于 $A \approx Bh$，$Q = AV \approx BhV$，连续方程（10.5）可简化为

$$\frac{\partial h}{\partial t} + \frac{\partial (hV)}{\partial L} = 0 \tag{10.42}$$

因此，由惯性波运动方程式（10.22）和式（10.42）就构成了描述矩形河槽中惯性波运动的基本方程组。考虑到在微小河段 $\mathrm{d}V \approx \partial V$，$\mathrm{d}L \approx \partial L$，$\mathrm{d}(hV) \approx \partial(hV)$，所以

$$\frac{\partial V}{\partial L} = \frac{\mathrm{d}V}{\mathrm{d}h} \frac{\partial h}{\partial L} \tag{10.43}$$

$$\frac{\partial V}{\partial t} = \frac{\mathrm{d}V}{\mathrm{d}h} \frac{\partial h}{\partial t} \tag{10.44}$$

$$\frac{\partial(hV)}{\partial L} = \frac{\mathrm{d}(hV)}{\mathrm{d}h} \frac{\partial h}{\partial L} = \left(V + h \frac{\mathrm{d}V}{\mathrm{d}h}\right) \frac{\partial h}{\partial L} \tag{10.45}$$

式（10.43）～式（10.45）代入惯性波方程式（10.22），化简后得

$$\frac{\mathrm{d}V}{\mathrm{d}h} = \pm \sqrt{\frac{g}{h}} \tag{10.46}$$

因 $h = h(L, t)$，对其做全微分，则有

$$\mathrm{d}h = \frac{\partial h}{\partial t} \mathrm{d}t + \frac{\partial h}{\partial L} \mathrm{d}L \tag{10.47}$$

由前述知惯性波不衰减，即水深不变，$\mathrm{d}h = 0$，由此式（10.47）可变为

$$\frac{\partial h}{\partial t} \mathrm{d}t + \frac{\partial h}{\partial L} \mathrm{d}L = 0 \tag{10.48}$$

式（10.46）、式（10.48）代入式（10.42），得

$$\frac{\mathrm{d}L}{\mathrm{d}t} = V + h \frac{\mathrm{d}V}{\mathrm{d}h} \tag{10.49}$$

把式（10.49）代入波速公式得到

$$C_K = \frac{\mathrm{d}L}{\mathrm{d}t} = V + h \frac{\mathrm{d}V}{\mathrm{d}h} = V \pm \sqrt{gh} \tag{10.50}$$

根据偏微分方程的特征线理论，式（10.22）和式（10.42）与下列两组常微分方程等价

$$\begin{cases} \dfrac{\mathrm{d}L}{\mathrm{d}t}=V\left(1+\dfrac{1}{Fr}\right) & (10.51) \\[3mm] \dfrac{\mathrm{d}h}{\mathrm{d}t}=-\sqrt{\dfrac{h}{g^3}}\dfrac{\mathrm{d}V}{\mathrm{d}t} & (10.52) \end{cases}$$

$$\begin{cases} \dfrac{\mathrm{d}L}{\mathrm{d}t}=V(1-\dfrac{1}{Fr}) & (10.53) \\[3mm] \dfrac{\mathrm{d}h}{\mathrm{d}t}=\sqrt{\dfrac{h}{g^3}}\dfrac{\mathrm{d}V}{\mathrm{d}t} & (10.54) \end{cases}$$

式中　Fr——弗劳德（Froude）数，有

$$Fr=\frac{V}{\sqrt{gh}} \tag{10.55}$$

由式（10.51）可知，波速大于断面平均流速，向下游传播，称为顺特征方向；而式（10.53）表示的波速随 $Fr>1$ 或 $Fr<1$ 而取正值或负值，意味着它的方向可指向下游或上游，为了加以区别，称之为逆特征方向。对惯性波来说，仅当断面流速不随时间变化时，水深在传播过程中才不会改变。

对于水面宽阔及水深很大的水库，通常河底比降 i_0 和摩阻比降 i_f 都很小，因而入库的洪水波接近于惯性波。惯性波没有阻力项，波峰没有衰减。但其波形在传播过程中仍可能有变形，这与运动波相似。

4. 动力波

在动力波情况下，动力方程式中任何一项都不能忽略，因此动力波的动力方程为

$$\frac{1}{g}\frac{\partial V}{\partial t}+\frac{V}{g}\frac{\partial V}{\partial L}+\frac{\partial h}{\partial L}=i_0-\frac{V^2}{C^2R} \tag{10.56}$$

假设河槽为矩形，则连续性方程式（10.5）可变为

$$\frac{\partial h}{\partial t}+V\frac{\partial h}{\partial L}+h\frac{\partial V}{\partial L}=0 \tag{10.57}$$

式（10.56）与式（10.57）就是描写矩形河槽动力波运动的基本方程组。根据偏微分方程的特征线理论，式（10.56）和式（10.57）与下列两组常微分方程等价

$$\begin{cases} \dfrac{\mathrm{d}L}{\mathrm{d}t}=V\left(1+\dfrac{1}{Fr}\right) & (10.58) \\[3mm] \dfrac{\mathrm{d}h}{\mathrm{d}t}=\sqrt{\dfrac{h}{g}}\left[\left(i_0-\dfrac{V^2}{C^2R}\right)-\dfrac{1}{g}\dfrac{\partial V}{\partial t}\right] & (10.59) \end{cases}$$

$$\begin{cases} \dfrac{\mathrm{d}L}{\mathrm{d}t}=V(1-\dfrac{1}{Fr}) & (10.60) \\[3mm] \dfrac{\mathrm{d}h}{\mathrm{d}t}=-\sqrt{\dfrac{h}{g}}\left[\left(i_0-\dfrac{V^2}{C^2R}\right)-\dfrac{1}{g}\dfrac{\partial V}{\partial t}\right] & (10.61) \end{cases}$$

式（10.58）和式（10.60）为动力波的特征线方程，而式（10.59）和式（10.61）为

相应的特征方程。式（10.59）为顺特征线方向上的水深变化，而式（10.61）为逆特征线方向上的水深变化状况。一般而言，顺逆两个方向水深都有变化，但变化程度有所差异。将上述四个式子与式（10.51）～式（10.54）进行比较，容易得出动力波的传播速度与特征线方向与惯性波相同，仅沿特征线方向水深变化不同。

从水力学中得知，$Fr>1$，流态为缓流；$Fr<1$，则为急流。但在 L-t 平面上，无论 $Fr>1$ 还是 $Fr<1$，动力波都有两组特征线。图 10.6（a）和（b）分别绘出了缓流和急流条件下动力波的两条特征线。在动力波研究中，通常把沿顺特征线方向传播的波称为"主要"波，而把逆特征线方向传播的波称为"次要"波。

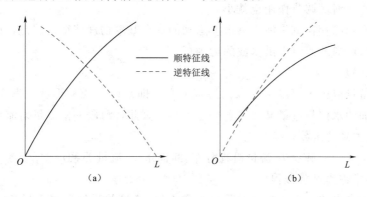

图 10.6　动力波的特征线
(a) 缓流；(b) 急流

10.3　槽蓄原理和槽蓄方程

10.3.1　河段水量平衡方程

河流中洪水波运动形成不稳定流，河流洪水波一般属扩散波，可由下式描述

$$Q=Q_0 \sqrt{1-\frac{1}{i_0}\frac{\partial h}{\partial L}} \tag{10.62}$$

对某一特定河段，在 $\mathrm{d}t$ 时段内其入流水量 $I(t)\mathrm{d}t$ 与出流水量 $Q(t)\mathrm{d}t$ 之差应等于河段的蓄水增量 $\mathrm{d}W(t)$，即

$$I(t)\mathrm{d}t - Q(t)\mathrm{d}t = \mathrm{d}W(t) \tag{10.63}$$

式（10.63）即为 $\mathrm{d}t$ 时段内河段的水量平衡方程式。

10.3.2　河槽调节作用

河段水量平衡方程式（10.63）可进一步写成

$$I(t)-Q(t)=\frac{\mathrm{d}W(t)}{\mathrm{d}t} \tag{10.64}$$

当河段中的水流为稳定流时，$I(t)=O(t)$，式（10.64）中的 $\dfrac{\mathrm{d}W(t)}{\mathrm{d}t}=0$，表明在稳定流情况下，河段槽蓄量不随时间变化。但在洪水波运动情况下，由于涨洪时 $I(t)>$

$O(t)$，式（10.64）中的$\dfrac{\mathrm{d}W(t)}{\mathrm{d}t}>0$，即河段槽蓄量增加；而在落洪时，由于$I(t)<O(t)$，河段槽蓄量又会减少。这就意味着，涨洪时将有一部分水量暂时蓄在河段中，而在落洪时这部分水量又会慢慢地泄放出来。可见河段的容积即槽蓄起着调节洪水的作用，这种现象称为河槽调节作用。

河槽调节作用与洪水波的附加比降有密切关系。附加比降大，$|I(t)-O(t)|$也大，因而$\left|\dfrac{\mathrm{d}W(t)}{\mathrm{d}t}\right|$大，表明在一次洪水过程中河槽蓄量的变化大，河槽调节作用也就大；反之，附加比降小，河槽调节作用也就小。

河槽调节作用的存在也是河道洪水波运动的一个基本物理特征。因此，通过对河槽调节作用的分析也能揭示河道中洪水波的运动规律。

10.3.3　槽蓄方程

河段的槽蓄量取决于河段中的水位沿程分布，即水面曲线的形状（图10.7）。但是，河段中每一断面的水位与流量又存在着一定关系。因此，河段的槽蓄量是流量沿程分布和断面水位-流量关系的函数，换言之

$$W=f(流量沿程分布,断面水位\text{-}流量关系) \tag{10.65}$$

式（10.65）通常称为槽蓄方程。

不同类型的洪水波，由于流量沿程分布和水位-流量关系的形式不尽相同，槽蓄方程一般具有不同的形式。对于稳定流和运动波水流，虽然它们的水位-流量关系均为单值关系，但由于流量沿程分布不同，槽蓄方程的形式也是不相同的。

在稳定流情况下，容易求得槽蓄方程为（图10.8）

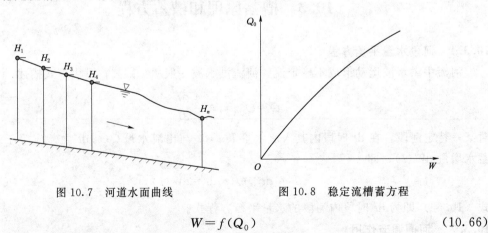

图 10.7　河道水面曲线　　　　　图 10.8　稳定流槽蓄方程

$$W=f(Q_0) \tag{10.66}$$

式中　Q_0——河段中的稳定流流量。

但在洪水波运动情况下，槽蓄方程就要复杂得多。为简便计，设河段的水位沿程分布为直线，如图10.9（a）所示。因此，当河段中断面水位保持不变时，河段中的槽蓄量是不会改变的。也就是说，在河段水面线为直线时，河段中断面水位与河段槽蓄量必呈单一关系，如图10.9（b）所示。但由于附加比降的影响，当保持中断面位置不变时，根据下断面与中断面之间的距离不同，中断面水位与下断面流量却可能存在三种关系：①当中断

面水位不变时，下断面涨洪流量小于落洪流量，即中断面水位与下断面流量呈顺时针绳套关系；②中断面水位不变时，下断面涨、落洪流量相等，即中断面水位与下断面流量为单值关系；③中断面水位不变时，下断面涨洪流量大于落洪流量，即中断面水位与下断面流量为逆时针绳套关系。对应于以上三种情况，下断面流量与河段槽蓄量的关系必然分别为逆时针绳套关系、单值关系和顺时针绳套关系，如图 10.10 所示。同时也表明，在特定河段，槽蓄量与下断面流量的关系有可能成为单值关系。

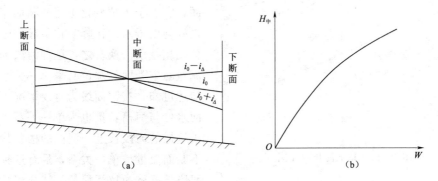

图 10.9　洪水波运动情况下水面线和中断面水位-槽蓄量关系

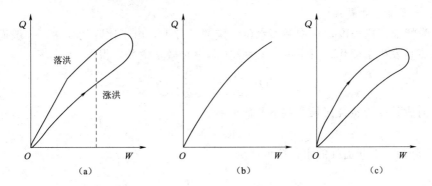

图 10.10　洪水波情况下的槽蓄曲线

10.3.4　特征河长

1. 特征河长的概念

由水力学可知，河流中任一断面的流量是水位和比降的函数，即

$$Q = Q(Z, i) \tag{10.67}$$

式（10.67）表示，水位的变化，或比降的变化，或两者同时变化，都将引起断面流量 Q 的变化。用 $(\Delta Q)_Z$ 表示由于水位变化引起的断面流量的变化，用 $(\Delta Q)_i$ 表示由于水面比降变化引起的断面流量的变化。

假设河段水面线为直线（图 10.11），如果保持中断面水位不变，则不论比降如何变化，只要河段长度一定，河段中槽蓄量 W 均保持不变。现在考察中断面的水位与中断面下游各断面流量的关系。同一中断面水位，涨洪时，由于上断面先涨，下断面后涨，水面比降比稳定流时的水面比降大，导致通过下断面的流量比稳定流时增加，其增大值在下游各断面上相同，记为 $(\Delta Q)_i$。另外，下断面水位必将比稳定流时下降 ΔZ，这样就使得通

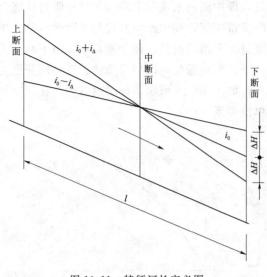

图 10.11　特征河长定义图

过下断面的流量比稳定流时减小 $(\Delta Q)_Z$，离中断面越远处的下断面，水位减小越多，其减小的 $(\Delta Q)_Z$ 越大。而在落洪时，由于上断面先落，下断面后落，情况将与涨洪时相反。

依次考察各下断面，必有一个下断面，它由于水位变化引起的断面流量变化正好与由于水面比降变化引起的断面流量变化相抵偿。换言之，这种河段的下断面流量与中断面的水位必呈单一关系。但由前述可知，在水面线为直线情况下，中断面水位与河槽蓄量也为单一关系。所以对于这样的河段长度，河段的槽蓄量一定与下断面流量呈单一关系，具有这种特征的河段长度称为特征河长。特征河长的概念是由加里宁（Калинин）和米柳可夫（Милюкав）于 1958 年首先提出的。

2. 特征河长的计算式

记 l 为特征河段长度，在中断面水位一定的条件下，由于比降的变化，一般而言下游各断面的流量发生了变化，对下断面 $Q=Q(Z,i)$ 做全微分，得

$$dQ = \frac{\partial Q}{\partial Z}dZ + \frac{\partial Q}{\partial i}di \qquad (10.68)$$

如果河段长度为特征河长，则下断面处有

$$dQ = 0 \qquad (10.69)$$

由图 10.9 可知，下断面处的水位降低值为

$$dZ = -\frac{l}{2}di \qquad (10.70)$$

将式（10.69）和式（10.70）代入式（10.68），得

$$-\frac{l}{2}di\frac{\partial Q}{\partial Z} + \frac{\partial Q}{\partial i}di = 0 \qquad (10.71)$$

由公式 $Q = K\sqrt{i}$，对 i 求偏导

$$\frac{\partial Q}{\partial i} = \frac{K}{2\sqrt{i}} = \frac{Q}{2i} \qquad (10.72)$$

代入式（10.71）后解出 l 得

$$l = \frac{Q}{i}\left(\frac{\partial Z}{\partial Q}\right) \qquad (10.73)$$

此即特征河长计算式，从公式中可知，l 与河段的水力要素流量、水面比降和水位均有关，实用中常用同水位的稳定流要素代替，即按下式计算 l

$$l = \frac{Q_0}{i_0}\left(\frac{\partial Z}{\partial Q}\right)_0 \qquad (10.74)$$

式（10.74）就是实用的计算特征河长的公式。在某一水位 Z，$(\partial Z/\partial Q)_0$ 可在稳定流水位流量关系曲线上取差分 $\Delta Z/\Delta Q$ 计算。

10.3.5 槽蓄曲线的性质

在河段中取一微分河长 $\mathrm{d}x$，可知洪水波在这一微分河长中的传播时间为

$$\mathrm{d}\tau = \frac{\mathrm{d}x}{C_k} \tag{10.75}$$

式中　　τ——洪水波传播时间；

C_k——洪水波波速。

但知

$$C_k = \frac{\mathrm{d}Q}{\mathrm{d}A} \tag{10.76}$$

所以式（10.75）可变为

$$\mathrm{d}\tau = \frac{\mathrm{d}A}{\mathrm{d}Q}\mathrm{d}x \tag{10.77}$$

因此，洪水波在整个特征河长 l 中的传播时间为

$$\tau = \int_0^l \frac{\mathrm{d}A}{\mathrm{d}Q}\mathrm{d}x = \frac{\partial}{\partial Q}\int_0^l A\,\mathrm{d}x = \frac{\mathrm{d}W}{\mathrm{d}Q} \tag{10.78}$$

式（10.78）表明河段传播时间是槽蓄量对流量的导数，即槽蓄曲线的坡度。若以差分方式表达，则为

$$\Delta W = \tau \Delta Q \tag{10.79}$$

式（10.79）表明当河段槽蓄量为流量 Q 的单值函数时，槽蓄曲线的斜率就是河段的传播时间，槽蓄曲线的这一性质是确定槽蓄系数的重要依据。

10.4　特征河长演算法

10.4.1　河槽洪水演算

1. 概述

洪水演算旨在根据河段上断面的洪水过程推求河段下断面未来的洪水过程，可分为流量演算和水位演算两种情况。洪水演算也称河段汇流计算。具有物理基础的洪水演算方法的理论依据是洪水波在河道中的传播规律。描述洪水波在河道中传播规律的物理途径主要有两类：一是利用圣维南方程组描述河道洪水波运动；二是利用河段水量平衡方程式和槽蓄方程式描述河道洪水波运动。基于前一种途径的洪水演算方法称为水力学演算方法，基于后一种途径的洪水演算方法称为水文学演算方法。

（1）水力学演算方法。随着计算机运算速度的提高，数学物理方程的数值解法得到日益广泛的应用，求解精度不断提高。过去许多不能得出解析解的方程，在采用数值解法后，大多数情况下都可以得出具有相当精度的近似解。作为水力学中最重要的数学物理方程之一，圣维南方程组求解一直是水利科学工作者的重要研究课题。

为了简化方程组的求解，研究者常结合具体工程问题对圣维南方程组中的运动方程各项做出一定取舍。例如研究河槽洪水运动时，一般忽略局地惯性项和迁移惯性项，将洪水

波看作扩散波求解。根据对运动方程中保留的项不同，水力学演算又可分为运动波演算、扩散波演算、惯性波演算和动力波演算。结合具体问题的初始条件和边界条件，采用不同的数值模型，如显式差分模型、隐式差分模型、有限单元法等，形成了内容十分丰富的水力学洪水演算方法。这方面的内容，可参阅水力学教材及有关专著。

（2）水文学演算方法。水力学洪水演算方法需要有准确的河道地形和河床观测数据，测量工作成本很高；同时计算工作量巨大，当要求很快得到演算结果时，方法适用性一般不高。因此，水力学洪水演算方法一般只在需要深入研究问题时使用，研究的河段通常很短。水文学中研究洪水运动，面临的河段一般很长，同时要求很快获知演算结果。例如，河段洪水预报时，需要根据河段上断面出现的洪水过程很快演算出下断面的洪水过程，因此，水文学洪水演算方法在水文学中得到了广泛使用。水文学演算方法又可分为概化模型方法和经验相关方法两类方法。

概化模型方法的实质是用河段水量平衡方程和蓄泄方程近似代替圣维南方程组，根据河段水文资料进行计算。对实际河段的洪水波运动适当概化，可建立河段蓄泄方程，从而可建立起演算模型。根据建立蓄泄方程的方法不同，概化模型方法又有特征河长法、马斯京根法、非线性槽蓄曲线法等方法。

经验相关方法是根据河段实测入流和出流资料建立经验槽蓄曲线，与水量平衡方程联立，通过图解进行洪水演算，如水库调洪半图解法。

本节将以洪水波的特征河长演算方法介绍水文学处理洪水演算的思路和特点，其他方法参见水文预报书籍和相关文献。

2. 入流过程的数学处理

下断面的洪水过程是根据上断面洪水过程推算出来的。因此，要想获得下断面的洪水过程，必须解决上断面入流过程的数学描述问题。通常采用简单函数组合近似描述复杂入流过程。因此，首先介绍一些有关的简单入流函数。

（1）单位入流。指入流在 $[0, \infty)$ 内始终维持一个单位强度，例如一个流量，其他时间为零的入流过程，如图 10.12 所示。其表达式为

$$H(t) = \begin{cases} 0 & t < 0 \\ 1 & t \geqslant 0 \end{cases} \tag{10.80}$$

如果单位入流不是从 $t=0$ 开始，而是延迟至 $t=a$ 开始，即入流在 $[a, \infty)$ 始终维持一个单位强度，其他时间为零的入流过程，如图 10.13 所示。其表达式为

$$H(t-a) = \begin{cases} 0 & t < a \\ 1 & t \geqslant a \end{cases} \tag{10.81}$$

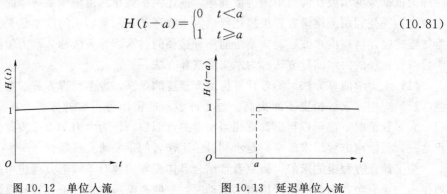

图 10.12　单位入流　　　　　　　图 10.13　延迟单位入流

（2）单位矩形入流。指入流在一个有限时段 $[0, a]$ 内始终维持一个单位强度，其他时间为零的入流过程，如图 10.14（a）所示。其表达式为

$$I_{oa}(t) = \begin{cases} 0 & t < 0 \\ 1 & 0 \leqslant t \leqslant a \\ 0 & t > a \end{cases} \tag{10.82}$$

显然有 $I_{oa}(t) = H(t) - H(t-a)$。

而对于图 10.14（b）所示的情况，单位矩形入流则应表示为

$$I_{ab}(t) = \begin{cases} 0 & t < a \\ 1 & a \leqslant t \leqslant b \\ 0 & t > b \end{cases}$$

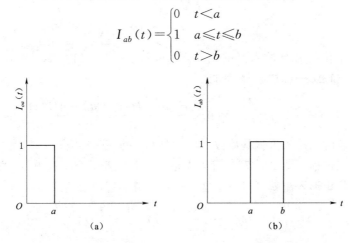

图 10.14 单位矩形入流和延迟单位矩形入流

（a）单位矩形入流；（b）延迟单位矩形入流

（3）单位瞬时脉冲入流。强度极大，历时极短，但总量为 1 个单位的入流称为单位瞬时脉冲入流。单位瞬时脉冲入流可用 δ 函数来表示，如图 10.15 所示。根据定义，δ 函数具有如下性质

$$\begin{cases} \delta(t) = 0 & t \neq 0 \\ \delta(t) \rightarrow 0 & t = 0 \\ \int_0^\infty \delta(t) \mathrm{d}t = 1 \end{cases} \tag{10.83}$$

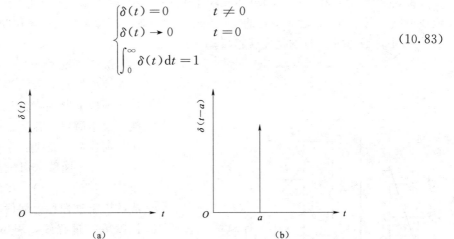

图 10.15 单位瞬时脉冲入流和延迟单位瞬时脉冲入流

（a）单位瞬时脉冲入流；（b）延迟单位瞬时脉冲入流

单位瞬时脉冲入流与单位入流的关系可证明如下：先构造一个新的函数，如图 10.16 所示，其表达式为

$$\delta_{\Delta t}(t) = \frac{H(t) - H(t - \Delta t)}{\Delta t} = \begin{cases} 0 & t < 0 \\ \dfrac{1}{\Delta t} & 0 \leqslant t \leqslant \Delta t \\ 0 & t > \Delta t \end{cases}$$

(10.84)

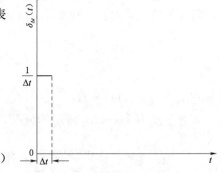

图 10.16　$\delta_{\Delta t}(t)$ 函数

因此，按照单位瞬时脉冲入流的定义，δ 函数即为函数 $\delta_{\Delta t}(t)$ 当 $\Delta t \to 0$ 时的极限，即

$$\delta(t) = \lim_{\Delta t \to 0} \delta_{\Delta t}(t) = \lim_{\Delta t \to 0} \frac{H(t) - H(t - \Delta t)}{\Delta t} = \frac{dH(t)}{dt}$$

(10.85)

也就是说，单位瞬时脉冲入流就是单位入流对时间 t 的一阶导数。

对于任意入流过程（图 10.17），可以先把它划分成若干个底宽为 Δt 的矩形入流去逼近，然后借助单位矩形入流就可以写出这一任意入流的近似表达式

$$I(t) \approx \frac{I_1}{2} I_{01}(t) + \frac{I_1 + I_2}{2} I_{12}(t) + \frac{I_2 + I_3}{2} I_{23}(t) + \cdots$$

$$= \overline{I_0} I_{01}(t) + \overline{I_1} I_{12}(t) + \overline{I_2} I_{23}(t) + \cdots$$

(10.86)

根据单位矩形入流与单位入流和延迟单位入流之间的关系，式（10.86）又可表示为

$$I(t) \approx \overline{I_1}[H(t) - H(t-1)] + \overline{I_2}[H(t-1) - H(t-2)] + \overline{I_3}[H(t-2) - H(t-3)]$$

$$= \Delta \overline{I_0} H(t) + \Delta \overline{I_1} H(t-1) + \Delta \overline{I_2} H(t-2) + \Delta \overline{I_3} H(t-3) + \cdots$$

(10.87)

其中

$$\Delta \overline{I_i} = \overline{I_{i+1}} - \overline{I_i}, \quad i = 0, 1, 2, \cdots$$

由式（10.86）和式（10.87）可知，任何一个复杂的入流都可以用若干个单位矩形入流或单位入流之和来逼近。逼近的精度显然取决于划分矩形条块时所采用的底宽即时段长 Δt 的大小，Δt 越小逼近的精度就越高。

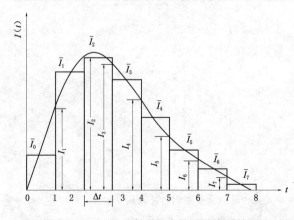

图 10.17　河段上断面入流量过程线的处理

3. 河段汇流曲线

河段上断面入流为简单入流所形成的河段下断面出流过程称为汇流曲线。由于简单入流有三种，所以，常用的河段汇流曲线也有三种。

（1）S 曲线。河段上断面入流为单位入流即 $H(t)$，在河段下断面形成的出流过程称为河段 S 曲线，又称河段单阶过程线，用 $S(t)$ 表示。S 曲线具有如下性质

$$\begin{cases} S(t) = 0 & t = 0 \\ S(t) \to 1 & t \to 0 \end{cases}$$

(10.88)

（2）时段单位线。河段上断面入流为单位矩形入流即 $I(t)$，在河段下断面形成的出流过程称为河段时段单位线，用 $u(\Delta t, t)$ 表示。时段单位线具有的性质为

$$\begin{cases} u(\Delta t, t) = 0 & t = 0 \\ \int_0^\infty u(\Delta t, t)\mathrm{d}t = \Delta t \end{cases} \tag{10.89}$$

若将式（10.89）中积分离散成求和式，则有

$$u_1 + u_2 + u_3 + \cdots = 1 \tag{10.90}$$

式中 u_1，u_2，u_3，$\cdots$——时段单位线从起涨开始每隔 Δt 的纵坐标值。

事实上，因为

$$\int_0^\infty u(\Delta t, t)\mathrm{d}t = \frac{0 + u_1}{2}\Delta t + \frac{u_1 + u_2}{2}\Delta t + \cdots + \frac{u_{n-1} + u_n}{2}\Delta t$$

$$= (u_1 + u_2 + u_3 + \cdots)\Delta t = \Delta t \tag{10.91}$$

所以，式（10.90）成立。

（3）瞬时单位线。河段上断面入流为单位瞬时脉冲入流即 δ 函数，所形成的河段下断面出流过程称为河段瞬时单位线，一般用 $u(t)$ 表示，也有用 $u(0, t)$ 表示的。河段瞬时单位线具有的性质为

$$\begin{cases} u(t) = 0 & t = 0 \\ \int_0^\infty u(t)\mathrm{d}t = 1 \end{cases} \tag{10.92}$$

由于单位矩形入流、单位入流和单位瞬时脉冲入流之间存在由式（10.87）和式（10.88）所表达的关系，因此，当可以用线性微分方程、线性差分方程或线性系统来描述洪水波运动规律时，根据其叠加性和倍比性，必有

$$u(\Delta t, t) = S(t) - S(t - \Delta t) \tag{10.93}$$

$$S(t) = \int_0^t u(t)\mathrm{d}t \tag{10.94}$$

式（10.93）和式（10.94）表达了线性情况下河段 S 曲线、河段时段单位线和河段瞬时单位线之间的关系。

10.4.2 洪水波的线性特征河长演算

把演算河段按特征河长划分为 n 个子河段，根据特征河长的概念，其每个子河段的蓄量与子河段出流量为单值关系。如果假定这个关系为线性关系，即对第 j 个河段成立

$$W_j = K_j Q_j \quad (j = 1, 2, 3, \cdots, n) \tag{10.95}$$

这样的河段称为线性河段，K_j 称为河段的蓄泄系数。

第 j 个河段水量平衡方程为

$$I_j - Q_j = \frac{\mathrm{d}W_j}{\mathrm{d}t} \tag{10.96}$$

式中 I_j、Q_j——第 j 个河段的入流和出流；

W_j——第 j 个河段的槽蓄量。

将式（10.95）代入式（10.96），得

$$I_j - Q_j = K_j \frac{\mathrm{d}Q_j}{\mathrm{d}t} \rightarrow K_j \frac{\mathrm{d}Q_j}{\mathrm{d}t} + Q_j = I_j \tag{10.97}$$

则对于第一个河段

$$K_1 \frac{\mathrm{d}Q_1}{\mathrm{d}t} + Q_1 = I_1 \tag{10.98}$$

第二个河段：

$$K_2 \frac{\mathrm{d}Q_2}{\mathrm{d}t} + Q_2 = I_2 \tag{10.99}$$

由于第一个河段的出流就是第二个河段的入流，即 $Q_1 = I_2$，则有

$$K_2 \frac{\mathrm{d}Q_2}{\mathrm{d}t} + Q_2 = Q_1 \tag{10.100}$$

类似推导，可得第 j 个河段有

$$K_j \frac{\mathrm{d}Q_j}{\mathrm{d}t} + Q_j = Q_{j-1} \quad (j=1,2,3,\cdots,n) \tag{10.101}$$

记第一个河段的入流 $I_1 = I$，第 n 个河段的出流 $Q_n = Q$。上述 n 个一阶线性常微分方程联立，消去中间变量 Q_1，Q_2，$\cdots$，Q_{n-1}，得

$$Q + (K_1 + K_2 + \cdots + K_n)\frac{\mathrm{d}Q}{\mathrm{d}t} + (K_1 K_2 + K_1 K_3 + \cdots)\frac{\mathrm{d}^2 Q}{\mathrm{d}t^2} + (K_1 K_2 K_3 + K_1 K_2 K_4 + \cdots)\frac{\mathrm{d}^3 Q}{\mathrm{d}t^3}$$

$$+ \cdots + K_1 K_2 \cdots + K_n \frac{\mathrm{d}^n Q}{\mathrm{d}t^n} = I \tag{10.102}$$

当各子河段的槽蓄系数均不随流量变化时，式（10.102）是一个线性常微分方程。特别地，当每个单元河段的槽蓄系数均为常数时，式（10.102）称为线性常系数常微分方程。按微分方程理论，线性常微分方程满足叠加原理。

如果各子河段水力特性相同，即有

$$K_1 = K_2 = K_3 = \cdots = K_j = \cdots = K_n = K \tag{10.103}$$

则式（10.102）简化为

$$Q + nK \frac{\mathrm{d}Q}{\mathrm{d}t} + \frac{n(n-1)}{2!} K^2 \frac{\mathrm{d}^2 Q}{\mathrm{d}t^2} + \frac{n(n-1)(n-2)}{3!} K^3 \frac{\mathrm{d}^3 Q}{\mathrm{d}t^3} + \cdots + K^n \frac{\mathrm{d}^n Q}{\mathrm{d}t^n} = I \tag{10.104}$$

为了由式（10.104）解出汇流曲线，首先应当确定其初始条件。若 $t=0$ 时，$I(0)=0$，则可认为 $t=0$ 时各单元河段的出流亦为零，即 $Q_1(0) = Q_2(0) = \cdots = Q_{n-1}(0) = Q_n(0) = 0$。因此，对于式（10.104），初始条件可以定为，当 $t=0$ 时

$$Q(0)=0, \frac{\mathrm{d}Q}{\mathrm{d}t}\Big|_{t=0}=0, \cdots, \frac{\mathrm{d}Q^{n-1}}{\mathrm{d}t^{n-1}}\Big|_{t=0}=0 \tag{10.105}$$

考虑到式（10.105），式（10.104）的拉普拉斯变换为

$$L[Q(t)] = \frac{1}{(1+Kp)^n} L[I(t)] \tag{10.106}$$

根据瞬时单位线的定义，令上断面入流 I 为一瞬时单位入流 δ 或单位瞬时脉冲，即在

式 (10.106) 中令 $I(t)=\delta(t)$，则可以得到满足式 (10.104) 和式 (10.105) 的瞬时单位线公式为

$$u(t)=\frac{1}{K(n-1)!}\left(\frac{t}{K}\right)^{n-1}\mathrm{e}^{-\frac{t}{K}}=\frac{1}{K\Gamma(n)}\left(\frac{t}{K}\right)^{n-1}\mathrm{e}^{-\frac{t}{K}} \tag{10.107}$$

式 (10.107) 称为河段汇流瞬时单位线。按定义，它是指演算河段入流断面输入为单位瞬时脉冲时，河段出流断面的出流过程。

将式 (10.107) 代入 S 曲线与瞬时单位线的关系式 (10.94)，可得河段的 S 曲线为

$$S(t)=1-\mathrm{e}^{-\frac{t}{K}}\sum_{i=0}^{n-1}\frac{1}{i!}\left(\frac{t}{K}\right)^{i} \tag{10.108}$$

再将式 (10.108) 代入式 (10.93)，就可求得时段为 Δt 的河段时段单位线。

10.4.3 参数确定

式 (10.108) 中一共包含有 n 和 K 两个待定参数。若演算河段长为 L，利用演算河段上下游的水位流量关系曲线，按式 (10.74) 算出特征河长 l，则河段分段数 n 可写为

$$n=\frac{L}{l} \tag{10.109}$$

如果全河段的洪水传播时间为 T，则洪水在每个特征河长的传播时间 K 可写为

$$K=\frac{T}{n} \tag{10.110}$$

也可利用演算河段上下游的实测流速资料推求波速，再利用波速推求 K 值。即先求出两断面的流速再平均得 $\overline{V}$，再根据两断面形状确定波速系数 η，用 $C_k=\overline{\eta V}$ 算出洪水波波速，则洪水波相应流量在子河段的传播时间

$$K=\frac{l}{C_k} \tag{10.111}$$

当河段缺乏实测水位流量资料时，特征河长 l 和波速 C_k 可依据河道纵断面资料和糙率资料来估算，即

$$l=\frac{3}{5}\frac{A}{Bi_0} \tag{10.112}$$

$$C_k=\frac{\eta}{\varepsilon}\frac{A^{2/3}B^{-2/3}i_0^{1/2}}{n} \tag{10.113}$$

式中　i_0——河底比降；

　　　A——过水断面面积；

　　　B——水面宽度；

　　　ε——河槽糙率；

　　　η——波速系数。

小 结 与 思 考

1. 描述洪水波的要素都有哪些？

2. 洪水波可分为哪几类？简述不同的洪水波运动特征。

3. 洪水波在运动过程中为什么会发生变形？

4. 研究洪水波在河段中传播的基本方程是什么？

5. 槽蓄曲线有哪几种类型？怎样获得槽蓄量与泄流量的单值关系？

6. 什么叫特征河长？

7. 写出描述河道洪水波运动的圣维南方程组动力方程，并解释方程式中各项的含义；简述在什么条件下洪水波可以简化为运动波和扩散波，写出运动波和扩散波的流量表达式。

线 上 内 容 导 引

★　课外知识拓展 1：马斯京根洪水演算

★　课外知识拓展 2：MC – RCM 河道洪水演算模型

★　线上互动

★　知识问答

第11章 流 域 汇 流

由第7章7.1节内容径流的形成过程可知，降落在流域上的降水扣除径流损失后形成净雨，净雨从流域各处向流域出口断面汇集的过程称为流域汇流，包括坡地汇流和河网汇流两个阶段。流域汇流讨论流域出口断面洪水过程的形成原理及计算方法。

11.1 概 述

11.1.1 流域汇流过程

降落在河流槽面上的雨水将直接通过河网汇集到流域出口断面；降落在坡地上的雨水形成的净雨在坡地汇流过程中，有的沿着坡面注入河网成为地面径流，有的下渗后，在一定的下垫面条件下形成壤中流和地下径流再流入河网。各种水源的径流进入河网后，即开始河网汇流阶段。在这一阶段，各种水源的径流汇集在一起，从低一级河流汇入高一级河流，从上游到下游，最后汇集到流域出口断面。坡地汇流和河网汇流是两个先后衔接的过程，前者是降落在坡面上的降水在注入河网之前的必经地，后者则是坡地出流在河网中继续运动的过程。上述两个汇流阶段，在实际降雨过程中并无截然的分界，而是交错进行的。

11.1.2 流域汇流时间

流域内各处的净雨汇集至流域出口断面所经历的时间称为流域汇流时间。由于不同径流成分汇集至流域出口断面的途径不同，水流所受阻力不同，汇流速度及流域汇流时间也就不同。

1. 地面径流汇流时间

地面径流汇流时间一般等于坡面汇流时间与河网汇流时间之和。如用 τ_l 表示坡面汇流时间，用 τ_r 表示河网汇流时间，用 τ_s 表示地面径流汇流时间，则一般有

$$\tau_s = \tau_l + \tau_r \tag{11.1}$$

坡面通常为土壤、植被、岩石及其风化层所覆盖。人类活动，例如农业耕作、水土保持、植树造林、水利化和城市化等也主要在坡面上进行。受坡面微地形的影响，坡面水流一般呈沟状流。但当降雨强度很大时，也有可能呈片状流。由于植被或耕作等因素，坡面糙率变化相当大，坡面水流所受阻力一般很大，因此流速较小。但坡面水流的流程不长，通常只有百米至数百米，所以坡面汇流时间一般并不大，大约只有几十分钟。

河网汇流过程实质上是河流洪水波的形成和运动过程。河网由大大小小的河流交汇而成。由于在河网交汇处存在不同程度的洪水波干扰作用，加之河网具备一定的调蓄能力，可使部分水量暂时滞蓄于河网中，使得河网汇流比河道洪水波运动更复杂。另外，坡面水流是沿着河道两侧汇入河网的，所以河网汇流又是一种具有旁侧入流的河道洪水波运动。

河网中的流速通常要比坡面水流流速大得多，但河网的长度更长，随着流域面积的增大，流域中最长的河流将是坡面长度的数倍、数百倍、数千倍，乃至数万倍。因此，河网汇流时间一般远大于坡面水流汇流时间，只有当流域面积很小时，两者才可能具有相同的量级。

2. 地下径流汇流时间

这里的地下径流指地表之下所形成的所有径流。一般而言，下渗到地表以下的雨水由于在土壤孔隙或岩石裂隙中流动，水流所受阻力大于地表径流，流速比地表径流小很多，地下径流汇流时间也就比地表径流时间长很多。同时，在地面以下，由于土壤质地、结构以及地质构造上的差异，一般是分不同层次的。地下不同层次所形成的径流在汇流时间上也存在差异。浅层土壤，特别是耕作层较疏松，易于形成壤中流，其流速相对较大，又称快速地下径流；而深层土壤乃至岩石裂隙中所形成的径流为地下径流，流速比壤中流小，故又称慢速地下径流。显然，壤中流的汇流时间比地表径流长，但比地下径流汇流时间短。

地表径流、壤中流与地下径流在汇流时间上的差异仅表现在坡面汇流阶段。在河网汇流阶段，不同径流成分在汇流时间上就不再存在差异。

3. 流域汇流时间

(1) 最大流域汇流时间 τ_m。流域内流程最长的净雨水质点流达出口断面所经历的时间为最大流域汇流时间，可依据下式估算

$$\tau_m = \frac{L_m}{\overline{V}} \qquad (11.2)$$

式中　L_m——自流域出口断面逆流而上至流域分水线的最长距离，m；

　　　$\overline{V}$——流域平均汇流速度，可用稳定流时的断面流速估计，m/s。

(2) 平均流域汇流时间 $\overline{\tau}$。流域内各净雨水质点流达流域出口断面所经历时间 τ 的平均值为平均流域汇流时间，即

$$\overline{\tau} = \frac{1}{A} \int_A \tau \mathrm{d}A(\tau) \qquad (11.3)$$

式中　$\mathrm{d}A(\tau)$——汇流时间为 τ 的微单元面积，km^2；

　　　A——流域面积，km^2。

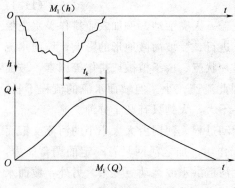

图 11.1　流域滞时示意图

实际上直接利用式 (11.3) 计算平均流域汇流时间几乎不可能，但水文学家已经证明流域滞时与平均流域汇流时间是等价的。

(3) 流域滞时 τ_k。流域净雨过程形心与相应出口断面径流过程形心之间的时间差即为流域滞时，如图 11.1 所示，其表达式为

$$\tau_k = M_1(Q) - M_1(h) \qquad (11.4)$$

式中　$M_1(Q)$——流域出流过程线的一阶原点矩；

　　　$M_1(h)$——流域净雨过程线的一阶原点矩。

当流域内各点流速变化不大时，流域滞时

可以用下式估算

$$\tau_k = \frac{L_0}{\overline{V}}$$

式中　L_0——流域形心至流域出口断面的直线距离，m。

11.1.3　流域汇流计算基础

1. 流域调蓄作用

图 11.2 是某流域净雨过程与相应的出口断面流量过程的对比图。从图中可以看出，流域出流过程的洪峰流量不仅比净雨峰推迟出现，而且数量上远比净雨峰小。这种现象称为洪水过程线的推移与坦化，具体地说，出流洪峰迟于净雨峰的现象称为洪水过程线的推移；出流洪峰小于净雨峰的现象称为洪水过程线的坦化。洪水过程线的推移与坦化在任何一个流域上都可以发现，对不同的流域仅存在程度上的差别。由此可见，流域在流域汇流中使输入的净雨过程发生推移和坦化，从而形成流域出口断面流量过程。

一次降雨过程中，随着净雨量的增大，坡面、河网中蓄存的水量也增大。对于涨洪时段，净雨输入量值大于洪水流出量值。净雨停止时，坡面漫流也随之停止，这一时刻流域蓄存水量达到最大值。此后，河网汇流还将延续一段时间，在这一时段内流域蓄存水量会逐步减少。如图 11.3 所示，在 dt 时段内进入流域的水量是净雨量 $i(t)dt$，而流出流域的水量是出流量 $Q(t)dt$。涨洪时，由于 $i(t)dt \geqslant Q(t)dt$，时段 dt 内流域蓄水量必将增加。反之，落洪时，由于 $i(t)dt < Q(t)dt$，时段 dt 内流域蓄水量必将减少。这种在洪水形成过程中所呈现出的流域蓄水量增加和减少现象称为流域调蓄作用。可见，流域调蓄作用与洪水过程线的推移和坦化现象完全一致，是造成洪水过程的推移和坦化现象的原因。

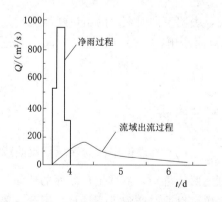

图 11.2　某流域净雨过程和出流过程

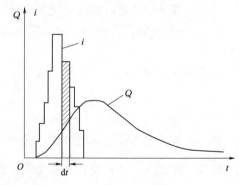

图 11.3　流域调蓄作用

流域上各处所形成的净雨质点距出口断面距离的不同以及净雨质点移动速度在流域上分布的不均匀是造成流域调蓄作用的物理原因。①由于同一时刻在流域各处形成的净雨距离出口断面距离不同，因此，即使流域上不同位置的净雨质点具有相同的速度，同一时刻形成的净雨也不可能同时流达流域出口。那些距离出口断面较远的净雨质点就会暂时滞留在流域中，引起时段内流域蓄水量的变化，导致洪水过程线的推移和坦化。②由于流域各处水流条件，如糙率、坡度等各不相同，流域各处净雨质点的流动速度也是不同的，因此，即使净雨质点距出口断面距离相同，同一时刻所形成的净雨也不会同时流达流域出口断面。流动速度慢的净雨质点就会暂时滞留在流域中，引起流域蓄水量的变化，导致洪水过程线的推移和坦化。

2. 地面径流成因公式

假设 τ 时刻的净雨强度为 $i(\tau)$，但由于同一时刻在流域上各处所形成的净雨质点距出

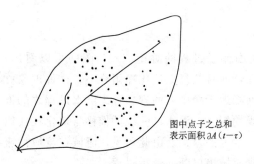

图中点子之总和表示面积 $\partial A(t-\tau)$

图 11.4　组成 t 时刻出口断面流量的水滴所占面积散布图

口断面距离有远有近，各处净雨质点移动速度也不一样，τ 时刻产生的净雨不可能全部在同一时刻流达出口断面，只有流达时间为 $(t-\tau)$ 的那一部分净雨质点才能在 t 时刻到达流域出口断面，组成了 t 时刻流域出口断面流量（图 11.4）。于是有

$$dQ(t)=i(\tau)\partial A(t-\tau) \qquad (11.5)$$

式中　$\partial A(t-\tau)$——能在 t 时刻到达流域出口断面的净雨滴所占有的面积。

$\partial A(t-\tau)$ 是汇流时间 τ 的函数，式（11.5）也可写为

$$dQ(t)=i(\tau)\frac{\partial A(t-\tau)}{\partial \tau}d\tau \qquad (11.6)$$

因为所有 0 至 t 时刻的净雨对 t 时刻出流都有一定贡献，因此，一场降雨形成的 t 时刻的总的出流为

$$Q(t)=\int_0^t i(\tau)\frac{\partial A(t-\tau)}{\partial \tau}d\tau \qquad (11.7)$$

式（11.7）就是流域出口断面流量组成公式，表明不同时刻 t 的出口断面流量是由距 t 时刻一个 $(t-\tau)$ 时间段之前的 τ 时刻降落的地面净雨，经过 $(t-\tau)$ 时间后流达出口断面所形成的。

应用变量代换，式（11.7）也可写成

$$Q(t)=\int_0^t i(t-\tau)\frac{\partial A(\tau)}{\partial \tau}d\tau \qquad (11.8)$$

式（11.8）就是地面径流成因公式，式中 $\dfrac{\partial A(\tau)}{\partial \tau}$ 在汇流理论中称为流域汇流曲线。

式（11.7）和式（11.8）也称卷积公式。由这两式可知，流域出口断面的地面径流过程取决于流域内的产流过程和汇流曲线。净雨过程可以通过产流模型计算，因此只要确定出流域汇流曲线，就可以推求流域出口断面的地面流量过程。实际工作中常用的流域汇流曲线有等流时线、经验单位线、瞬时单位线、地貌单位线等。

3. 流域蓄泄关系

流域蓄泄关系指流域蓄存水量与净雨输入和洪水出流量之间的关系，基于这种关系，可以推导出描述洪水过程线推移和坦化现象的数学表达式。

设流域蓄存水量为 $S(t)$，净雨输入为 $I(t)$，洪水出流量为 $Q(t)$，在 dt 时段内流域水量平衡方程则为

$$I(t)dt-Q(t)dt=dS(t) \qquad (11.9)$$

或
$$I(t) - Q(t) = \frac{\mathrm{d}S(t)}{\mathrm{d}t} \tag{11.10}$$

式（11.10）中的 $I(t)$ 已知，$Q(t)$ 和 $S(t)$ 未知。因此，只要建立 $S(t)$ 与 $I(t)$ 和 $Q(t)$ 之间的关系，并将其与式（11.10）联立，就能给出出流过程的解。而 $S(t)$ 与 $I(t)$ 和 $Q(t)$ 之间的关系称为流域蓄泄关系。

流域作为一个蓄水体，其参与流域汇流的总蓄量包括地面蓄量和地下蓄量两部分。地面蓄量又有河网蓄量、湖泊（水库）洼地蓄量和坡地滞蓄量三种形式。因此，任一时刻蓄量 S 可用下式表示

$$S = D + V + S_r + S_g \tag{11.11}$$

式中　D——坡地滞蓄量；

　　　V——湖泊（水库）洼地蓄量；

　　　S_r——河网蓄量；

　　　S_g——地下水蓄量。

流域蓄量的变化率为

$$\frac{\mathrm{d}S}{\mathrm{d}t} = \frac{\mathrm{d}D}{\mathrm{d}t} + \frac{\mathrm{d}V}{\mathrm{d}t} + \frac{\mathrm{d}S_r}{\mathrm{d}t} + \frac{\mathrm{d}S_g}{\mathrm{d}t} \tag{11.12}$$

一般来说，坡地滞蓄的变化率是比较小的，在流域无较大湖泊、水库、洼地的情况下，$\frac{\mathrm{d}V}{\mathrm{d}t}$ 的量也是不大的。因此，对流域蓄量变化率贡献较大的是河网蓄量变化率和地下水蓄量变化率。在地下水丰富的流域，地下水蓄量变化率的作用尤为重要。

流域蓄量通常不仅取决于入流和出流，而且还与它们的各阶导数有关，即

$$S = f[I, I', I'', \cdots, I^{(m)}, Q, Q', Q'', \cdots, Q^{(n)}] \tag{11.13}$$

式中　I，I'，I''，$\cdots$，$I^{(m)}$——入流及入流对时间的各阶导数；

　　　Q，Q'，Q''，$\cdots$，$Q^{(n)}$——出流及出流对时间的各阶导数。

周文德等于1971年提出了一种分析方法，从而给出了式（11.13）的具体形式。实验表明，如果降雨随时间维持不变，则出流先是随时间渐增，当达到平衡后，就处于稳定状态，换言之，如果 $I = I_*$，则 $Q \to Q_*$，且 I 和 Q 对时间 t 的各阶导数必为零。因此，在流域汇流达到平衡后，可认为流域蓄量与 I_* 和 Q_* 成正比，即

$$S_* = f(I_*, Q_*) = a_0 I_* + b_0 Q_* \tag{11.14}$$

式中　$*$——平衡状态；

　a_0、b_0——系数。

将式（11.13）在平衡状态处用泰勒级数展开，得

$$S_* = f(I_*, Q_*) + [\cdot]f + \frac{1}{2!}[\cdot]^2 f + \cdots \tag{11.15}$$

其中

$$[\cdot] = \left[(I - I_*)\frac{\partial}{\partial I} + (I' - I'_*)\frac{\partial}{\partial I'} + \cdots + (I^{(m)} - I^{(m)}_*)\frac{\partial}{\partial I^{(m)}} \right.$$

$$\left. + (Q - Q_*)\frac{\partial}{\partial Q} + (Q' - Q'_*)\frac{\partial}{\partial Q'} + \cdots + (Q^{(n)} - Q^{(n)}_*)\frac{\partial}{\partial Q^{(n)}} \right]$$

假设

$$a_0 = \frac{\partial f}{\partial I}, a_1 = \frac{\partial f}{\partial I'}, \cdots, a_m = \frac{\partial f}{\partial I^{(m)}}$$

$$b_0 = \frac{\partial f}{\partial Q}, b_1 = \frac{\partial f}{\partial Q'}, \cdots, b_n = \frac{\partial f}{\partial Q^{(m)}}$$

忽略二阶及以上的项，并考虑到 $I'_*, \cdots, I^{(m)}, Q'_*, \cdots, Q^{(n)}$ 均为零，则式 (11.15) 变为

$$S_* = f(I_*, Q_*) - (a_0 I_* + b_0 Q_*) + a_0 I + a_1 I' + \cdots a_m I^{(m)}$$
$$+ b_0 Q + b_1 Q' + \cdots b_m Q^{(m)} \tag{11.16}$$

将式 (11.14) 代入式 (11.16)，则有

$$S = \sum_{i=0}^{m} a_i I^{(i)} + \sum_{j=0}^{n} b_j Q^{(j)} \tag{11.17}$$

式 (11.17) 是现行流域汇流研究中使用的流域蓄泄关系的一般形式，也称流域蓄泄方程。在式 (11.17) 中，如果至少有一个系数是 I 和 Q 的函数，则为非线性流域蓄泄方程，否则为线性流域蓄泄方程。特别地，当式 (11.17) 中仅 b_0 不为零时，式 (11.17) 可变为

$$S = b_0 Q \tag{11.18}$$

式 (11.18) 与水库的蓄泄方程相同，所以当流域的蓄泄关系为式 (11.18) 时，称相应的流域调蓄作用为"水库"作用。

4. 面积-时间曲线

假设流域中任一位置处的雨水流动速度均相同，则流域中任一位置净雨水质点流达出口断面的时间仅取决于它与出口断面的距离。依据这一假定，将流域内汇流时间相等的点连接而成的线就称为等流时线，如图 11.5 (a) 所示。相邻两条等流时线之间的流域面积称为等流时面积。按等流时线概念，在同一条等流时线上的净雨质点必将同时流达出口断面，而在等流时面积上的净雨质点将在两条相邻等流时线的时距 (记为 $\Delta\tau$) 内流达流域出口断面。

以等流时面积为纵坐标，以净雨水质点流达流域出口断面的时间为横坐标，可绘制等流时面积分配曲线，如图 11.5 (b) 所示。当纵坐标为 $\Delta\omega/\Delta\tau$ 时，也可绘成如图 11.5 (c) 的形式，通常称此曲线为面积-时间曲线。当等流时线时距 $\Delta\tau$ 趋于 0 时，则面积-时间曲线就成为一条连续曲线，如图 11.5 (c) 中的虚线。如果以累积等流时面积为纵坐标，可得到累积面积-时间曲线，如图 11.5 (d) 中的柱状线所示。当 $\Delta\tau$ 趋于 0 时，累积面积-时间曲线也是一条连续曲线，如图 11.5 (d) 中的虚线所示。

由面积-时间曲线的物理意义可知，τ 时刻形成的净雨能对 t 时刻出流有贡献的等流时面积显然为 $\partial\omega(t-\tau)$，于是 t 时刻的出流量为

$$dQ'(t) = i(\tau)\partial\omega(t-\tau) \tag{11.19}$$

或

$$dQ'(t) = \frac{\partial\omega(t-\tau)}{\partial\tau}i(\tau)d\tau \tag{11.20}$$

对式 (11.20) 求积分，得

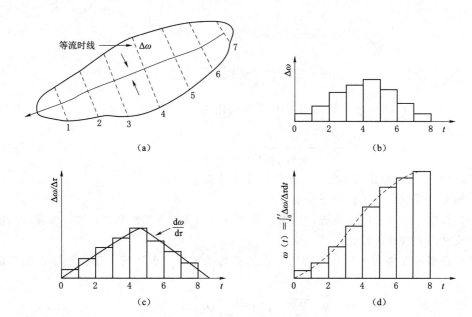

图 11.5　等流时线和面积-时间曲线

$$Q'(t) = \int_0^t \frac{\partial \omega(t-\tau)}{\partial \tau} i(\tau) \mathrm{d}\tau \tag{11.21}$$

比较式（11.7）和式（11.21）可以看出，两者形式完全一致，差别仅在于对 t 时出口断面流量有贡献的面积组成不同。前者认为流域上各点流速不同，τ 时刻形成的净雨能够在 t 时刻流达出口断面的净雨质点散布于流域内，没有一定的规律，这些点的集合构成了形成 $Q(t)$ 的汇流面积。后者由于采用流速分布均匀这一假定，$Q'(t)$ 是由等流时面积上的净雨形成的，而等流时面积的分布有一定规律且与流域形状有关。两者之差显然是流域上净雨速度分布不均所造成的那部分流域调蓄作用。

11.2　流域汇流系统分析

　　流域汇流过程也可看作一个系统。系统的作用在于将输入转化为输出，或者说输出是系统对于输入的响应。因此，输入、输出和系统作用是系统的三个要素。对流域汇流过程来说，系统的输入是净雨过程，系统的输出是流域出口断面流量过程，而系统作用就是流域对净雨的调蓄作用，如图 11.6 所示。按照系统概念，流域出口断面的流量过程又可称为流域系统对净雨过程的响应，简称流域响应。流域响应 $Q(t)$ 与净雨输入 $I(t)$ 之间的关系可表达为

$$I(t) \longrightarrow \boxed{\text{流域调蓄作用}} \longrightarrow Q(t)$$

图 11.6　流域汇流系统

$$Q(t) = \Phi[I(t)] \tag{11.22}$$

式中　Φ——系统输入和系统响应之间运算关系的算符。

　　流域调蓄作用可用式（11.10）和式（11.17）构成的方程组表示。将式（11.17）代入式（11.10），可得

$$b_n \frac{\mathrm{d}^{n+1}Q}{\mathrm{d}t^{n+1}} + b_{n-1} \frac{\mathrm{d}^n Q}{\mathrm{d}t^n} + \cdots + b_0 \frac{\mathrm{d}Q}{\mathrm{d}t} + Q$$

$$= I - a_m \frac{\mathrm{d}^{m+1}I}{\mathrm{d}t^{m+1}} - a_{m-1} \frac{\mathrm{d}^m I}{\mathrm{d}t^m} - \cdots - a_0 \frac{\mathrm{d}I}{\mathrm{d}t} \tag{11.23}$$

引进微分算子 $D = \dfrac{\mathrm{d}}{\mathrm{d}t}$，式 (11.23) 又可简化为

$$Q = \left(-\frac{a_m D^{m+1} + a_{m-1}D^m + \cdots + a_0 D - 1}{b_n D^{n+1} + b_{n-1}D^n + \cdots + b_0 D + 1} \right) I = \Phi[I(t)] \tag{11.24}$$

式 (11.24) 就是流域汇流系统的一般性数学表达式。

流域汇流系统可以进行如下分类：

(1) 线性系统与非线性系统。如果运算 $\Phi[I(t)]$ 满足叠加性和倍比性，则系统为线性系统，反之为非线性系统。

叠加性指 n 个输入 $I_i(t)$ 之和所产生的总的系统响应等于每个输入产生的响应的代数和，即

$$\Phi\left[\sum_{i=1}^{n} I_i(t) \right] = \sum_{i=1}^{n} \Phi[I_i(t)] \tag{11.25}$$

换言之，叠加性意味着一个输入的存在并不影响其他输入所产生的响应，即各输入所产生的响应之间互不干扰。

倍比性是指若将输入的 n 倍施加于系统，则产生的系统响应是原输入产生的响应的 n 倍，即

$$\Phi[nI(t)] = n\Phi[I(t)] \tag{11.26}$$

例如，$Q(t) = AI(t)$ 是线性系统，$Q(t) = AI(t) + C$ 是非线性系统。

在式 (11.24) 中，系数 $a_m (m = 0, 1, 2, \cdots)$ 和 $b_n (n = 0, 1, 2, \cdots)$ 中只要有一个是 I 和 Q 的函数，就表示非线性流域汇流系统。

(2) 时变系统与时不变系统。若式 (11.24) 中所有的系数均为常数，则表示时不变系统；而当其中至少有一个系数是时间 t 的函数（其余均为常数）时，则称为时变系统。

(3) 集总型系统和分散型系统。水文学中，当把全流域作为一个整体，采用一组参数进行汇流计算时，为集总型流域汇流系统。把流域按一定要求划分为若干块（称为子系统），以子系统作为汇流计算单元进行汇流分析计算，计算时各块的输入不同或参数不同，最后按一定方式汇总得到流域汇流过程，即为分散型流域汇流系统。

(4) 分布式汇流系统。把流域按一定要求划分为若干网格单元，以网格单元作为汇流计算单元进行汇流分析计算，计算时各网格单元的输入不同或参数不同，最后按一定方式汇总得到流域汇流过程，即为分布式流域汇流系统。

实际流域汇流计算中常常采用几种类型的相互组合以确定流域汇流系统的特性，如集总型时变非线性流域汇流系统、分散型时不变线性流域汇流系统等。本章内容主要讨论线性时不变流域汇流系统的汇流计算方法，其他相关内容可参考相关文献书籍。

11.3　流域汇流计算方法

流域汇流计算方法很多，它们是不同时期的水文学者从不同角度提出的汇流计算方

法；其中在生产实际或理论研究中广泛应用的代表性方法主要有：地面径流汇流的经验单位线法、瞬时单位线法；地下径流的线性水库汇流计算、河网汇流的单位线法等。

11.3.1 地面径流汇流计算方法

11.3.1.1 经验单位线法

1932 年谢尔曼（L. K. Sherman）通过对大量降雨径流数据的分析归纳后，提出了用于流域汇流计算的单位线（Unit Hydrograph，UH）法，单位线又称经验单位线或谢尔曼单位线。

1. 经验单位线的定义

在给定的流域上，单位时段内均匀分布的 1 个单位的直接径流净雨量（或地面净雨量），在流域出口断面形成的直接径流（或地面径流）过程线，称为单位线，记为 UH。

单位净雨量一般取为 10mm，单位时段可取 1h、3h、6h、12h、24h 等，视流域大小而定。由于实际的净雨过程不一定正好是一个单位雨量和一个单位时段，所以，分析使用时有如下两条假定：

（1）倍比假定。如果单位时段内的净雨不是一个单位而是 n 个单位，则形成的流量过程线历时与 UH 相同，流量则为 UH 的 n 倍。

（2）叠加假定。如果净雨历时不是一个时段而是 m 个时段，则形成的出口断面流量过程是 m 个时段净雨形成的 m 个流量过程之线性和，如图 11.5 所示。

2. 单位线推流计算

单位线推流计算是指已知单位线和地面径流（或直接径流）净雨过程，推求流域出口断面的流量过程。

设计算时段 $\Delta t = 1$ 为单位时段，已知单位线在 $t = 0, 1, 2, \cdots, n$ 时刻的流量分别为 $q_0, q_1, q_2, \cdots, q_n$；假设净雨过程为 $R_1, R_2, \cdots, R_m$，则可推得出口断面的流量过程为

$$\left.\begin{aligned}
Q_0 &= q_0 = 0 \\
Q_0 &= R_1 q_1 \\
Q_0 &= R_1 q_2 + R_2 q_1 \\
Q_0 &= R_1 q_3 + R_2 q_2 + R_3 q_1 \\
&\vdots
\end{aligned}\right\} \tag{11.27}$$

3. 单位线的分析

单位线的分析是指利用已知的实测降雨径流资料来反求单位线。一般选择时空分布较均匀、历时较短的降雨形成的单峰洪水资料予以分析。

在分析之前，要先求出直接径流的净雨过程和出口断面的直接径流流量过程。使用产流模型由降雨和蒸发过程计算出总的净雨过程，再经水源划分就得到直接径流净雨过程。

单位线的分析法过程与单位线的推流过程相反。推流是已知净雨过程和单位线，推求直接径流过程，通常用于洪水作业预报或径流模拟。而单位线的分析过程是已知净雨过程和直接径流过程，分析出单位线。已知净雨过程和直接径流过程，利用式（11.27）逐次解出单位线的纵坐标即可。例如，已知 Q_1、R_1，利用式（11.27）的第一个算式，可推出 q_1。已知 Q_2、R_1、R_2，因 q_1 在前一步已经推出，利用式（11.27）的第二个算式，可推

出 q_2；依次类推，就能求出单位线的全部坐标。

11.3.1.2 瞬时单位线法

流域上分布均匀，历时趋于零，强度趋于无穷大，但净雨量（净雨强度与净雨历时的乘积）等于 1 个单位的净雨，称为单位瞬时脉冲降雨，在数学上可用 δ 函数表示。

在流域汇流中，把单位瞬时脉冲降雨所形成的出口断面流量过程线称为流域瞬时单位线（Instantaneous Unit Hydrograph，IUH）。根据水量平衡原理，流域瞬时单位线包围的面积应等于 1 个单位。

按照系统的概念，将 δ 函数代入式（11.24）就可得到流域瞬时单位线的表达式

$$u(0,t) = \left(-\frac{a_m D^{m+1} + a_{m-1} D^m + \cdots + a_0 D - 1}{b_n D^{n+1} + b_{n-1} D^n + \cdots + b_0 D + 1} \right) \delta(t) \tag{11.28}$$

式中　$u(0, t)$——流域瞬时单位线，也可用 $u(t)$ 来表示。

如果系统是线性时不变的，且初始条件为零，则式（11.28）的拉普拉斯变化为

$$L[u(0,t)] = -\frac{A(p)}{B(p)} L[\delta(t)] \tag{11.29}$$

其中　　　　　　　$A(p) = a_m p^{m+1} + a_{m-1} p^m + \cdots + a_0 p - 1$

$$B(p) = b_n p^{n+1} + b_{n-1} p^n + \cdots + b_0 p + 1$$

式中　$\dfrac{A(p)}{B(p)}$——系统传递函数。

但知

$$L[\delta(t)] = 1$$

所以

$$L[u(0,t)] = -\frac{A(p)}{B(p)} \tag{11.30}$$

再取式（11.30）的逆拉普拉斯变换，得

$$u(0,t) = L^{-1}\left[-\frac{A(p)}{B(p)} \right] \tag{11.31}$$

式（11.31）就是线性时不变系统，在零初始条件的流域瞬时单位线的一般表达式。换言之，流域瞬时单位线就是流域汇流系统传递函数的逆拉普拉斯变换。在系统理论中，流域瞬时单位线又称流域瞬时脉冲响应或核函数。

对于线性时不变流域汇流系统，取零初始条件，则式（11.24）的拉普拉斯变换为

$$L[Q(t)] = -\frac{A(p)}{B(p)} L[I(t)] \tag{11.32}$$

将式（11.30）代入，得

$$L[Q(t)] = L[u(0,t)] L[I(t)] \tag{11.33}$$

式（11.33）的逆拉普拉斯变换显然为

$$Q(t) = \int_0^t u(0, t-\tau) I(\tau) \mathrm{d}\tau \tag{11.34}$$

式（11.34）即为线性时不变系统在零初始条件下的解，称为卷积公式。根据卷积的可交换性，式（11.34）还可写成

$$Q(t) = \int_0^t u(0,\tau) I(t-\tau) \mathrm{d}\tau \tag{11.35}$$

由式（11.34）或式（11.35）可知，如果流域汇流系统是线性时不变的，则只要已知流域的瞬时单位线，就可按卷积分式求得空间分布均匀净雨所形成的流域出口断面流量过程线。

卷积式（11.34）或式（11.35）表明流域上一场均匀分布的净雨量形成了 t 时刻的流域出口断面流量。如在 t 时刻瞬时净雨强度为 $I(\tau)$，则此时段内的净雨量为 $I(\tau)\mathrm{d}\tau$。根据流域瞬时单位线的定义，τ 时刻瞬时脉冲降雨对 t 时刻流域出流的贡献显然为

$$\mathrm{d}Q(t) = u(t-\tau) I(\tau) \mathrm{d}\tau$$

由于 t 时刻以前的净雨对 t 时刻流域出流均有不同程度的贡献，因此流域上一场分布均匀净雨对 t 时刻流域出流的总贡献为

$$Q(t) = \int_0^t u(t-\tau) I(\tau) \mathrm{d}\tau$$

这就是卷积公式（11.34）或式（11.35）的物理意义。

将式（11.34）与式（11.7）进行对比，有

$$u(0,t) = \frac{\partial A}{\partial t} \tag{11.36}$$

式（11.36）表明，流域瞬时单位线就是具有不同速度、不同位置但能同时流达流域出口断面的那些净雨质点所占据的流域面积对时间的变化率。

而将式（11.34）与式（11.21）进行对比，则有

$$u(0,t) = \frac{\partial \omega}{\partial t} \tag{11.37}$$

式（11.37）则表明在流域上各处净雨质点流速相同的特例下，流域瞬时单位线就是面积-时间曲线。因此，流域瞬时单位线取决于流域的地貌结构和净雨质点的汇流条件。

目前应用广泛的流域瞬时单位线是纳希模型，是由纳希（J. E. Nash）于 1957 年在系统理论的基础上提出的。纳希模型将流域对地面净雨的调蓄作用设想为 n 个调蓄功能相同的串联水库，且每一水库的蓄水量与出流量均为线性关系，因此，这个系统的数学方程形式与 n 个特征河长子河段构成的洪水演算系统相同。根据系统理论，它们的脉冲响应或瞬时单位线的数学形式都可表达为

$$u(0,t) = \frac{1}{K\Gamma(n)} \left(\frac{t}{K}\right)^{n-1} \mathrm{e}^{\frac{t}{K}} \tag{11.38}$$

式中　$\Gamma(n)$——n 的伽马函数，$\Gamma(n) = (n-1)!$。

根据瞬时单位线进行推流的步骤也与 n 个特征河长子河段构成的洪水演算系统相同，即都要通过 S 曲线转换为单位矩形入流后，再逐时段推流。但两者在物理意义上完全不同。在河段洪水演算情况下，式（11.38）中的 K 和 n 具有明确的物理意义，可以通过具体演算河段的水力要素进行分析；而在流域汇流情况下，K 和 n 没有明确的物理意义，只能采用系统方法，由实测的降雨径流资料分析。因此，前者称为河段汇流单位线，后者称为流域汇流瞬时单位线。

式（11.38）可知，瞬时单位线的形状取决于参数 K 和 n，它们反映了流域的调蓄特

征。参数 K 和 n 一般由瞬时单位线的矩来确定，而矩又与净雨和流量过程线有关。纳希在提出流域汇流瞬时单位线时就利用统计数学中矩的概念，如图 11.7 所示，推导出由实测净雨过程和流域出口断面流量过程确定 n、K 的公式如下

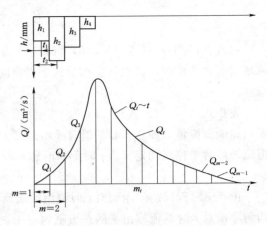

$$K = \frac{N_Q^{(2)} - N_I^{(2)}}{M_Q^{(1)} - M_I^{(1)}} \qquad (11.39)$$

$$n = \frac{M_Q^{(1)} - M_I^{(1)}}{K} \qquad (11.40)$$

图 11.7　计算矩示意图

式中　$M_Q^{(1)}$、$N_Q^{(2)}$——流量过程的一阶原点矩和二阶中心矩；

$\quad\quad M_I^{(1)}$、$N_I^{(2)}$——净雨过程的一阶原点矩和二阶中心矩；

原点矩、二阶中心矩用以下差分式计算

$$M_I^{(1)} = \frac{\sum I_i t_i}{\sum I_i} \qquad (11.41)$$

$$N_I^{(2)} = \frac{\sum I_i [t_i - M_I^{(1)}]^2}{\sum I_i} \qquad (11.42)$$

$$M_Q^{(1)} = \frac{\sum Q_i t_i}{\sum Q_i} \qquad (11.43)$$

$$N_Q^{(2)} = \frac{\sum Q_i [t_i - M_Q^{(1)}]^2}{\sum Q_i} \qquad (11.44)$$

11.3.2　地下径流的线性水库汇流计算

11.3.2.1　线性水库及退水曲线

1. 线性水库的定义

t 时刻水库的出流流量与该时刻水库的蓄水量成正比的水库称为线性水库，表示为

$$Q_t = \lambda S_t \qquad (11.45)$$

式中　Q_t——水库 t 时刻的出流流量，m^3/s；

$\quad\quad S_t$——水库 t 时刻的蓄量，m^3；

$\quad\quad \lambda$——水库的瞬时出流系数，$1/s$。

2. 线性水库退水曲线

流域出口断面流量随时间消退（递减）的过程称为退水曲线。由于退水是流域中蓄水量消退即减少的过程，因此，在退水期，线性水库无入流时的水量平衡方程可写为

$$-Q_t = \frac{dS_t}{dt} \qquad (11.46)$$

将式（11.45）代入式（11.46），得

$$\frac{dQ}{Q} = -\lambda \, dt \qquad (11.47)$$

对上式在 $[t_0, t]$ 上积分，得

$$Q_t = Q_{t_0} e^{-\lambda(t-t_0)} \tag{11.48}$$

此式称为线性水库退水方程。

如果把流域地下径流视作一个线性水库出流，则利用流域退水资料可推求水库退水系数，如图 11.8 所示。式（11.48）两边取对数并解出 λ，得

$$\lg Q_t = \lg Q_{t_0} - \lambda(t-t_0)$$
$$\lambda = (\lg Q_t - \lg Q_{t_0})/(t-t_0) \tag{11.49}$$

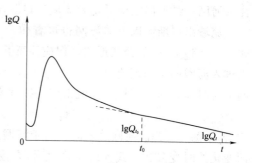

图 11.8 流域地下径流线性水库出流系数
推求示意图

11.3.2.2 线性水库坡地汇流演算

线性水库的水量平衡方程为

$$I_t - Q_t = \frac{dS_t}{dt} \tag{11.50}$$

改写成差分式，得

$$\frac{1}{2}(I_{t+\Delta t} + I_t) - \frac{1}{2}(Q_{t+\Delta t} + Q_t) = \frac{\Delta S_t}{\Delta t}$$

进而可得

$$\frac{\Delta t}{2}(I_{t+\Delta t} + I_t) - \frac{\Delta t}{2}(Q_{t+\Delta t} + Q_t) = S_{t+\Delta t} - S_t \tag{11.51}$$

令 $K = 1/\lambda$，则 K 是时间，常取单位 h，应用时需要注意与 λ 之间的单位换算。现在改写式（11.45）为

$$KQ_t = S_t \tag{11.52}$$

将式（11.52）代入式（11.51），得

$$\frac{\Delta t}{2}(I_{t+\Delta t} + I_t) - \frac{\Delta t}{2}(Q_{t+\Delta t} + Q_t) = KQ_{t+\Delta t} - KQ_t \Rightarrow$$

$$\left(\frac{I_{t+\Delta t} + I_t}{2}\right)\Delta t - \left(\frac{\Delta t}{2} + K\right)Q_{t+\Delta t} = \left(\frac{\Delta t}{2} - K\right)Q_t \Rightarrow$$

$$(K + 0.5\Delta t)Q_{t+\Delta t} = \overline{I}_t \Delta t + (K - 0.5\Delta t)Q_t \Rightarrow$$

$$Q_{t+\Delta t} = \frac{K - 0.5\Delta t}{K + 0.5\Delta t}Q_t + \frac{\Delta t}{K + 0.5\Delta t}\overline{I}_t \tag{11.53}$$

令 $C_s = \dfrac{K - 0.5\Delta t}{K + 0.5\Delta t}$，则上式可写作

$$Q_{t+\Delta t} = C_s Q_t + (1 - C_s)\overline{I}_t \tag{11.54}$$

将 Δt 时段内的地下径流净雨量 R_g（单位：mm）转换为 Δt 时段内的平均流量，即

$$\overline{I}_t = R_g F/(3.6\Delta t) \rightarrow \overline{I}_t = R_g U \tag{11.55}$$

式中 U——单位转换系数，$U = F/(3.6\Delta t)$，其中 F 的单位为 km^2，Δt 的单位为 h。

地下径流的流态是渗流，坡地汇流时间远大于河网汇流时间，如果忽略河网汇流时间，利用式（11.55）就可以逐时段演算出地下径流净雨过程对应的流域出口断面地下径

流流量过程。

11.3.3 河网汇流单位线

如果忽略直接径流的坡地汇流时间，直接径流直接注入河槽，地下径流经坡地汇流后注入河网。经河网汇流后得到流域出口断面地下径流流量过程。

流域出口断面以上的河网也可看作一个水库，如果看作一个线性水库，则可推出与式（11.54）一样的公式形式，但应注意其意义完全不同。此时的 $\overline{I}_t$ 为时段 $[t, t+\Delta t]$ 内进入河网的平均入流流量，C_s 是综合反映河网水力特性与河网入流量的参数，Δt 是河网汇流时间。为了与地下径流汇流的线性水库演算公式相区别，将河网汇流单位线写作

$$Q_{t+\tau}=C_s Q_t+(1-C_s)Q_{Z,t} \tag{11.56}$$

称 $Q_{Z,t}$ 为 t 时刻的河网总入流。由于河网总入流是随时间而变化的量，所以 C_s 是随时间而变化的时变参数。式（11.56）是赵人俊建立的河网汇流公式，他同时给出了 C_s 的计算式

$$C_s=1-C_r Q_{Z,t}^{0.4} \tag{11.57}$$

式中 C_r——反映流域河槽特性的系数，可由流域河网特征资料推算。一般很难获取流域河网特征资料，具体应用时可按经验确定。

τ 是河网汇流时间，也是与河网总入流 $Q_{Z,t}$ 有关的时变参数，具体应用时可取为固定的计算时段 Δt。

小 结 与 思 考

1. 什么叫流域汇流？流域汇流一般划分为几个阶段？
2. 流域汇流计算的实质是什么？
3. 地表径流成因公式如何表示？
4. 什么是流域调蓄作用？造成流域调蓄作用的物理原因是什么？
5. 什么是经验单位线？如何利用经验单位线进行地面径流汇流计算？

线 上 内 容 导 引

★ 课外知识拓展 1：线性集总式流域汇流模型
★ 课外知识拓展 2：线性分散式流域汇流模型
★ 汇流计算习题
★ 线上互动
★ 知识问答

第12章 沼泽与冰雪水文

12.1 沼 泽

目前关于沼泽尚无统一的定义。国内学者根据中国沼泽的特征，认为沼泽的定义应该是，地表多年积水或土壤过湿的地域，其上主要生长着沼生植物，其下有泥炭的堆积，或土壤具有明显的潜育层。沼泽是地表土壤层水过饱和的地段。它是一种特殊的自然综合体，它具有三个相互联系、相互制约的基本特征：①地表经常过湿或有薄层积水；②生长沼生和部分湿生、水生或盐生植物；③有泥炭积累或无泥炭积累而仅有草根层和腐殖质层，但土壤剖面中有明显的潜育层。如果只有地表积水或土壤过湿，没有沼泽植被的生长，只能成为湖泊或盐碱湿地。泥炭的堆积是沼泽的重要标志之一。

沼泽是陆地水体之一，研究沼泽，认识其演化规律，理解其水文特征，对于总体上掌握水文循环和保护地球环境都有着重要意义。

12.1.1 沼泽的形成与类型

1. 沼泽的形成

沼泽是地表陆域与水域双向生态演化过程的表现形式，按沼泽的初始形成原因可分为陆域沼泽化和水域沼泽化，陆域沼泽化又分草甸沼泽化和森林沼泽化两种途径。一般而言，在构造格局未发生大变动的情况下，气候向湿润方向转化时，陆域沼泽化得以拓展，气候向干旱方向转化时，水域沼泽化过程更利于进行。

（1）水体沼泽化。浅水湖泊和小河中，岸边丛生植物或浮水植物从湖岸向湖心侵入。浮游生物和植物残体脱落与泥沙一起沉积在湖底，覆盖湖底藻类植物，日积月累形成泥炭，泥炭不断加厚，最后填充整个湖盆，形成沼泽。

（2）森林沼泽化。林区河谷、山麓潜水渗出，造成地表过湿。有利于苔草等喜湿植物的生长，随后枯枝落叶、草丘截拦径流，使水中无机物被淋溶、积累形成不透水层，不透水层保持其下的土壤过湿，导致泥炭的形成，最后发育为沼泽。

（3）草甸沼泽化。地表常年过湿的草甸，大量的植物残体得不到充分的分解，植物残体和腐殖质阻塞了土壤空隙，缺氧的土壤条件导致泥炭的形成，于是出现了草甸沼泽。

沼泽的发生和发展是一个很复杂的过程，是各种自然因素相互作用的结果。目前，沼泽的生长和发育演化过程主要有两种不同的理论，其一是沼泽发育的统一过程学说，其二是沼泽发育的综合影响因素影响理论。

20世纪初，苏联、德国、芬兰等国家的一些学者，根据对寒温带湿润气候区的沼泽考察研究，提出具有泥炭的沼泽发育的三个阶段，即低位（富营养）阶段、中位（中营养或过渡）阶段、高位（贫营养）阶段。并指出，所有的泥炭沼泽都要经历上述发育过程，这就是统一过程学说。其中低位沼泽阶段是泥炭沼泽发育的初期，泥炭积累尚不厚，地表仍处于低洼积水状态，水源补给充足，且潜水位高。水中的矿物质养分丰富，泥炭呈中性或微酸性反应。植物种类多且为富养种类。这类沼泽称为泥炭沼泽发育的低位阶段或富营养阶段。泥炭逐渐积累而增厚，沼泽表面呈平坦或微凸起，地表水和地下水通过泥炭时，水分和水中营养物质被部分吸收，到达沼泽中部微凸起处，营养物质已不如低位阶段丰富，植被亦以中等养分植物为主，此时称为泥炭沼泽发育的中位阶段或中营养阶段。泥炭沼泽发育过程至中位阶段以后，泥炭沼泽内部泥炭积累速度和养分状况出现明显变化，边缘部分因得到径流补给，矿物质含量丰富，中心部分则得不到地表水或地下水的补给，只靠大气降水补给，缺少矿物质，营养物质贫乏，寡营养植物先出现在中心区，中心区沼泽泥炭增长速度比边缘区快，中心区多生长贫营养泥炭藓，其死亡后，抗分解能力强，因此，沼泽中部隆起，呈凸透镜状。芬兰位于欧洲北部，是个多湿地的国家，芬兰的泥炭沼泽是上述沼泽发育统一过程学说的基础，亦是该学说的佐证。

20 世纪 80 年代，中国科学院长春地理所的沼泽科学工作者提出沼泽发育的综合因素影响理论。理论指出我国绝大多数沼泽，长期停留在低位富营养阶段，有些沼泽自全新世发生以来，从未见到从低位发展到高位的实例。所以，沼泽发育的统一过程说不符合我国沼泽发育的基本情况。每一种沼泽体的形成与发育，不仅取决于时间，更重要的是取决于沼泽体所在的空间地理位置、水热条件、地质地貌特征、植被类型、土壤特性等综合自然环境因素的影响。

2. 沼泽的类型

沼泽类型的划分，至今还没有统一的较完善分类系统。从不同的目的与标准出发，已提出了许多分类方法。

沼泽类型按地貌和水分补给条件可分为分水岭河间地沼泽、阶地沼泽、坡麓沼泽、河漫滩沼泽、湖滨沼泽；按植被类型可分为藓类沼泽、草本沼泽、木本-森林沼泽；按发育阶段划分为低位沼泽、中位沼泽和高位沼泽；以营养级为基础把沼泽分为富营养沼泽、中营养沼泽和贫营养沼泽。

中国沼泽以有无泥炭积累划分为泥炭沼泽和无泥炭的潜育沼泽两大类。在同类沼泽中，由于形成环境和发育程度的差异，组成植物成分不同，生态环境相近的沼泽，植物群落或群落组合具有相似性，根据优势种的生活性、群落结构和外貌特征，可进一步划分为6 个亚类，见表 12.1。

表 12.1　　　　　　　　　　　中国沼泽主要类型

类	亚 类
泥炭沼泽	草本泥炭沼泽 木本-草本泥炭沼泽 木本-草本-藓类泥炭沼泽 藓类泥炭沼泽
潜育沼泽	草本潜育沼泽 木本-草本潜育沼泽

12.1.2 沼泽水文特征

1. 沼泽水的运动

沼泽水多以重力水、毛管水、薄膜水等形式存在于泥炭和草根层中。泥炭是良好的蓄水体，按含量计一般含有 89%～94% 的水分。当潜水出露地面成为地表积水或汇成小河、小湖、常年积水、季节积水或临时积水、片状积水，深度小于 50cm，有草丘时，水分积于丘间洼地。沼泽水有如下基本特征：

(1) 水分运动缓慢。沼泽地表积水较浅，湿生植物丛生，排水不畅，水分运动十分缓慢，上层运动速度大于下层。表层为枯枝落叶，在有大气降水和地表径流补给时径流速度可达 30～50m/d；下层泥炭层中，孔隙较少，径流极为缓慢，仅为 2～3m/d。

(2) 垂直运动旺盛。沼泽水的垂直运动具体表现为渗透和蒸发蒸腾。沼泽水的渗透性主要取决于泥炭的分解程度，分解程度轻则渗透快，反之则慢。一般来说，沼泽表层为枯枝落叶，故疏松多孔、渗透性能很强，渗透速度多数超过 20cm/s；下层泥炭的渗透性能较弱，1m 深处渗透速度多数在 0.001cm/s 左右。损失主要是蒸发蒸腾。沼泽上层孔隙较大，当沼泽地下水与沼泽表面的距离在毛管作用以内时，因毛管作用能将大量的水分输送到沼泽表面，供蒸发消耗，其蒸发量接近于水面蒸发量。当沼泽地下水面在毛管作用深度以下时，蒸发作用只在表层孔隙中进行，蒸发较弱。沼泽植物的蒸腾作用也是沼泽水分损失的途径之一。据计算，沼泽水蒸发和蒸腾的水分损失占循环水量的 75% 左右。所以，水分的垂直运动是沼泽水的主要运动形式。

沼泽径流中除部分沼泽在个别时段有表面流外，大都是孔隙介质中侧向渗透的沼泽表层流。表层流存在于潜水位变动带内，呈层流状态，可用达西定律描述，速度与水力坡度和渗透系数成正比。通常水力坡度与沼泽表面坡降相同、渗透系数各层不一；流量的大小取决于潜水位的高低、各层渗透系数和泥炭层或草根层的厚度。

2. 沼泽水量平衡

蒸发量大、径流量小是沼泽水量平衡的重要特点。在多年变化中，前者变化小，后者变化相对较大。沼泽蒸发量的大小与沼泽类型、气候条件及沼泽蓄水量有关。一般来说，潜育沼泽、低位沼泽蒸发量较大。沼泽蓄水多时，蒸发量与辐射平衡值呈正相关；在夏季，当沼泽前期蓄水量基本耗尽时，沼泽蒸发与降水量也呈正相关。

3. 沼泽的温度、冻结和解冻

表面有积水或表层水饱和的沼泽，其表面温度及日变幅都小于一般地面；地表无积水而近于干燥的泥炭沼泽和干枯的潜育沼泽则相反。沼泽温度日变化波及的垂直深度一般均很小。高纬地区的沼泽有冻结现象：当潜水位到达沼泽表面时，冻结过程开始较晚，冻结慢、深度小；当表层有机物质近于干燥时，冷却快、冻结早，但下层冻结很迟缓，冻结深度也小。同理，高纬地区春天解冻迟、化透时间晚。例如，三江平原盛夏 7 月间，沼泽面温度可高于 20℃，但有的沼泽表面以下仍有冻层存在。

4. 沼泽水水质特征

沼泽水富含有机质和悬浮物，生物化学作用强烈，水体混浊、呈黄褐色。因有机酸和铁锰含量较高，沼泽水面常出现红色。沼泽水矿化度较低，除干旱区的盐沼和海滨沼外，一般不超过 500mg/L，水的硬度很低，pH 值为 3.5～7.5，呈酸性和中性反应、弱酸性反应多，腐殖质的含量从每升几毫克到每升上百毫克不等。

12.1.3　沼泽的作用

沼泽在维持区域生态平衡中具有积极的作用，具体表现为以下几个方面：

1. 径流调节库

因为沼泽土壤，特别是泥炭沼泽有巨大的持水能力。草根层较厚的潜育沼泽，持水能力多为 200%～400%；泥炭沼泽较强，其中草本泥炭在 400%～800%，藓类泥炭一般大于 1000%。随着灰分含量和分解程度的增强，持水能力减弱。如低灰分、弱分解的藓类泥炭，具有较高的持水能力，它能保持大于本身绝对干重 15～20 倍的水量；灰分中等、中分解或强分解的草本和草木-藓类泥炭，它能保持大于本身重量 3～9 倍的水量。沼泽植物增加了地表糙率，可减缓洪水流速，降低下游洪峰水位。如三江平原挠力河中游蔡嘴子站由于沼泽的作用，夏季洪峰值较上游宝清站减少了 1/2（相对流量），并使汛期向后推迟。

2. 气候调节器

沼泽地植被茂密，其反射率小，辐射平衡值高。沼泽区蒸发量叠加蒸腾量，使大量水分排入空中，影响周围环境的温度和湿度。

在沼泽水平衡中，沼泽蒸发和植物蒸腾作用消耗水量所占的比例较大，而径流则较小。如三江平原的别拉洪河属沼泽性河流，该流域年平均蒸发量占总支出量的 79%，多年平均径流量仅占 21%。根据三江平原沼泽小气候分析，蒸发耗热相当于辐射差额的 80% 左右。如 1979 年 6 月 29—30 日在毛果苔草沼泽地观测，一天内除夜间 20 时 30 分至次日 2 时 30 分，沼泽表面辐射差额为负值，此时段蒸发停止，其余时段沼泽蒸发耗热量均为热量消耗的主要途径。

据试验研究，沼泽化草甸生长季的蒸发强度可达 7415t/hm^2，而沼泽的蒸发比沼泽化草甸还要大，由此可见沼泽调节气候的巨大功能。

3. 物种基因库

沼泽湿地是生物多样性最丰富的地区之一。1992 年国际资源和自然保护联合会（IUCN）、联合国环境规划署（UNEP）、世界野生生物基金会（WWF）联合制定的世界自然保护大纲中，将湿地与农业、林业并列为三大生态系统，把淡水湿地列为受威胁物种最重要的集结地。1993 年，美国生态学会在生态研究纲要中指出："地球上生物多样性大部分分布于半自然的森林、牧地、河流与沼泽中。"生物多样性的丰富程度通常以某类型的物种数来表达。我国沼泽植物密度为 0.0056 种/km^2，是我国植物密度（0.0028 种/km^2）的 2 倍。我国已记录到高等植物约 1600 余种，沼泽湿地濒危高等植物 100～150 种，其中包括第三纪孑遗植物水松、水杉等都是世界上著名的珍稀濒危植物。我国已记录到沼泽高等动物约 1500 种（脊椎动物），其中有"古生物化石"之称的扬子鳄。另有水禽约 250 种，其中包括生动亮丽的丹顶鹤、白鹤等珍稀濒危鸟类 31 种。因此，沼泽湿地在国际上受到普遍重视。

4. 环境滤清器

沼泽具有净化环境的功能，是生态系统的重要组成部分。根据资料，地球上的沼泽植被每年向大气圈释放 1.6 亿 t 氧气，并且少排了与其相当的 CO_2，减缓了陆地生态系统中

CO_2 浓度的提高。沼泽有很大的生物生产效能，植物在有机质形成过程中，不断吸收 CO_2 和其他气体，特别是一些有害的气体。沼泽地中有部分死亡的植物残体积累形成泥炭，而未完成腐蚀分解的氧化过程，因而氧气很少消耗于死亡植物残体的分解。沼泽还能吸收空气中粉尘及携带的各种菌，从而起到净化空气的作用。有人把森林比作净化空气、消除污染的工厂，沼泽同样起到这种作用。另外，沼泽堆积物具有很大的吸附能力，污水或含重金属的工业废水，通过沼泽能吸附金属离子和有害成分。所以，一些国家研究把沼泽作为消除城市污水、净化环境的重要途径。

5. 高效资源库

具有半水半陆过渡性质的沼泽是一个高生产力的自然生态系统。根据资料，产于非洲的一种沼泽植物，纸莎草年初级生产量高达 $100t/hm^2$，香蒲达 $70t/hm^2$，年初级生产量沉水植物眼子菜为 $40t/hm^2$。我国南方红树植物海篷年初级生产量是 $30t/hm^2$，还不及纸莎草生产量的 1/3。可见沼泽草本植物的年初级生产量是相当高的。就目前农业高产作物玉米的年初级生产量为 $60t/hm^2$，而且要达到这种产量，需要投入化肥、农药和大量的劳动力。因此，就单位土地面积而言，沼泽湿地中获得的效益比其他生境（包括排水后农用）要高得多。

12.1.4　沼泽的变化

沼泽是许多自然地理条件相互影响和相互制约形成的，形成条件包括气候、地质地貌、水文和人类活动因素等，沼泽的变化也同样受到这些因素的影响。

1. 气候与沼泽变化

土壤表层经常过湿是沼泽形成的直接原因，而土壤水分状况主要决定于气候。在降水丰富的过度湿润地带，地表水分过多，空气湿度大，蒸发弱。除地表切割程度大、河网发达的地区外，沼泽几乎占据整个地面，不仅在低洼地貌中，而且在山坡，甚至分水岭也有沼泽发育。沼泽成为这类地区自然景观的主要特征。在湿润程度不足和不稳定地带，沼泽分布面积减少，只分布在闭流洼地、湖滨、河漫滩以及地下水位接近地表的地方。在降水量少、气候干燥、水分不足的地带，很少遇到沼泽，只在河流泛滥或地下水出露地域才有沼泽发育。

泥炭沼泽的形成与变化和热量状况也有很大的关系。当每年沼泽植物死亡后增加的新有机体大于每年腐烂的物质数量，泥炭才能形成和累积。大气和土壤温度一方面影响生长期内植物生长速度，另一方面也制约死亡植物残体的分解强度。在寒冷气候条件下生长期内气温低，不利于植物的生长，每年植物体增长缓慢，但分解掉的也很少；在热带及亚热带气候条件下，生长期内气温和年平均气温高，植物体增长加快，有机质分解强度也增大，甚至超过增长的数量。但是在高温高湿条件下也有一定泥炭的积累。

2. 地质地貌与沼泽变化

新构造运动对地表形态的影响直接而明显。一个地区长期下沉，造成四周高、中间低洼的地貌结构，并堆积有深厚的疏松物质，地表坦荡低平，侵蚀能力弱，河流蜿蜒曲折，排水能力低，有利于水分的汇集和停滞。可见地质构造和地貌条件为沼泽的形成提供了良好的空间场所。

3. 水文与沼泽变化

水分条件是沼泽形成和发育的主导因素，水文特征对于沼泽的形成与变化也有重要作用。地表水和地下水是沼泽补给的直接水源，而补给量的大小与径流条件有直接关系。

4. 人类活动因素与沼泽变化

人类活动也会对沼泽的形成与变化产生作用。东北林区，在日伪统治时期，森林资源遭到残酷掠夺和严重破坏，在一些砍伐迹地和被火烧的迹地上，常演变发育成沼泽，大中型水库周围和回水范围内，因抬高了地下水位而逐渐沼泽化。人类采取人工排水的方式可控制沼泽的发展，也可加速沼泽疏干。人为因素对沼泽的影响，比自然演化要快得多。

我国的沼泽类型繁多，生物多样性最丰富，沼泽面积也很大，在世界沼泽中占有重要地位。进入 20 世纪 80 年代，正当国际上保护沼泽湿地的呼声越来越高时，人们发现我国的沼泽面积大幅度地减少，由于不合理的人类活动，沼泽面临围垦、污染和过度猎取等严重威胁，沼泽面积日益缩小，沼泽的环境保护功能显著下降，并危及人类和社会的持续发展。因此，研究沼泽湿地的动态变化及其生态效应具有重要意义。

12.2　融　雪　径　流

降雪是降水的一种重要形式，在寒冷地区几乎是主要的水源。地面积雪融化所形成的径流称为融雪径流，是我国西北地区乃至中亚地区的最重要的水资源之一。

12.2.1　积雪的形成与分布

如果空气中的水分在水汽张力小于 610.61Pa 的条件下降落，就会形成雪、霰等固体降水。当低层空气很冷时，雪花才不致落到地面全部融化，并且只有当近地面空气层温度在长时间内持续低于 0℃ 的地区，地面上才会有积雪。

在观测地点向四周眺望，视野内大部分为雪所覆盖，那么此时可以作为积雪形成期。积雪的特征可用积雪时间、厚度、密度和含水量等来描述。由于受风、地形和植被的影响，积雪在流域上分布很不均匀。风速大于 2m/s 可吹走新雪，甚至掀走下层较密实的积雪。地形切割越剧烈，积雪分布就越不均匀。山顶和地形凸起处受风的影响几乎无积雪，而山谷、洼地以及障碍物前则形成雪堆。森林使风受到阻挡，造成林区边缘积雪厚而中心薄。

观测资料表明，区域各处的积雪厚度服从正态分布规律，因此推求区域平均积雪厚度不需要定位观测，只要求测点分布均匀，取平均值即可。

12.2.2　融雪径流

12.2.2.1　融雪出水的物理过程

融雪开始后，最初融化的雪水在积雪层中形成薄膜水和毛管悬着水。积雪继续融化，雪粒间孔隙继续充水，毛管力不断减少，重力水出现并向下流至土壤表面。融雪出水过程可分为两个阶段，一是融雪水分渗入并浸润积雪下层的"停蓄阶段"；二是下层含水量达到饱和，积雪内部开始有水流出的外流（出水）阶段。初期的融雪水耗于下渗及填洼，满足后才开始往外流泄，产生融雪径流。因此，融雪径流并非与融雪同时开始，在时间上要推迟一些。在融雪初期，雪下的地面温度与地面雪水温度接近于 0℃，当雪水径流开始时，雪水温度上升到 0.5～1.5℃，此时会有相当显著的蒸发。

积雪层含水量达到饱和后，融雪水下渗到积雪覆盖的地面，积雪继续融化，融雪水量超过下垫面水饱和度后产生汇流过程。融雪水汇流主要以地面汇流、潜流以及地下水汇流三种方式实现。当下垫面达到其最大持水能力以后，地面汇流会产生，其主要发生在冻土或不可渗透的下垫面如岩石表层。潜流指的是融雪水下渗到土壤，并沿浅层土壤流动，最终形成径流的过程。土壤中存在空隙和天然形成的毛管，能促使融雪水在浅层土壤中快速流动。当融雪水下渗补给了地下水使得地下水水位上升，当地下水位高度超过了地面径流的高度时，在重力及斜坡向压力作用下，地下水外渗补给地表径流，产生地下水汇流。

汇流过程与下垫面地理特征相关，坡度、坡向、植被覆盖情况等都将对汇流过程产生重要影响。太阳辐射是积雪消融的重要热量来源之一，坡度在不同程度上决定了太阳入射角度，进而影响雪盖能量收支状况和积雪消融速度。坡向决定了积雪水流出雪盖后所形成径流的方向。同时，下垫面土壤持水能力、地表覆被类型也会对融雪水汇流过程产生一定影响。

12.2.2.2 融雪径流量的计算

融雪径流量可依据试验观测数据计算，也可基于物理、数学推理的融雪径流公式或模型估算。

1. 依据积雪观测资料计算

依据区域内定期沿固定路线进行的积雪观测资料或卫星遥测资料，用下式计算融雪出水量

$$M_s = M_1 - M_2 + \sum \Delta P \tag{12.1}$$

式中　M_s——$t_1 \sim t_2$ 时期内的融雪水量，mm；

M_1、M_2——$t_1 \sim t_2$ 时刻的融雪水深，mm；

$\sum \Delta P$——$t_1 \sim t_2$ 时期内的降水量，mm。

因测雪所需时间较长，一般难于每隔一天或每隔两三天进行一次，故此法只能用于较长时段的融雪出水量估算。

2. 依据公式估算

根据公式计算融雪量的常见方法有三种：

（1）热量平衡法。从物理观点来看融雪与蒸发过程十分相似，都属于热力学过程，可以用能量平衡法处理，即

$$M_s = (H_{sw} - H_{ef} + H_{ac} \pm H_{vc} + H_r + H_{ec}) / (\rho_w L_f) \tag{12.2}$$

式中　M_s——融雪量，cm；

ρ_w——水的密度，g/cm^3；

L_f——冰的融解热，334.94J/g；

H_{sw}——由日光和天空的短波辐射给雪面的有效热量，J/cm^2；

H_{ef}——从雪面到天空的长波辐射的散失热量，J/cm^2；

H_{ac}——从大气传导给雪面的热量，J/cm^2；

H_{vc}——由水汽凝结（＋）或蒸发（－）的热量，J/cm^2；

H_r——由降雨供给的热量，J/cm^2；

H_{ec}——由大地传导的热量，J/cm^2。

这虽然是表示积雪层热量收支最严密的方法，但由于需要观测的因子较多，且不易测定，故实用上并不方便。

（2）空气动力学法。莱特（Light）曾提出下述半理论性经验公式计算融雪量

$$M_s = 56.8 v_w [0.01325 t_a \times 10^{0.0152z} + 0.0231(e-6.11)] \qquad (12.3)$$

式中 M_s——融雪量，mm/d；

v_w——雪面上 50ft 高处的平均风速，m/s；

t_a——雪面上 10ft 高处的平均气温，℃；

e——雪面上 10f 高处的水汽压，$mbar$；

z——当地的海拔高程，km。

对天然流域，若地面高低不平，或有森林影响，则直接用式（12.3）计算一般偏大，拟乘以 55％～65％ 的折减系数为好。

美国陆军工程兵团考虑到森林和降雨的影响，提出了如下经验公式：

当全流域森林率为 80％ 以上时

$$M_s = (3.383 + 0.0126i) t_a + 1.27 \qquad (12.4)$$

当全流域森林率为 60％ 以下时

$$M_s = (1.326 + 0.859 K v_w + 0.0126i) t_a + 2.29 \qquad (12.5)$$

式中 i——林外降雨强度，mm/d；

K——系数，其值为 1.0（无林地）～0.3（60％林地）。

其余符号意义同前。

（3）度日因子（degree-day）法。在实际流域内，不仅森林、坡向、高程等对融雪量有很复杂的影响，而且要在全流域内正确求得辐射、气温、湿度、风速等也有困难，故在很多场合上述各式均难于适用。为此，美国学者提出了度日因子法，以日平均气温作为对融雪最具影响的有效热量指标。

相应于气温 1℃ 时的日融雪水量称为气温日融雪率，或称融雪因子，以 $C_s [mm/(℃ \cdot d)]$ 表示，美国的实测值为 2.3～6.8$mm/(℃ \cdot d)$，日本的实测值为 0.7～8.0$mm/(℃ \cdot d)$。度日因子法计算融雪量的公式为

$$M_s = C_s(t_a - t_0) \qquad (12.6)$$

式中 M_s——日融雪量，mm/d；

t_a——日平均气温，℃；

t_0——基础温度，常取 0℃。

度日因子法开始考虑雪盖内部的冻融过程，只有在日平均温度与基准温度差大于 0℃ 时，融雪水才会产生，是目前应用最多的计算融雪出水量的方法之一。事实上融雪因子 C_s 反映了净辐射对融雪的作用，它是太阳高度角的函数，也受到纬度、坡向和森林覆盖度的影响。同纬度条件下，一般有春秋 C_s 值较小、夏季较大，林地较小、裸地较大，向阳坡较大、背阴坡较小的规律。

但度日因子法一定程度上考虑了温度对积雪消融物理过程的影响，其实质仍然是通过率定径流输出与气象要素输入间的关系模式来模拟径流，对水文循环的物理机制考虑得依然不够。

12.2.2.3 融雪径流特点

融雪径流与降雨径流比较，有以下特点：

（1）影响融雪径流的峰量最重要的因素是积雪量与融雪的热量及强度，而影响雨洪峰量的最重要的因素是降雨量、降雨强度及降雨历时。暴雨强度一般大大超过融雪强度，但降雨历时却比融雪历时小得多。

（2）积雪融化受暖气团控制，在很大面积上比较均匀；而暴雨在大面积上分布极不均匀。

（3）流域上的积雪具有内部调蓄作用，能暂时蓄积一定数量的水分。积雪层含水饱和后，融雪水沿雪层底部缓慢流动，流动速度受积雪阻滞影响，融雪径流过程线较雨洪过程线平缓。

（4）春汛显著地受温度影响，其流量过程与气温变化比较相应，因此有日变化，而雨洪径流几乎不受温度的影响。

12.3 冰 川

冰川是陆地上固态降水（主要是降雪）积累演化形成的能自行流动的天然冰体。冰川（包括中低纬度山地冰川和极地冰盖）覆盖了全球陆地总面积的约11%，并且储存了全球淡水资源的4/5左右，被称为"固体水库"。目前全世界冰川每年消融注入江河的总水量约相当于全世界河槽储水量的3倍。因此，冰川的累积和消融对水文循环有着重要影响。

中国是世界上中低纬度山地冰川最多的国家之一，第二次中国冰川编目表明，我国共有冰川48571条，总面积约为5.18万km^2，约占全国国土总面积的0.54%，占世界冰川（除南极和格陵兰冰盖外）面积的7.1%；冰川总储量约为$(4.3\sim4.7)\times10^3km^3$。我国冰川数量和面积分别以面积小于$0.5km^2$的冰川和面积介于$1.0\sim50.0km^2$的冰川为主，其中面积最大的冰川是音苏盖提冰川，其面积为$359.05km^2$。我国冰川分布广，北抵中国、俄罗斯、蒙古3国交界的友谊峰，南至与印度、尼泊尔和不丹接壤的喜马拉雅山，西邻中国、塔吉克斯坦、吉尔吉斯斯坦交界的喀喇昆仑山与帕米尔高原，东达中国境内岷山南段的雪宝顶。其中，分布于内陆河流域的冰川面积$31242.6km^2$，约占全国冰川面积的60%；分布于外流河流域的冰川面积$20523.5km^2$，约占40%。冰川是我国极其重要的固体水资源，分布于我国许多江河的源头，对河流的补给和调节有着不可忽视的作用，特别对西北干旱地区河流的影响很大。

12.3.1 冰川的形成

在年均温度0℃以下的高山地区，因气候寒冷，降雪不能全部融化而终年积雪，为终年积雪区。终年积雪区的下部边界称为雪线。雪线以上，年降雪量超过消融量（含蒸发量），降雪不断积累，称为积累区；相反，雪线以下为消融区。地球上各纬度地区由于气候、地形等自然条件不同，雪线的高度也不同。

积累在雪线以上的雪，若不变为冰川冰，则山顶上只能有永久积雪而无冰川。只有当多年积雪演变为冰川冰后，才能沿斜坡流动形成冰川。从新雪降落、积累到变为冰川冰，经历着复杂的变质成冰过程，可分为沉积、粒雪化和成冰三个阶段。初降的雪花晶体呈鹅毛状、片状或多角状，孔隙大，比重小。为了达到稳定，使自由能最小，雪花晶体就必须固化以减小表面积。固化的趋势是大晶体合并小晶体，单个冰晶体积加大，形成圆球形的粒雪。粒雪变为冰川冰有两种途径。低温干燥环境下，厚粒雪层对其下部雪有巨大的静压力，从而排出空气促使粒雪重新结晶而形成密度为 $0.90\sim0.92\mathrm{g/cm^3}$ 的浅蓝色冰川冰。属于重结晶成冰过程，亦即冷型成冰。当气温较高，冰雪消融活跃时，融雪水沿雪层内部孔隙渗浸，它所携带的热量会部分融化粒雪。随后又会因温度下降，下渗水再度以粒雪为核心重新冻结成冰。这属于渗浸成冰过程，亦即暖型成冰。暖型成冰的密度一般大于重结晶冰。我国冰川冰大多属于暖型成冰。冰川冰的结构为层状，具有可塑性，在定向应力作用下，顺坡向下运动，就形成了冰川。

12.3.2 冰川的类型

冰川的分类有多种方法。按冰川的形态和运动特性，可分为大陆冰盖与山岳冰川两大类：

1. 大陆冰盖

大陆冰盖又称大陆冰川，这种冰川呈盾形，中部凸起，冰体向四周辐射状地挤压流动。其特点是面积大、冰层厚，分布不受下伏地形限制。南极大陆冰盖和格陵兰冰盖属于此类冰川。

2. 山岳冰川

山岳冰川又称山地冰川，是一种运动占优势、积累与消融大致平衡的冰川。这种冰川一般分布于分割的山地，其运动受下伏地形控制而取重力流方式。现代山岳冰川是当前主要研究对象，按形态又可分为冰斗冰川、悬冰川和山谷冰川。

（1）冰斗冰川处于雪线以上的圆形山谷，规模较小，伸出冰斗外的冰舌小，积累区与消融区无明显分界。

（2）悬冰川从冰斗中溢出，沿冰斗外沿下坠，悬挂于山坡面上，面积常不足 $1\mathrm{km^2}$，这是山岳冰川最常见的形态。

（3）山谷冰川规模最大，冰川从冰斗溢出后进入谷地，两侧谷坡界限明显，犹如冰冻的河流，积累区与消融区界限分明。山谷冰川又有单式、复式、树状和网状形态，长度从几千米到几十千米不等，厚度也可达几百米。多条山谷冰川向山麓延伸，汇合而成一片宽阔冰体，又称山麓冰川。山麓冰川运动速度很慢，分布也不受下伏地形限制，常具有从山岳冰川逐渐发展为大陆冰盖的特征。因此，有人将山麓冰川列为从山岳冰川到大陆冰盖的过渡类型。

根据冰川的物理性质，又可分为海洋性冰川与大陆性冰川两类。海洋性冰川又称暖冰川。主要发育在降水充沛的海洋性气候区，雪线附近年降雪量在 $1000\mathrm{mm}$ 以上。这类冰川主体温度较高，接近 $0℃$，补给量大，运动迅速，年运动量约 $100\mathrm{m}$ 以上。我国西藏东南部喜马拉雅山脉东段、念青唐古拉山脉东段和川滇横断山脉的冰川属于海洋性冰川。大陆性冰川又称冷冰川，主要发育在干冷的大陆性气候区，雪线附近年降水低于1000mm。冰川主体温度常为$-1\sim-10℃$或更低，补给量小，运动缓慢，年运动量约$30\sim50m$。我国天山、祁连山的中段及东段、昆仑山、青藏高原内部山区、喜马拉雅山脉中段北坡和西段的冰川属于大陆性冰川。

12.3.3 冰川的运动

冰川运动主要有重力流与挤压流两种方式。在斜坡上，因冰川自重产生的沿坡向分力大于冰川槽对冰川的阻力时，所引起的流动称为重力流；由于冰川堆积的厚薄不同使内部压力分布不均时产生的流动称为挤压流。大陆冰盖的运动以挤压流为主，山岳冰川运动既有重力流也有挤压流，但以重力流为主。

与河水运动相似，影响冰川运动的主要因素是冰量（冰的厚度）、比降和冰槽断面面积等。冰川的垂线和断面流速分布也具有自表面向底部、自中央向两侧递减的特征；但其速度仅为河水流速的几万分之一。冰川运动沿程变化的特征是自补给区向雪线方向速度逐渐增大。冰川由积雪变质成冰，再向下运动到消融区（冰舌）需要几年乃至几百年的时间，它的进退实际上是过去气候的反映。

12.3.4 冰川的积累与消融

冰川的积累指冰川的冰雪质量增加。冰川积累主要来自降雪和其他形式的固态降水，风吹来的雪、山坡雪崩以及表面水汽凝结等也会增加冰川的积累量。

冰川发生融化或蒸发损耗使冰层减薄的现象称为冰川消融。依据热量来源，冰川消融又分为冰面、冰内和冰下消融三种方式。冰面消融的热源主要是太阳辐射热量、空气紊流交换热量、两侧山坡辐射热量以及水汽凝结放出的潜热量等。冰面消融是冰川最主要的消融方式。冰内消融的热能主要来自冰面消融水下渗的传导热以及冰川运动引起的内摩擦热等。裂隙较多的大型冰川中，冰内消融可占一定比重。冰下消融的热能主要来自冰下径流的传导热、上覆冰层压力和冰川运动时与谷底的摩擦热。冰下消融量甚小，仅为冰面消融量的几百分之一。

冰川消融主要取决于冰川表面的气象条件（如气温、风速、相对湿度、太阳辐射等）和冰川本身物理特征（如粒雪粒径、粒雪的新旧程度、表碛特征以及坡度、坡向等）。北半球冰川消融时间一般为6—8月，而南半球冰川消融时间则在12月—次年2月。各地冰川由于规模、地理环境、海拔不同，消融强度差异很大，例如天山冰川冰舌年最大消融水深为2m，而西藏阿扎冰川则为8m。

12.3.5 冰川区径流

冰川区径流由以下5种水源组成：

（1）消融期之前在冰川消融区上的冬、春积雪融水。

（2）冰川消融区冰川冰的消融水，包括冰内和冰下融化。

（3）冰川高处积累区上的积雪融水。

（4）冰川消融区夏季（5—9月）的固态及液态降水。

（5）冰川区内裸露山坡的降水径流。

冰川区融水径流量除与热量状况关系密切外，还与冻结系数有关。冻结系数是冰川面积与总面积之比。冰川面积大的河流径流模数也大。

冰川区的气温与降水量一般不同步，从而导致冰川区河流的径流系数变化复杂。干旱年份因降水少、云量少、太阳辐射作用强，冰川消融量加大，径流系数可大于 1.0；丰水年降水多、气温低，冰川消融量小，冰川区径流系数小于 1.0。例如，天山乌鲁木齐河 1 号冰川，冻结系数（冰川面积与流域面积之比）58.6%，1959—1985 年冰川区平均径流系数为 0.90，其中冰覆盖区径流系数平均达 1.29，而裸露地面径流系数仅为 0.40。由此可见，冰川融水径流系数一般较降雨径流形成区的径流系数大。

冰川径流年内分配极不均匀，年径流量几乎全部集中于 5—9 月。大陆性冰川的流量与气温变化同步，与降水不同步。海洋性冰川的流量与气温变化的同步性较差。一般冰川径流年内分配可分为几个时期，以祁连山老虎沟冰川为例，6 月中旬至 8 月底为径流主要形成期，径流量可占整个消融期的 85% 以上，6 月上旬和 9 月两阶段为中度消融期，有少量径流形成，4 月中旬至 5 月底和 10 月上旬为轻度消融期，10 月中旬至次年 4 月上旬的消融极微弱，为冰川径流断流期。冰川径流的多年变化受气候影响较大。

小 结 与 思 考

1. 简述沼泽的水文特征。
2. 简述融雪出水的物理过程。
3. 融雪出流量的计算方法有哪些？
4. 什么是冰川消融？冰川消融主要有哪几种方式？
5. 试描述冰川区径流的水源组成。

线 上 内 容 导 引

★　课外知识拓展 1：沼泽的作用
★　课外知识拓展 2：冻土水文
★　线上互动
★　知识问答

第13章 湖泊与水库

湖泊是陆地表面较封闭的天然水体，也是积水的洼地。湖水是地表水的组成部分，它不断地与外界水体进行着交换。水库是利用天然洼地或适宜的河谷封闭而形成的人工湖泊。容量很小的天然或人工湖、库称为塘、堰。

13.1 湖　　泊

湖泊是陆地表面具有一定规模的天然洼地的蓄水体系，是湖盆、湖水以及水中物质组合而成的自然综合体。由于湖泊是地表的一种交替周期较长、流动缓慢的滞流水体，加之它深受其四周陆地生态环境和社会经济条件的制约，因而与河流和海洋相比，湖泊的动力过程、化学过程及生物过程均具有鲜明的个性和地区性的特点。在地表水循环过程中，有的湖泊是河流的源泉，起着水量储存与补给的作用；有的湖泊（与海洋沟通的外流湖）是河流的中继站，起着调蓄河川径流的作用；还有的湖泊（与海洋隔绝的内陆湖）是河流终点的汇集地，构成了局部的水循环。

表 13.1　　　　　　　　　　　我国湖泊分流域数量汇总表

流域（区域）	湖泊数量/个			
	$1km^2$ 及以上	$10km^2$ 及以上	$100km^2$ 及以上	$1000km^2$ 及以上
合计	2865	696	129	10
黑龙江	496	68	7	2
辽河	58	1	0	0
海河	9	3	1	0
黄河	144	23	3	0
淮河	68	27	8	2
长江	805	142	21	3
浙闽诸河	9	0	0	0
珠江	18	7	1	0
西南西北外流区诸河	206	33	8	0
内流区诸河	1052	392	80	3

地球陆地表面湖泊总面积约 270 万 km^2，占全球大陆面积的 1.8% 左右，其总水量约为河川、溪流所蓄水量的 180 倍，是陆地表面仅次于冰川的第二大水体。世界上湖泊最集中的地区为古冰川覆盖过的地区，如芬兰、瑞典、加拿大和美国北部。我国也是一个多湖

泊的国家，根据《第一次全国水利普查公报》，我国常年水面面积在 1.0km² 以上的湖泊有 2865 个（见表 13.1），水面总面积为 7.8 万 km²（不含跨国界湖泊境外面积）。其中，淡水湖 1594 个、咸水湖 945 个、盐湖 166 个、其他 160 个。全国较大的湖泊有青海湖、鄱阳湖、洞庭湖、太湖、呼伦湖等，其中青海湖和呼伦湖属于咸水湖，鄱阳湖、洞庭湖以及太湖属于淡水湖。全国拥有湖泊数量和面积最多的湖区是青藏高原湖区，其次为东部平原湖区。

13.1.1　湖泊的形成

在地质作用（如地壳升降）及外力因素（如冰川移动、河流冲淤、风力侵蚀等）的影响下，地表形成洼地，称为湖盆。当洼地的集水面积上有降水、地表或地下水补给时，水就积蓄于洼地之中。若补给量大于损失和排出量（蒸发、下渗、外流等）或处于平衡状态，洼地中经常保持一定水量，就形成湖泊。湖水中既有泥沙又有溶解质和水生生物。湖泊是湖盆、运动着的水以及水中物质相互作用的综合体。湖泊形成后，由于外力和湖内水体运动的作用，湖盆形态发生变化，使湖岸趋于平缓，近岸形成浅滩。泥沙淤积又使湖底填平，水深和容积减小；水生植物也由岸边向湖心推进，最终使湖泊趋于消亡。

13.1.2　湖泊的形态特征

1. 湖泊形态的构成要素

湖泊由于形成原因、原始地形和发展过程的差异而有不同形态，如图 13.1 所示，湖泊可分为湖岸、沿岸地带、岸边浅滩、水下斜坡和湖盆底五部分。

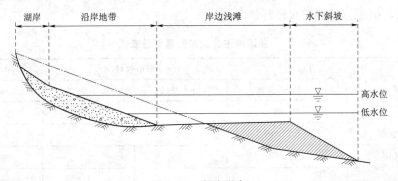

图 13.1　湖泊形态

（1）湖岸。湖岸是湖泊边坡上的水上部分，通常坡度陡直，受近岸的浪击作用而形成。

（2）沿岸地带。沿岸地带包括水上部分和水淹部分。水上部分只在高水位时才受浪击的作用，水淹部分受湖水位涨落的影响而被湖水淹没。沿岸地带又称湖滨。

（3）岸边浅滩。岸边浅滩可分为两部分，靠近湖滨部分因受湖水冲刷而形成的侵蚀浅滩，其底部大多是岩石或坚硬土壤。在侵蚀浅滩以外则是因沉积作用而形成的沉积浅滩，大多是由粗粒泥沙淤积而成。整个岸边浅滩的表面都为沙砾石覆盖。

（4）水下斜坡。水下斜坡是湖底和岸边浅滩之间的过渡地带，其倾斜角可达 20°～30°，坡脚为淤泥覆盖，其他部位为砂砾覆盖。

（5）湖盆底。湖盆底指水下斜坡的坡脚至湖泊中央部分，因泥沙和生物的沉积而较平坦。

2. 湖泊的形态特征参数

湖泊、水库的形态特征主要包括长度、宽度、深度、水面面积和容积等。可采用具有等深线或等高线的地形图来确定。

（1）长度 L。湖泊长度指连接湖面边界两个相距最远点间的湖内最短距离，水库长度定义亦相同，如图 13.2 所示。

（2）宽度 B，分最大宽度 B_m 和平均宽度 $\overline{B}$ 两种。最大宽度是垂直于湖泊长度线方向的两岸间最大距离。平均宽度是湖泊水库面积 A 除以湖长 L。

（3）深度 H，分最大深度 H_m 和平均深度 $\overline{H}$ 两种。最大深度 H_m 是湖泊最高水位与湖底最深点的高程差。平均深度 $\overline{H}$ 是湖泊容积 V 除以湖泊水面面积 A 所得的数值。

（4）水面面积 A。湖泊的水面面积随水位（或水深）变化，最高水位时的面积为其最大面积。不同水位时的面积可由地形图量出。

（5）容积 V。不同水位时的容积可由地形图量出。

为了研究湖泊、水库的水文特征，常绘制出水位-容积曲线和水位-面积曲线（图 13.3），它是水文水利计算、水文预报必备的基本资料。

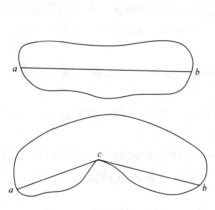

图 13.2　湖泊长度示意图

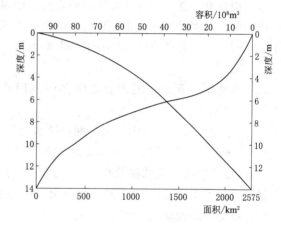

图 13.3　湖泊深度与面积、容积关系图

（6）湖底平均坡度 $\overline{J}$。湖底平均倾角为 α_0 时，其平均坡度为

$$\overline{J} = \tan\alpha_0 = \frac{h}{A}\left(\frac{1}{2}l_0 + l_1 + l_2 + \cdots + l_{n-1} + \frac{1}{2}l_n\right) \tag{13.1}$$

式中　l_0——湖岸线长，km；

　　　l_i——第 i 条等高线长，km；

　　　h——等高线间的高程差。

应用平均倾角可近似算出湖底面积

$$A_d = A/\cos\alpha_0 \tag{13.2}$$

（7）湖盆形状系数 K_r。可用下式计算

$$K_r = \frac{A}{H_m l_0} \tag{13.3}$$

（8）湖泊补给系数 K_0。常用湖泊的集水面积 A_F 与湖泊面积 A 之比表示，即

$$K_0 = \frac{A_F}{A} \qquad (13.4)$$

（9）岸线发展系数 K_m。表示岸线的发展程度，常用岸线长度 l_0 与等于湖泊面积的圆面积的周长之比来确定。

湖泊形态对湖水理化性质、湖水运动、湖泊演变、水生生物的分布规律等都有较大影响。湖泊岸线长度和面积是湖泊形态的主要表现形式。岸线长度减小，代表湖泊萎缩，湖泊的调蓄能力减弱，湖泊的多种功能发挥受到影响，代表湖泊形态向不健康方向发展。湖泊面积的迅速减少，将直接影响自由水面的面积以及湖泊蓄水量的变化，湖泊面积的萎缩直接体现了湖泊健康状态的退化。因而对湖泊形态的研究，可以推断湖泊的成因、湖泊的大小、湖泊的水文情势、湖泊的水产、湖泊的发展趋势等，对合理开发利用湖泊资源和湖泊生态系统 具有重要意义。

13.1.3　湖泊的分类

湖泊是多种多样的，通过研究湖泊的分类，可以进一步认识湖泊的形成和演变。

1. 基于湖盆成因的分类

（1）坝造湖。谷岸山坡受地震山崩作用而崩塌，崩塌物质以及火山喷出物等阻塞河谷而形成湖盆。河水被阻塞壅水而形成的湖盆称为坝造湖。如台湾地区嘉义境内清水河上游在 1941 年及 1942 年由于阿里山的草岭发生两次山崩将河水堵塞，形成深达 120m 的湖泊。

（2）盆地湖。盆地湖的湖盆是由各种原因造成的，按湖盆形成的原因可分为下列类型：

1）由于火山喷发、火山口成为湖盆储水而形成的湖称为火山湖，其湖盆外形近圆形或马蹄形，深度较深，如长白山主峰山顶的天池就是火山湖。

2）由侵蚀作用形成的湖盆称为侵蚀湖，侵蚀作用有风蚀和水蚀等。如青海东部的居延海就是风蚀盆地而形成的湖泊，如我国西南石灰岩地区溶蚀形成的湖泊、云南的八仙湖、宫青湖等属溶蚀湖。

3）因地壳变动而形成的湖盆称为构造湖，如岩层发生断裂而形成的洼地蓄水成湖。云南的滇池、山西的解池都是构造湖。构造湖的特点是湖岸平直而狭长，岸坡陡峻，深度较大。

4）由于冰川的侵蚀或沉积作用而形成的湖盆称冰川湖。我国西藏、新疆内多冰川湖，如天山中的天池。

5）沉积湖是由于河流本身冲淤作用而形成的湖泊，如长江中游监利附近河段因裁弯取直而形成的牛轭湖。也有由于堤外排水不良，在低洼的地方积水而形成湖泊，如江汉平原上成千的湖泊均由此形成。河口三角洲地区，在河流和海水的相互作用下，海湾被泥沙淤积而与海洋隔离形成湖泊，如我国的太湖、西湖等，这种湖泊又称潟湖。

2. 基于湖泊水文特征的分类

湖泊水体是湖泊概念内涵的集中体现，是湖泊存在的最基本条件。其中，湖泊水量是影响湖泊水文情势变化的根本因素，包括湖泊水域面积、水深、湖水滞留时间等特征

指标。

根据湖泊水域面积，可将湖泊分为大型湖泊、中型湖泊、小型湖泊。其中，大型湖泊的水域面积大于 $500km^2$、中型湖泊介于 $50\sim500km^2$、小型湖泊小于 $50km^2$。

根据湖泊水深的差异，可将湖泊划分为浅水湖和深水湖两类，但是这两者之间并没有严格的界定，一般将是否存在温跃层作为划分的标准。由于湖泊温跃层的存在，深水湖与浅水湖在湖泊水体流动性、内源营养盐释放及水生生物分布等方面均存在较大差异。绝大多数浅水湖泊的水深不超过 20m。

湖泊水龄直接表征了湖泊水体交换的速率，也是湖泊水文特征的一项重要指标。根据拉姆萨尔湿地类型分类系统，基于湖水滞留状况，可以将湖泊分为间歇湖（时令湖）和常年湖两类。其中，间歇湖（时令湖）是指水域面积大于 $8hm^2$ 的季节性、间歇性的淡水湖；而常年湖指是终年有水的湖泊。此外，GB/T 13923—2006《基础地理信息要素分类与代码》是根据湖水赋存状况建立的湖泊分类体系，包括常年湖、时令湖、干涸湖三种类型。其中，典型的时令湖包括澳大利亚的艾尔湖和我国广西的犀牛湖，而新疆罗布泊则为典型的干涸湖。

根据湖泊水温参数的变化特征，可将湖泊分为暖湖、温湖、冷湖三种类型。其中，暖湖又称热带湖，指最冷月份湖泊表层水温高于 4℃ 的湖泊，湖泊不会出现冰冻现象；温湖亦称温带湖，湖泊表层水温最高将超过 4℃，最低也将低于 4℃；冷湖又称极地湖，湖泊表层水温低于 4℃。

3. 基于湖泊所含物质的分类

根据湖水含盐度可将湖泊分为淡水湖、咸水湖以及微咸湖。湖水的含盐度在 0.1% 以下的，称为淡水湖。外流湖的湖水不断变换，水中的盐分不易聚集，所以外流湖大多是淡水湖。湖水的含盐度超过 2.47% 的，称为咸水湖。内陆湖水中的盐分容易聚集，湖水的含盐度较高，故内陆湖大多是咸水湖。湖水的含盐度在 0.1%～2.47% 之间的，称微咸湖。湖水含盐度 2.47% 时，水的结冰温度与最大密度时的温度相等。所以取含盐度 2.47% 为咸水湖与微咸湖的分界线。

依据湖水所含溶解性物质的状况，可将湖泊分为贫养湖、富养湖以及腐殖质贫营养湖。其中贫养湖初始的生产力低，藻类的容量小，水的透明度低，营养元素浓度低，主要指磷、氮元素；多分布于贫瘠的高原或山区，水深大，湖底有机物少且不易分解，生物生长受到限制。富养湖生产力高，叶绿素含量高，营养元素高，水的透明度低；多分布于肥沃的平原，水深较小，养分较多、生物数量多但种类少，易于放养。腐殖质贫营养湖营养物质依靠外界的输入，这种湖又被称为褐水湖或康涅克湖。多分布于林区，常含有外来腐殖质；这类物质溶为胶状分散于水中，它有吸收溶解无机盐类的作用，使水中养分贫乏，从而使生物种类、数量都少。

4. 基于湖泊-河流关系的分类

流域尺度上，湖泊与河流关系密切，湖泊水量变化直接受入（出）湖河流径流的制约。根据湖泊补给条件，可将湖泊划分为有源湖和无源湖两类。其中，有源湖是指有河流或溪涧汇入的湖泊，其水量主要靠入湖江河补给，我国大多数湖泊都属于有源湖；无源湖是指湖泊所处流域面积极小，没有河流或溪涧汇入，湖泊水源主要靠降水或湖滨山体裂隙水补给，典型的无源湖如长白山天池等火山口湖、敦煌月牙泉等风成湖。

根据河流-湖泊的位置关系及水力联系差异，湖泊又包括河源湖和尾闾湖两类。其中，河源湖指与河流的河源相连接的湖泊，没有河流汇入而仅有河流流出，是一种排水湖。河源湖常为火山口湖或冰斗湖，比如长白山天池是松花江上游支流二道白河的河源湖。尾闾湖又称河口湖、终点湖等，位于内流河河口的湖泊，有一至数条内流河注入而无河流流出；但也有学者将外流河河口地段的湖泊称为河口湖。

根据湖泊补排状况，又可将湖泊分为吞吐湖、闭口湖、间歇湖三类。其中吞吐湖也称泄水湖、连河湖，指连接河流的不同段落或连接支流与主流的湖泊，比如鄱阳湖和洞庭湖等；闭口湖又称非排水湖、不流通湖、不排水湖、无开口湖，指湖水不向外排泄的湖泊，比如青海湖；而间歇湖是指在高水位时才向外排泄湖水的湖泊，典型的是内蒙古的呼伦湖在高水位时湖水才注入额尔古纳河。

根据湖泊连接河流入海情况，又可将湖泊划分为外流湖和内流湖。其中，外流湖与河流相通，湖水最终汇入海洋；而内流湖又称内陆湖，是指湖水不排入海洋的湖泊。我国大致以大兴安岭南段—阴山山脉—祁连山脉东段—巴颜喀拉山脉—冈底斯山脉一线为界，西北部大多为内流湖，湖水主要消耗于蒸发和下渗；东南部为外流湖区，湖水损耗主要是以出湖径流为主。

13.1.4　湖泊水的运动

湖泊虽属流动缓慢的滞流水体，但是，在风力、水力坡度力、密度梯度等的作用下，湖泊中的水总是处于不断运动之中。湖水的运动可以分为两种形式，即升降运动和进退运动。前者包括波浪、波漾现象，后者包括混合、湖流和增减水现象。一般这两种运动是互相结合发生的。这些运动有的是周期性的，有的是非周期性的，有的在湖面，有的在湖水内部。湖水的运动方式决定于作用力的形式、历时、周期性和空间分布、湖水成层结构、内部密度分布、湖盆形状和大小等因素。此外，由于局部湖区气压突变或地震作用也会引起湖水运动。当外力停止后，由于黏滞力与紊动摩擦作用使湖水运动最后停止。湖水运动是湖泊中最重要的水文现象之一，它对湖水的物理性质、化学成分、泥沙运动、湖盆演变以及水生生物分布与变化有重要影响。因此，湖水运动是一个重要的研究课题。

1. 波浪

波浪是湖水中发生的一种波动现象，指水质点在外力作用下，在其平衡位置附近做周期性振动。波浪发生时，波形向前传播，水质点并未向前推进。湖泊中的波浪主要是风引的，即风对表层湖水的作用，又称风浪。其他因素，如地震、局部湖面气压突变以及轮船航行等也会引起波浪，但发生较少，属于次要因素，风浪大小取决于风速、风向、吹程及其作用的持续时间，此外，还与水深和湖盆形态有关。

（1）波浪要素。波浪要素通常包括波高、波长、波速、周期、波陡等。其中波峰与波谷间的垂直距离称为波高，用 h 表示；两相邻波峰或波谷间的水平距离称为波长，用 λ 表示；波形中任一点在单位时间内传播的距离称为波速，用 c 表示；两相邻波峰或波谷通过空间同一点所需的时间称为周期，用 T 表示；波高与波长的比称为波陡，用 m 表示。

波浪的大小取决于风和水深。波浪形成时期，风速影响波高、周期、波长和波速，风向影响波浪的传播方向。若离岸较远处波浪的方向与岸线斜交，当波浪近岸边时会逐渐转向，最终波向与岸线正交，这种现象称为波浪的折射。当波浪向岸边推进时，随着水深减小，同时发生两种作用：一方面部分波能消耗于克服湖底的摩擦阻力而做功，导致波速、波长、波高都减小；另一方面波能集中于较小的水深中，水深越小波能越集中。当近岸处湖水仍有一定深度时，波能损耗作用占优势，表现为波高、波速等随水深减小而减小。此后，水深足够小时波能集中作用占优势，反而表现为波高随水深减小而增加。在倾斜湖底，随水深减小，波谷所受湖底摩擦阻力比波峰大，使波峰逐渐赶上波谷，波浪的前坡陡于后坡。当达到某一深度时波峰超过波谷而向前倾覆，波浪破碎，这一深度称为临界水深 H_K，以 m 计。波浪破碎时，水质点的前进运动方向在波峰处指向湖岸，在波下部形成离岸的补偿流。因此，水中悬浮物和漂浮物被抛向岸边，而在波的下部产生冲刷现象，把泥沙带入湖中。当波浪打击障碍物时所释放的能量会对周边造成破坏。

（2）风浪要素的估算。风浪要素可用仪器直接测定，或依据经验公式估算。通过实测资料的统计分析所建立的经验公式一般都要考虑影响风浪的三个主要因素：吹程、风速、水深。其中吹程 D 表示顺风向从岸边观测点到波浪发生处的距离，单位为 km；风速 ω，单位为 m/s；水深 H，单位为 m。

例如，鄱阳湖估算风浪的经验公式适用于 $D<60$km 的条件，且按深水波、浅水波分别计算波高

$$2h=0.015\omega^{1.6}-0.01\omega D^{-0.5} \quad (H\geqslant0.61\omega，深水波) \tag{13.5}$$

$$2h=0.017\omega^{1.35}-0.01\omega D^{-0.5} \quad (H<0.61\omega，浅水波) \tag{13.6}$$

2. 波漾

湖水中水位发生有节奏的垂直变化称为波漾或定振波。产生波漾的主要原因是风力或局部湖区气压突变，少数情况下是地震。这些外力引起湖中水体周期性振动，使水位有节奏地升降。湖底的摩擦阻力和水体内部的紊动作用，使波漾衰减直至停息。湖中发生波漾时，水体摆动，水面交替出现顺向或逆向倾斜。但总有一个或几个点的水位不发生变化，这些点称为节或损节。波漾多为单节，但也有双节及多节的。两振节间的变化幅度称为变幅，最大变幅称为波腹。影响波漾变幅、周期的主要因素是湖盆形态。在面积较小的深湖中周期短，在浅湖中周期长。此外，风向、水位涨落、湖底地形等因素也会影响波漾的特征。

3. 湖流

湖水在水力坡度力、密度梯度力和风力作用下沿一定方向运动，称为湖流。依据形成湖流的动力，可分为风成流、梯度流、惯性流和密度流。湖流可促进湖水在水平和垂直方向的混合作用。

4. 湖水的混合

湖水的混合指水团或水分子从一层转移到另一层的交换现象。它使表层湖水吸收的热量和其他理化特性传到深层，湖底的二氧化碳和溶解的有机质移至表层，从而为湖水深处生物生存创造了条件。湖水混合方式有紊动和对流混合两类。前者是风力和水力坡度力形成的，后者主要是湖内水的密度差异引起的。湖水的混合一般可用对流扩散方程描述。

5. 异重流

异重流指两种比重不同的水流因比重差异而产生的相对运动。在一定条件下，两种流体各自保持其特性，不因有交界面和其他紊动而相混合。天然水流中因含沙量差异而形成的异重流较为常见，且多发生在含沙量大的河流上所兴建的水库之中。

13.1.5　湖泊水量平衡

我国著名水文学家施成熙先生定义湖泊水文学为"以湖水为研究对象，研究湖水的来源与去路、湖水的理化性质及湖水中各种水文现象的发生、发展过程及其内在联系，以及湖泊资源的控制和利用的学科"。依据研究对象和内容，湖泊水文学是水文学的一个分支。

湖泊水文学是研究湖泊水量变化和湖水运动的一门学科。湖泊水文要素及湖泊水量平衡关系的变化是湖泊水文学的核心内容，包括水量平衡关系的建立、湖泊水量变化的影响因素以及湖泊水量对气候变化的响应等。

依据物质不灭定律，湖泊水量平衡指以湖泊水体为对象，在某计算时段内，湖泊蓄水变化量等于所有进入湖泊的水量减去所有排出湖泊的水量。可列出下述水量平衡方程

$$(P+R_a+R_g)-(E+R_a'+R_g'+G+u)=\Delta S \tag{13.7}$$

式中　P——时段内湖面降水量；

R_a、R_a'——时段内地表入湖、出湖径流量；

R_g、R_g'——时段内地下入湖、出湖径流量；

E——时段内湖泊有效蒸发量；

G——时段内地下水渗漏量；

u——工农业取用水量；

ΔS——时段内湖泊蓄水变化量。

上述各项均以 m^3 计。

湖泊水量呈动态的平衡状态，当这种平衡被严重打破时，湖泊水量将呈现持续性减少或增加的趋势。近年来，湖泊水量的变化尤为显著，其原因大多为气候变化的影响，其次是水利工程引起的河湖水系结构的调整导致河湖水文关系的改变，继而影响湖泊出入水平衡关系。

13.2　水　　库

水库是人造湖泊，它是用坝或堤堰等在河谷或流域低洼处拦蓄河水而形成的人工水体。它与天然湖泊有许多方面是相同的，但它也有自己的特殊性，本节主要介绍其不同于天然湖泊的特征。

由于天然的水资源特别是河川径流在时间和空间上的分布往往与人类对水资源需求不相适应，如在汛期常常因河流洪水泛滥成灾，在枯水期因水少而发生干旱。为了解决这个矛盾，就需要在河流上兴建水利工程，对河川径流进行调节，使其在时间上和空间上重新分配，以达到兴利除害的目的。其中，兴建水库是实现径流调节的有效手段，利用水库进行径流调节可起到兴利与除害的双重作用。

13.2.1　水库的特征

水库一般由拦河坝、输水建筑物和溢洪道三部分组成。拦河坝或称挡水建筑起拦蓄水量、抬高水位的作用；输水建筑物是专供取水或放水的，即自水库引水进行灌溉、发电等，或者为放空水库并兼泄部分洪水等；溢洪道又称泄洪建筑是水库的太平门，供泄放洪水，起到调节洪水与保证水库安全的作用。

水库主要有防洪、灌溉、发电、给水、航运、水产、改善环境及旅游等多种功能。水库多是综合利用的，即具有多种开发目标，且常以某一两个开发目标为主，但也有单目标开发的。各种不同的开发目标对水库的要求是不同的，往往互有矛盾。例如，防洪要求水库在汛期洪水来临之前预留出一定的库容，并要求水库泄放流量不超过某一限定值；灌溉要求在春耕和作物生长期供水；发电要求有一定的水头和水量；给水除要求有一定的量外，对水质的要求特别严格等。

一个水库的总库容通常包括防洪库容、兴利库容和死库容。相应于各种库容有各种特征水位，如图 13.4 所示。

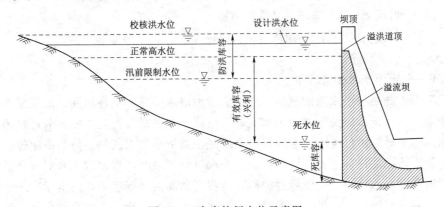

图 13.4　水库特征水位示意图

（1）死库容与死水位（设计最低水位）。水库调蓄过程中，有一个设计最低水位，它是根据发电最小水头和灌溉引水的最低水位来确定的，同时也考虑水库内每年的泥沙淤积。这个水位又称死水位，死水位以下的库容不能被动用，一般情况下是不能用来调节水量的，故称为死库容。

（2）兴利库容（有效库容）与正常高水位（正常蓄水位）。为满足灌溉、发电等的需要而设计的库容称为兴利库容，其对应的水位为正常高水位，也称正常蓄水位。正常高水位是水库在正常运用条件下允许保持的最高水位，它是确定水工建筑物的尺寸、投资、淹没损失、发电量等的重要指标。

（3）防洪库容与设计洪水位、校核洪水位、汛前限制水位。为调蓄上游入库洪水、削减洪峰、减轻下游洪水威胁，以达到防洪目的的库容称为防洪库容。在水库正常运行情况下，当发生大坝设计洪水时，水库允许达到的最高水位称为设计洪水位。当发生大坝校核洪水时水库允许达到的最高水位，称为校核洪水位。在汛期到来之前，常预先把水库放空一部分，利用这部分放空的库容增加拦蓄洪水的能力，以削减洪峰。相应于放空的那部分库容后的水位称为汛前限制水位，也就是水库调洪起始水位，它是由洪水特性和防洪要求综合考虑确定的，在洪水来临之前，水库不能超过此水位。

（4）水库总库容。水库总库容指与校核洪水位相应的水库容积。总库容是表示水库工程规模的代表性指标，可作为划分水库等级、确定工程安全标准的重要依据。

13.2.2　水库的径流调节作用

在河流上修建水库的目的是改变河川径流的天然变化规律，使得它在时间上和空间上重新分配。这种利用水库来重新分配河川径流，以适应需水过程的措施称为径流调节。其中，为减轻洪水灾害，在汛期拦蓄洪水、削减洪峰的调节称为防洪调节；为满足用水部门需水要求的调节称为兴利调节。

进入水库的入流量是水库拦河坝以上流域的地表径流量与地下径流量，其出流量是人为控制的。当水库的入流量大于出流量时，水库开始蓄水，库水位逐渐上升，蓄水量逐渐增加；反之水位下降，蓄水量减少。水库中的水位变化过程或蓄水量的变化过程可以用水库的水量平衡方程来反映。水库的水量平衡方程如下

$$(Q_入 - Q_出)\Delta t = \Delta W \tag{13.8}$$

式中　$Q_入$——时段 Δt 内入库平均流量，m^3/s；

　　　$Q_出$——时段 Δt 内出库平均流量，m^3/s；

　　　Δt——计算时段，s；

　　　ΔW——水库蓄水变量，m^3。

上式实际上是略去了水库的蒸发、渗漏、库面降水等项，且将地面、地下来水统归于入流；地面、地下出水以及工农业用水统归为出流。此平衡方程是水库调节计算的基础。

当水库有下游防洪任务时，它的作用主要是削减下泄洪水流量，使其不超过下游河床的安全泄量。水库的任务主要是滞洪，即在一次洪峰到来时，将超过下游安全泄量的那部分洪水暂时拦蓄在水库中，待洪峰过去后，再将拦蓄的洪水下泄掉，腾出库容来迎接下一次洪水。有时，水库下泄的洪水与下游区间洪水或支流洪水遭遇，相叠加后其总流量会超过下游的安全泄量。这时就要求水库起"错峰"的作用，使下泄洪水不与下游洪水同时到达需要防护的地区。这是滞洪的一种特殊情况。若水库是防洪与兴利相结合的综合利用水库，则除了滞洪作用外还起蓄洪作用。例如，多年调节水库在一般年份或库水位较低时，常有可能将全年各次洪水都拦蓄起来供兴利部门使用；年调节水库在汛初水位低于防洪限制水位，以及在汛末兴利部门使用。这都是蓄洪的性质。蓄洪既能削减下泄洪峰流量，又能减少下游洪量；而滞洪则只削减下泄洪峰流量，基本上不减少下游洪量。在多数情况下，水库对下游承担的防洪任务常常主要是滞洪。湖泊、洼地也能对洪水起调蓄作用，与水库滞洪类似。

图 13.5 为水库对一次洪水的调节过程。假定水库溢洪道无闸门控制，且水库汛前水位与溢洪道顶高程平齐。在 t_2 时刻前，入库流量大于出库流量，水库水位持续上升，与此同时，出库流量也随之相应增大，直到 t_1 时刻，入流

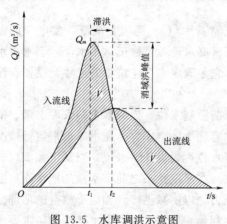

图 13.5　水库调洪示意图

量达到最大值 $Q_{\max}$，随后入流量开始减少，在 $t_1 \rightarrow t_2$ 的时段内入流量仍大于出流量，但因入流量已逐渐减少，而出流量在水库水位上升的情况下仍在不断增加，最后，必然会出现入流量等于出流量的时刻即 t_2，此时水库水位达到最大值，相应的水库下泄流量也达到最大值。t_2 时刻以后，入流量小于出流量，水库水位逐渐下降，出库流量也逐渐减小，直至水库水位又与溢洪道顶高程平齐。由图可知，图中两块阴影部分的面积应是相等的。设阴影部分的面积（单块）为 V，即为暂时调蓄在水库中的水量，在 t_2 时刻以后，又逐渐流出，这种调蓄结果必然使出流过程的洪峰减小、峰现时间延后、洪水过程拉长，这种作用就是水库的调洪作用，也称洪水调节。同样，如果利用水库的有效库容蓄水，以满足枯水期或枯水年的供水需要，称为兴利调节。

13.2.3　水库泥沙

由于水库是人工筑坝拦截河流而形成的，所以它不仅对河流水量进行拦蓄调节，而且对水流挟带的泥沙也进行拦截，尤其是对于多沙河流，泥沙问题往往成为修建水利工程的关键问题。其中最为突出的课题有异重流、库岸坍塌、泥沙的冲淤规律等。

1. 异重流

在含沙量较大的河流上修建的水库，常存在异重流问题。这不仅因为水流挟沙量大，而且由于水库多是原河流的河槽变成，河槽一般较狭窄，不如天然湖泊开阔，因此含沙多、比重大的来水是一股浊流，不易分散，与水库中已沉淀的清水，完全是两种不同的水流，于是容易产生异重流。产生泥沙异重流的条件可归纳如下：

（1）入库水流含沙量大于库水含沙量 1/10 时才会产生异重流，但入流含沙量达到 $10 \sim 15 \text{kg/m}^3$ 时产生的异重流才稳定。

（2）组成异重流的泥沙颗粒必须很细小，其粒径界限与流速有关，一般界限为 $d = 0.01 \text{mm}$。

（3）入流量必须超过一定量值且持续一定时间。我国官厅水库实测资料表明，入流量大于 $200 \text{m}^3/\text{s}$ 时开始产生异重流，入库流量小于 $50 \text{m}^3/\text{s}$ 时异重流消失。异重流在水体内运动的距离和持续的时间取决于产生异重流的入流量所持续的时间。

（4）浑水和清水交界面沿运动方向必须有一定的坡度。

（5）异重流潜没点处（图 13.6）须有一定水深，否则交界面以上的紊动会影响异重流表面，影响异重流的密度。

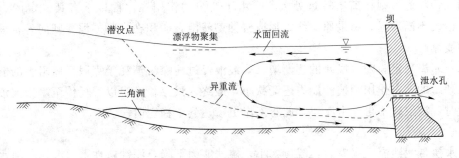

图 13.6　水库异重流示意图

根据实验，上述条件可综合为判别系数 Fr，或称为密度弗劳德数

$$Fr = \frac{u_0^2}{\frac{\Delta\gamma}{\gamma'}gh_0} \leqslant 0.6 \tag{13.9}$$

式中　u_0——异重流潜没点处的平均流速，m/s；

　　　h_0——潜没点处水深，m；

　　　γ'——下层异重流的重度，N/m^3；

　　　$\Delta\gamma$——清水与浑水重度之差，N/m^3；

　　　g——重力加速度，m/s^2。

上述 Fr 值必须小于一定的临界值，交界面才不致被破坏而混合，但若 u_0 太小，则异重流中泥沙发生沉积，异重流即消失。

异重流一旦形成后可在水库下层运行很长距离，也可较快消失，这决定于入库流量所持续时间、库底地形以及库底比降。

2. 库岸演变

天然湖泊的湖岸是长期演变而形成的，继续变化进程已经较为缓慢，水库的库岸演变则较急剧。尽管河流的岸坡在外力作用下已较为稳定，但建库蓄水后，岸边土壤浸水破坏了土体的原有构造，作用于岸坡上的外力也相应地发生变化，从而破坏了原来相对稳定的平衡条件，引起库岸的崩坍或滑坡。库岸的演变过程有三个阶段，如图 13.7 所示。

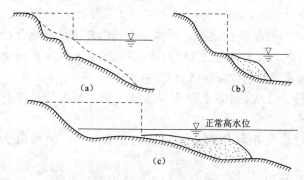

图 13.7　库岸演变过程示意图
(a) 库岸崩塌；(b) 浅滩的形成；(c) 库岸稳定

（1）库岸崩坍。水库蓄水后，一方面岸边土壤浸水，破坏了土体内部结构；另一方面，波浪冲击岸边淘刷岸脚，使岸边水上部分失去支持，从而发生崩坍或滑坡、岸线不断后退，结果原岸线形成侵蚀浅滩。

（2）浅滩的形成。库岸崩坍过程中，大量的崩坍物滚落于岸脚，粗颗粒泥沙在较近处沉积，细颗粒泥沙则在离岸较远处沉积。由于波浪的作用在水面以下有其一定的影响范围，故岸线不断后退，结果原岸线处形成侵蚀型浅滩，淤积在岸脚的泥沙则向外扩展形成淤积型浅滩。

（3）库岸稳定。随着浅滩的逐渐增长，波浪经过浅滩时消耗于克服摩擦阻力的能量加大，对湖岸的冲击作用和挟沙能力逐渐减小，最终，浅滩长度足以消耗传至岸边波浪的全部能量时，波浪就不再冲击库岸，此时库岸更新达到了稳定阶段。

3. 水库淤积

河水挟带泥沙流入水库后，流速减小，挟沙能力下降，泥沙就在水中沉降。河水中携带的泥沙在库内沉积，就称为水库淤积。水库淤积的主要方式是壅水淤积，其纵向形态有三类。

（1）三角洲淤积。水流入库后流速减小，挟沙能力沿程递减，泥沙落淤量递增，但达到一定程度时，含沙量减少，于是淤积量又趋减少。这样就在纵向形成一个三角洲。这种淤积形态常发生在多沙河流上水位变幅较小、水深较大、库容比入库洪量大的水库中，如官厅水库、刘家峡水库等。

（2）锥体淤积。当水库水位不稳定，随流量而升降，或淤积量相对于库容而言比较大时，淤积会一直扩展至坝前，形成上游厚度小而下游厚度大的锥体淤积。来沙较多、库区短、水深不大的水库多形成锥体淤积，如黄河中上游地区的许多中、小水库。

（3）带状淤积。当河流含沙量小、颗粒较小，库水位变幅大时，淤积沿纵向呈带状均匀分布于整个库区，称为带状淤积。因水库水位变幅大，故淤积分布面广。颗粒细有利于均匀沉积，因来沙不多，故而显示不出锥体特性，如丰满水库就属于带状淤积水库。

水库的淤积形态受到入库河流水沙情势、库区形态特征、库底地形以及水库运行方式的影响。尤其是在汛期水库蓄水、泄水频繁、库水位变幅大时，对泥沙淤积形态影响较大。库水位下降，水深减小，水面比降加大，流速加大，则会冲刷已淤积的泥沙。水位变动频繁时，库内泥沙冲淤会交替进行。因此，适当控制水库运行方式可减少库内泥沙淤积，延长水库的使用年限。例如，不同时期分别采用泄洪排沙、异重流排沙、泄空冲沙、基流排沙以及人工排沙等措施，可以减缓水库淤积。

泥沙的淤积决定了水库的使用寿命。一般可利用沙量平衡原理和实测库区水下地形资料分析计算淤积量。当水库的死库容和取水口高程已确定时，可从淤积角度估算水库使用年限，其公式为

$$T=\frac{V}{G_1+G_2+G_w+G_p-(G_1'+G_2'+G_g)}$$ (13.10)

式中 T——水库淤满年限，年；

V——死库容，m^3；

G_1、G_1'——流入和流出的悬移质多年平均输沙量，m^3/a；

G_2、G_2'——流入和流出的推移质多年平均输沙量，m^3/a；

G_w——风吹入水库的年平均输沙量，m^3/a；

G_p——库岸坍塌进入水库的年平均输沙量，m^3/a；

G_g——工农业用水从水库引水带走的年平均输沙量，m^3/a。

当水库所在河流无实测泥沙资料时，可采用下垫面条件相似的邻近流域的淤积资料，按下式估算

$$W=GF_f$$ (13.11)

式中 W——设计水库多年平均年淤积量，万 m^3/a；

G——参照水库单位水土流失面积上多年平均年产沙量，$10^4 m^3/(a\cdot km^2)$；

F_f——设计水库的流域水土流失面积，km^2。

水库寿命以泥沙淤满死库容的年限作估算

$$T=V_{死}/W$$ (13.12)

13.3　湿　地　水　文

湿地被誉为"地球之肾"，湿地与森林、海洋一起并称为全球三大生态系统，在涵养水源、净化水质、蓄洪抗旱、调节气候和维护生物多样性等方面发挥着重要功能，支撑着人类的经济社会和生存环境的可持续发展，具有巨大的生态效益、经济效益和社会效益。

13.3.1　湿地的定义

湿地研究最早起源于欧洲对泥炭的研究和利用，而作为一门学科则脱胎于湖泊学和沼泽学。

19世纪是湿地科学创立期，俄国于1901年在爱沙尼亚建立了第一个沼泽实验室，1915年出版了《沼泽和泥炭地及其发育和结构》和《沼泽表生学分类尝试》两部奠基作。这一时期，欧洲则对沼泽物质来源、湿地成因、沼泽类型、沼泽演变与分布规律及开发利用进行了较为系统的研究，创立了湿地科学基本理论的雏形。

20世纪初，德国沼泽学家维别尔（C. A. Weber）等学者深入研究了全欧洲典型沼泽地的发生发展过程，发现了各地沼泽演化中连续变化的相似性，提出了沼泽统一发育过程学说的理论。20世纪40年代，苏联开始了湿地分类研究，并取得了较快的进展，出版了《苏联和西欧的沼泽类型及其地理分布》一书，该书成为世界上第一部比较系统的沼泽湿地专著，它的出版，是湿地研究进入早期阶段的标志。这一时期，随着科学技术的发展，湿地研究取得了很大的进步，基本形成了一门独立的学科。

湿地至今未有一个统一的定义，不同时期的学者从不同的角度给出了许多定义，迄今为止世界各国给出的湿地定义多达50余种。例如，加拿大将湿地定义为：水淹或地下水位接近地表，或浸润时间足够长，从而促进湿成和水成过程，并以水成土壤、水生植被和适应潮湿环境的生物活动为标志的土地。英国则将湿地定义为：一个地面受水浸润的地区，具有自由水面，通常是四季存水，但也可以在有限的时间段内没有积水。自然湿地的主要控制因子是气候、地形和地质，人工湿地还有其他控制因子。《湿地公约》中对湿地的定义为：不论其为天然或人工，长久或暂时性的沼泽地、泥炭地或水域地带，静止或流动的淡水、半咸水或咸水水体，包括低潮时水深不超过6m的水域；同时，还包括邻接湿地的河湖沿岸、沿海区域以及位于湿地范围内的岛屿或低潮时水深不超过6m的海水水体。

根据以上定义内涵的不同，可以将湿地的定义划分为广义和狭义两种，广义的定义为《湿地公约》中的定义，这个定义主要是从管理的角度出发，规定了湿地的范围，便于管理者划定管理边界，开展管理工作，凡是签署加入国际《湿地公约》的所有缔约国必须接受这一定义。狭义的定义揭示了湿地共同的本质特征，即湿地水文、生物和土壤三大因子相互的作用。三大因子中，湿地水文是主导因子，它可以促进其他两项因子的变化。

13.3.2　湿地分类

湿地是陆地上富有生命力的水体，在全球生态中起着特殊的作用。然而湿地在经济发展和人口增长的双重压力下受到严重的干扰和威胁，数量和质量急剧下降，生态环境受到严重破坏。因此，保护湿地成为一个世界性的问题。1971年，来自18个国家的代表在伊朗的拉姆萨尔镇签署了一个旨在保护和合理利用全球湿地的公约——《关于特别是作为水禽栖息地的国际重要湿地公约》(简称《湿地公约》)。

世界上湿地分布很广,处于各种自然地理气候带上,总面积达 8.56 亿 hm^2(不包括滨海湿地),占世界陆地的 6.4%。由于分布于世界各地的湿地面积庞大且种类众多,不同的研究者研究侧重点不同,对湿地的分类也不一样。目前以《湿地公约》中的拉姆萨尔分类系统对湿地所进行的分类最全面、最具代表性。在这一分类系统中,湿地被分为海洋和海岸湿地、内陆湿地、人工湿地三类。其中海洋和海岸湿地 12 类,内陆湿地 20 类,人工湿地 10 类(表 13.2)。

表 13. 2 　　　　　　　　　《湿地公约》拉姆萨尔湿地分类标准

海洋和海岸湿地	内陆湿地	人工湿地
浅海水域	内陆三角洲	水产池塘
海草层	河流	水塘
珊瑚礁	时令河	灌溉地
岩石海岸	湖泊	农用洪泛湿地
沙滩、砾石与卵石滩	时令湖	盐田
河口水域	盐湖	蓄水区
滩涂	时令盐湖	采掘区
盐沼	内陆盐沼	污水处理场
红树林/潮间带森林	时令碱、咸水盐沼	运河、排水渠
咸水、碱水泻湖	淡水草本沼泽	地下输水系统
海岸淡水湖	泛滥地	
海滨岩溶洞穴水系	草本泥炭地	
	高山湿地	
	苔原湿地	
	灌丛湿地	
	淡水森林湿地	
	森林泥炭地	
	淡水泉及绿洲	
	地热湿地	
	内陆岩溶洞穴水系	

1992 年 7 月 31 日我国正式加入《湿地公约》,并将中国湿地保护与合理利用列入《中国 21 世纪议程》和《中国生物多样性保护行动计划》优先发展领域,表明了我国对湿地保护与合理利用的充分重视。我国湿地分布广泛,类型繁多。全国湿地面积为 5360 万 hm^2,居亚洲第一、世界第四,几乎囊括了《湿地公约》所列出的所有湿地类型。我国对于湿地分类的研究始于 20 世纪 70 年代,主要是对沼泽和滩涂的分类研究。在 20 世纪 70 年代末至 80 年代初,我国对海岸带和海涂资源进行了大规模的全面普查,提出了中国的海岸分类系统。此后,相关部门及学者对湿地分类做了许多研究,但一直没有一套比较完

善的、能直接用于全国湿地资源调查的湿地分类系统。直到 2009 年 11 月，中国《湿地分类》国家标准发布，并于 2010 年 1 月正式实施。《湿地分类》标准综合考虑湿地成因、地貌类型、水文特征和植被类型，将湿地分为 3 级。第 1 级是按照湿地成因，将全国湿地生态系统划分为自然湿地和人工湿地两大类。其中自然湿地是由自然地形和水体形成的湿地，人工湿地是人类为了利用某种湿地功能或用途而建造的湿地，或对自然湿地进行改造而形成的湿地，也包括某些开发活动导致积水而形成的湿地。自然湿地按照地貌特征进行第 2 级分类，再根据湿地水文特征和植被类型进行第 3 级分类；人工湿地的分类相对简单，按照人工湿地的主要用途进行第 2 级和第 3 级分类（表 13.3）。

表 13.3   中国湿地分类标准（GB/T 24708—2009）

1级	自 然 湿 地				人工湿地
2级	近海与海岸湿地	河流湿地	湖泊湿地	沼泽湿地	人工湿地
3级	浅海水域	永久性河流	永久性淡水湖	苔藓沼泽	水库
	潮下水生层	季节性或间歇性河流	永久性咸水湖	草本沼泽	运河、输水河
	珊瑚礁	洪泛湿地	永久性内陆盐湖	灌丛沼泽	淡水养殖场
	岩石海岸	喀斯特溶洞湿地	季节性淡水湖	森林沼泽	海水养殖场
	沙石海岸		季节性咸水湖	内陆盐沼	农用池塘
	淤泥质海滩			季节性咸水沼泽	灌溉用沟、渠
	潮间盐水沼泽			沼泽化草甸	稻田/冬水田
	红树林			地热湿地	季节性泛滥用地
	河口水域			淡水泉/绿洲湿地	盐田
	河口三角洲/沙洲/沙岛				采矿挖掘区和塌陷积水渠
	海岸性咸水湖				废水处理场所
	海岸带淡水湖				城市人工景观水面和娱乐水面

13.3.3   湿地水文过程研究

    湿地研究的主要内容包括湿地的形成和演化、退化湿地恢复与重建、湿地的保护与管理、湿地生态系统与评价、湿地与全球气候变化之间的关系等。在这些研究内容中，湿地的形成和演化是湿地理论研究的核心，是其他研究内容的基础，而湿地水文则是湿地的形成和演化研究中最重要的部分。

    湿地水文过程包括降水、植物截留、蒸散发、湿地渗漏、地表径流和地下径流等水文环节。当降雨发生时，部分降雨被拦蓄，无法变成地表径流，拦蓄的水量通过蒸发和下渗输出系统。当地下水位接近或超过湿地土壤表面，土壤含水量接近或达到饱和时，雨量超过土壤的下渗能力，雨水开始聚集并形成径流或在更大、更广泛的低洼处汇集，形成湿地表层径流。当地下水位明显低于湿地土壤表面，土壤含水量未达到饱和状态时，降雨到达地面后，首先向土壤入渗，至土壤水分饱和后，降水开始汇集、流动，形成湿地表层径流。地下水是湿地的重要水源之一，湿地与地下水之间存在非常复杂的关系。湿地水体与地下水水流交换过程通常可根据湿地的地表水或地下水水位与周边地区水位的高低来判断，当湿地的地表水或地下水水位低于周边地区水位且只有地下水流入而没有流出时，湿地由地下水补给；当湿地水位通常高于周边地区水位时，水分从湿地中流出补给地下水。

由于湿地蒸散发量大，植物截留和湿地蒸散发是湿地水文过程区别于一般流域水文过程的重要特征，是湿地水分收支循环的重要因素。因此，植物截留量和湿地蒸散发量的观测和计算是湿地水文研究的重点。

目前，植物截留的观测仪器和方法均不太完善，模拟和计算方法的验证存在困难，所以，观测仪器和观测方法的改进是湿地水文研究的一个重要方向。充分利用遥感技术，获取大面积湿地的水文要素数据，对于提高湿地水文研究水平具有重要意义。实际上，这方面的研究已经开始取得进展。

蒸散发与降水是一个相反的过程。湿地的蒸散发过程包括湿地水分的蒸发和植物的蒸腾两部分。获取湿地蒸散发的方法主要有两种：实测法和经验模型法。实测法包括蒸发器法、蒸渗仪法和水位波动法等。用于估算湿地蒸散发的经验模型有很多，主要是根据能量平衡原理或空气动力学原理等进行估算，常用的蒸散发计算模型有 Penman - Monteith (PM)、Priesley - Taylor 公式、Thornthwaite 公式等。

建立湿地模型，对湿地水文过程进行模拟也是湿地水文研究的重要技术手段。目前，有关湿地水文过程的模型尚不完善，模型赖以构建的大气-植被-土壤界面的各种水文循环机理仍有待于进一步研究，湿地水文模型的原理和结构尚需进一步发展。

小 结 与 思 考

1. 试简述湖泊的分类。
2. 什么是湖泊的水量平衡？并写出相应的方程式。
3. 水库的径流调节作用可以分为哪几种？
4. 简述湿地水文过程研究。

线 上 内 容 导 引

★　课外知识拓展 1：水库泥沙淤积原因及其解决办法
★　课外知识拓展 2：湿地功能
★　线上互动
★　知识问答

附　　录

附表 1　　　　　　　　　不同气温所对应的饱和水汽压曲线坡度 Δ

t_a/℃	Δ/(kPa/℃)	t_a/℃	Δ/(kPa/℃)	t_a/℃	Δ/(kPa/℃)	t_a/℃	Δ/(kPa/℃)
1.0	0.047	13.0	0.098	25.0	0.189	37.0	0.342
1.5	0.049	13.5	0.101	25.5	0.194	37.5	0.350
2.0	0.050	14.0	0.104	26.0	0.199	38.0	0.358
2.5	0.052	14.5	0.107	26.5	0.204	38.5	0.367
3.0	0.054	15.0	0.110	27.0	0.209	39.0	0.375
3.5	0.055	15.5	0.113	27.5	0.215	39.5	0.384
4.0	0.057	16.0	0.116	28.0	0.220	40.0	0.393
4.5	0.059	16.5	0.119	28.5	0.226	40.5	0.402
5.0	0.061	17.0	0.123	29.0	0.231	41.0	0.412
5.5	0.063	17.5	0.126	29.5	0.237	41.5	0.421
6.0	0.065	18.0	0.130	30.0	0.243	42.0	0.431
6.5	0.067	18.5	0.133	30.5	0.249	42.5	0.441
7.0	0.069	19.0	0.137	31.0	0.256	43.0	0.451
7.5	0.071	19.5	0.141	31.5	0.262	43.5	0.461
8.0	0.073	20.0	0.145	32.0	0.269	44.0	0.471
8.5	0.075	20.5	0.149	32.5	0.275	44.5	0.482
9.0	0.078	21.0	0.153	33.0	0.282	45.0	0.493
9.5	0.080	21.5	0.157	33.5	0.289	45.5	0.504
10.0	0.082	22.0	0.161	34.0	0.296	46.0	0.515
10.5	0.085	22.5	0.165	34.5	0.303	46.5	0.526
11.0	0.087	23.0	0.170	35.0	0.311	47.0	0.538
11.5	0.090	23.5	0.174	35.5	0.318	47.5	0.550
12.0	0.092	24.0	0.179	36.0	0.326	48.0	0.562
12.5	0.095	24.5	0.184	36.5	0.334	48.5	0.574

附表2　　　　　　　　　　　以当量蒸发量表达的 R_a 值　　　　　　　　　单位：mm/d

	纬度	1月	2月	3月	4月	5月	6月	7月	8月	9月	10月	11月	12月
北半球	60°	1.4	3.6	7.0	11.1	14.6	16.4	15.6	12.6	8.5	4.7	2.0	0.9
	50°	3.7	6.0	9.2	12.7	15.5	16.6	16.1	13.7	10.4	7.1	4.4	3.1
	40°	6.2	8.4	11.1	13.8	15.9	16.7	16.3	14.7	12.1	9.3	6.8	5.6
	30°	8.1	10.5	12.8	14.7	16.1	16.5	16.2	15.2	13.5	11.2	9.1	7.9
	20°	10.8	12.4	14.0	15.2	15.7	15.8	15.8	15.4	14.4	12.9	11.3	10.4
	10°	12.8	13.9	14.8	15.2	15.0	14.8	14.9	15.0	14.8	14.2	13.1	12.5
赤道	0°	14.6	15.0	15.2	14.7	13.9	13.4	13.6	14.3	14.9	15.0	14.6	14.3
南半球	10°	15.9	15.7	15.1	13.9	12.5	11.7	12.0	13.1	14.4	15.4	15.7	15.8
	20°	16.8	16.0	14.5	12.5	10.7	9.7	10.1	11.6	13.6	15.3	16.4	16.9
	30°	17.2	15.8	13.5	10.9	8.6	7.5	7.9	9.7	12.3	14.8	16.7	17.5
	40°	17.3	15.1	12.2	8.9	6.4	5.2	5.6	7.6	10.7	13.8	16.5	17.8
	50°	16.9	14.1	10.4	6.7	4.1	2.9	3.4	5.4	8.7	12.5	16.0	17.6
	60°	16.5	12.6	8.3	4.3	1.8	0.9	1.3	3.1	6.5	10.8	15.1	17.5

附表3　　　　　　　　　　　平均日最大可能日照时数 N 值　　　　　　　　　单位：h/d

北纬	1月	2月	3月	4月	5月	6月	7月	8月	9月	10月	11月	12月
南纬	7月	8月	9月	10月	11月	12月	1月	2月	3月	4月	5月	6月
60°	6.7	9.0	11.7	14.5	17.1	18.6	17.9	15.5	12.9	10.1	7.5	5.9
58°	7.2	9.3	11.7	14.3	16.6	17.9	17.3	15.3	12.8	10.3	7.9	6.5
56°	7.6	9.5	11.7	14.1	16.2	17.4	16.9	15.0	12.7	10.4	8.3	7.0
54°	7.9	9.7	11.7	13.9	15.9	16.9	16.5	14.8	12.7	10.5	8.5	7.4
52°	8.3	9.9	11.8	13.8	15.6	16.5	16.1	14.6	12.7	10.6	8.8	7.8
50°	8.5	10.0	11.8	13.7	15.3	16.3	15.9	14.4	12.6	10.7	9.0	8.1
48°	8.8	10.2	11.8	13.6	15.2	16.0	15.6	14.3	12.6	10.9	9.3	8.3
46°	9.1	10.4	11.9	13.5	14.9	15.7	15.4	14.2	12.6	10.9	9.5	8.7
44°	9.3	10.5	11.9	13.4	14.7	15.4	15.2	14.0	12.6	11.0	9.7	8.9
42°	9.4	10.6	11.9	13.4	14.6	15.2	14.9	13.9	12.6	11.1	9.8	9.1
40°	9.6	10.7	11.9	13.3	14.4	15.0	14.7	13.7	12.5	11.2	10.0	9.3
35°	10.1	11.0	11.9	13.1	14.0	14.5	14.3	13.5	12.4	11.3	10.3	9.8
30°	10.4	11.1	12.0	12.9	13.6	14.0	13.9	13.2	12.4	11.5	10.6	10.2
25°	10.7	11.3	12.0	12.7	13.3	13.7	13.5	13.0	12.3	11.6	10.9	10.6
20°	11.0	11.5	12.0	12.6	13.1	13.3	13.2	12.8	12.3	11.7	11.2	10.9
15°	11.3	11.6	12.0	12.5	12.8	13.0	12.9	12.6	12.2	11.8	11.4	11.2
10°	11.6	11.8	12.0	12.3	12.6	12.7	12.6	12.4	12.1	11.8	11.6	11.5
5°	11.8	11.9	12.0	12.2	12.3	12.4	12.3	12.3	12.1	12.0	11.9	11.8
赤道 0°	12.0	12.0	12.0	12.0	12.0	12.0	12.0	12.0	12.0	12.0	12.0	12.0

附表4　　　　　　　　大气温度与饱和水汽压　　　　　单位：mmHg

气温/°F	30+	40+	50+	60+	气温/℃	0+	10+	20+
0.0	4.20	6.29	9.21	13.26	−0.5	4.40		
0.5	2.30	6.42	9.38	13.49	0.0	4.48	9.21	17.53
1.0	4.38	6.54	9.56	13.73	0.5	4.75	9.52	
1.5	4.48	6.67	9.74	13.98	1.0	4.93	9.84	18.68
2.0	4.58	6.80	9.92	14.23	1.5	5.11	10.18	
2.5	4.67	6.94	10.10	14.48	2.0	5.30	10.52	
3.0	4.77	7.07	10.29	14.73	2.5	5.49	10.67	
3.5	4.87	7.21	10.48	15.00	3.0	5.69	11.23	
4.0	4.97	7.35	10.67	15.27	3.5	5.89	11.61	
4.5	5.07	7.50	10.87	15.54	4.0	6.10	11.99	
5.0	5.17	7.64	11.07	15.81	4.5	6.32	12.38	
5.5	5.27	7.79	11.28	16.08	5.0	6.54	12.79	
6.0	5.38	7.93	11.48	16.36	5.5	6.77	13.13	
6.5	5.49	8.09	11.69	16.65	6.0	7.02	13.63	
7.0	5.60	8.24	11.90	16.95	6.5	7.26	14.08	
7.5	5.71	8.40	12.12		7.0	7.52	14.53	
8.0	5.82	8.55	12.34	17.53	7.5	7.79	15.00	
8.5	5.94	8.71	12.56		8.0	8.05	15.49	
9.0	6.05	8.88	12.79	18.16	8.5	8.33	15.97	
9.5	6.17	9.05	13.02		9.0	8.62	16.47	
					9.5	8.91		

参 考 文 献

[1] Amorocho J. Dicussion on "Predicting storm runoff on small experimental watersheds" [J]. American Society of Civil Engineers, 1961, 87 (2): 185 – 191.

[2] Chow V T, Kulandaiswamy V C. General hydrologic system model [J]. American Society of Civil Engineers, 1971, 97 (6): 791 – 804.

[3] Clark C O. Storage and the unit hydrograph [J]. Trans ASCE, 1945, 110: 1419 – 1446.

[4] Dooge J C I. Linear theory of hydrologic systems [J]. Technical Bulletin No. 1468, 1973: 1468: 117 – 124, Agric. Res. Serv. U. S. Department of Agriculture, Washington D. C.

[5] Ding J Y. Variable unit hydrograph [J]. Journal of Hydrology, 1974 (22): 476 – 487.

[6] Freeze R A, Harlan R L. Blueprint for a physically – based digitally – simulated hydrologic response model [J]. Journal of Hydrology, 1969 (9): 237 – 258.

[7] Meyer A F. Evaporation from lakes and reservoirs [M]. St. Paul: Minnesota Resources Commission, 1942.

[8] Nash J E. The form of instantaneous unit hydrograph [J]. International Association of Hydrological Sciences, 1957, 3: 114 – 121.

[9] Sherman L K. Streamflow from ranfall by the unit – graph method [J]. Eng. Engineering News Record, 1932, 12 (2): 381 – 392.

[10] World Glacier Monitoring Service. World glacier inventory (status 1988) [R]. IAHS (ICSI) – NEP – UNESCO, 1989. A11 – C98.

[11] 卜兆君, 王升忠, 谢宗航. 泥炭沼泽学若干基本概念的再认识 [J]. 东北师大学报（自然科学版）, 2005, 37 (2): 105 – 108.

[12] 蔡阳, 成建国, 曾焱, 等. 加快构建具有"四预"功能的智慧水利体系 [J]. 中国水利, 2021 (20): 2 – 5.

[13] 陈剑天. 变雨强单位线法在江西地区的应用 [J]. 江西水利科技, 1985 (3): 68 – 75.

[14] 程海云. 2020 年长江洪水监测预报预警 [J]. 人民长江, 2020, 51 (12): 71 – 75.

[15] 邓绶林. 普通水文学 [M]. 北京: 高等教育出版社, 1979.

[16] 邓先俊. 陆地水文学 [M]. 北京: 水利电力出版社, 1985.

[17] 丁永洁, 邓伟. 扎龙湿地芦苇恢复与生态补水分析 [J]. 林业调查规划, 2005, 30 (5): 27 – 30.

[18] 郭大本, 王清. 三江平原沼泽湿地开垦前后下垫面水理性质变化研究 [J]. 黑龙江水专学报, 1995 (2): 1 – 8.

[19] 胡方荣, 侯宇光. 水文学原理（一）[M]. 北京: 水利电力出版社, 1988.

[20] 华东水利学院水文系. 水文预报 [M]. 北京: 中国工业出版社, 1962.

[21] 黄艳, 喻杉, 罗斌, 等. 面向流域水工程防灾联合智能调度的数字孪生长江探索 [J]. 水利学报, 2022, 53 (3): 253 – 269.

[22] 姜卉芳, 管白楠, 姜毅, 等. 白杨河水库洪水预报调度模型 [J]. 新疆农业大学学报, 1999, 30 (S): 83 – 85.

[23] 姜卉芳, 姜毅, 陈亮. 新疆河流径流模拟 [J]. 新疆农业大学学报, 1998, 21 (3): 176 – 183.

[24] 姜卉芳. 融雪径流模拟及其在切德克流域的应用 [J]. 八一农学院学报, 1987 (1): 67 – 75.

[25] 蒋云钟, 冶运涛, 赵红莉, 等. 水利大数据研究现状与展望 [J]. 水力发电学报, 2020, 39 (10): 1 – 32.

[26] 郎惠卿，等. 中国沼泽 [M]. 济南：山东科学技术出版社，1983.

[27] 雷志栋，杨诗秀，谢森传. 土壤水动力学 [M]. 北京：清华大学出版社，1988.

[28] 李国英. "数字黄河"工程建设"三步走"发展战略 [J]. 中国水利，2010 (1)：14-16，20.

[29] 李哲. 多源降雨观测与融合及其在长江流域的水文应用 [D]. 北京：清华大学，2015.

[30] 梁学田. 水文学原理 [M]. 北京：水利电力出版社，1992.

[31] 刘昌明，陈志凯. 中国水资源现状评价和供需发展趋势分析 [M]. 北京：中国水利水电出版社，2001.

[32] 刘潮海，施雅风，王宗太，等. 中国冰川资源及其分布特征——中国冰川目录编制完成 [J]. 冰川冻土，2000，22 (2)：106-112.

[33] 刘汉宇. 国家防汛抗旱指挥系统建设与成就 [J]. 中国防汛抗旱，2019，29 (10)：30-35.

[34] [美] 贝佛尔 L D，等. 土壤物理学 [M]. 叶和才，等，译. 北京：科学出版社，1983.

[35] 缪韧. 水文学原理 [M]. 北京：中国水利水电出版社，2007.

[36] 牛焕光，马学慧. 中国的沼泽 [M]. 北京：商务印书馆，1995.

[37] 钱正英，张光斗. 中国可持续发展水资源战略研究综合报告及各专题报告 [M]. 北京：中国水利水电出版社，2001.

[38] 芮孝芳. 产汇流理论 [M]. 北京：水利电力出版社，1985.

[39] 芮孝芳. 水文学原理 [M]. 北京：中国水利水电出版社，2004.

[40] 芮孝芳. 水文学原理 [M]. 北京：高等教育出版社，2013.

[41] 沈冰，黄红虎. 水文学原理 [M]. 2版. 北京：中国水利水电出版社，2015.

[42] 宋长春，阎百兴，王毅勇，等. 沼泽湿地开垦对土壤水热条件和性质的影响 [J]. 水土保持学报，2003，17 (6)：144-147.

[43] 孙石. 气候变化对扎龙湿地生态环境的影响 [J]. 黑龙江气象，2001 (1)：32-34.

[44] 孙志高，刘景双，李彬. 中国湿地资源的现状、问题与可持续利用对策 [J]. 干旱区资源与环境，2006，20 (2)：84-88.

[45] 同延安，尉庆丰，王全九. 土壤植物大气连续体系中水运移理论与方法 [M]. 西安：陕西科学技术出版社，1998.

[46] 王光谦，刘家宏. 数字流域模型 [M]. 北京：科学出版社，2006.

[47] 王浩，王建华，秦大庸. 基于二元水循环模式的水资源评价理论方法 [J]. 水利学报，2006，37 (12)：1-8.

[48] 王佩兰. 三水源新安江模型的应用经验 [M]. 水文，1982 (5)：14-18.

[49] 王锡荃. 水文学 [M]. 北京：高等教育出版社，1993.

[50] 王毅勇，宋长春. 三江平原典型沼泽湿地水循环特征 [J]. 东北林业大学学报，2003，31 (3)：3-7.

[51] 王宗太，刘潮海. 中国冰川分布的地理特征 [J]. 冰川冻土，2001，23 (3)：231-237.

[52] 王宗太，苏宏超. 世界和中国的冰川分布及其水资源意义 [J]. 冰川冻土，2003，25 (5)：498-502.

[53] 魏永霞，王丽学. 工程水文学 [M]. 北京：中国水利水电出版社，2005.

[54] 谢自楚，刘潮海. 冰川学导论 [M]. 上海：上海科学普及出版社，2010.

[55] 严登华，王浩，何岩，等. 中国东北区沼泽湿地景观的动态变化 [J]. 生态学杂志，2006，25 (2)：249-254.

[56] 杨德林. 变动单位线及综合变动单位线的探讨 [J]. 水利学报，1984 (8)：54.

[57] 杨针娘. 中国现代冰川作用区径流的基本特征 [J]. 中国科学，1984 (4)：467-476.

[58] 姚贤良. 土壤物理学 [M]. 北京：农业出版社，1986.

[59] 尹喜霖，初禹，杨文. 三江平原沼泽与降水、地表水、地下水的关系 [J]. 中国生态农业学报（中英文），2003，11 (1)：157-158.

[60] 于维中. 水文学原理（一）[M]. 北京：水利电力出版社，1998.

［61］ 詹道江，叶守泽. 工程水文学 ［M］. 北京：中国水利水电出版社，2000.

［62］ 赵魁义. 中国沼泽志 ［M］. 北京：科学出版社，1999.

［63］ 赵人俊. 流域水文模型 ［M］. 北京：水利电力出版社，1984.

［64］ 赵人俊. 流域水文模拟 ［M］. 北京：水利电力出版社，1988.

［65］ 中国科学院长春地理研究所. 中国沼泽研究 ［M］. 北京：科学出版社，1988.

［66］ 周艳琼. 中国海平面在上升 ［J］. 珠江水运，2004（5）：50－51.

［67］ 朱咸，温灼如. 利用水文模型试验检验单位线法的基本假定 ［J］. 水利学报，1959（3）：42－52.

［68］ 庄一鸽，林三益. 水文预报 ［M］. 北京：水利电力出版社，1986.